Zogg
Telemetrie mit GSM/SMS und GPS-Einführung

W0177662

Jean-Marie Zogg

Telemetrie mit GSM/SMS und GPS-Einführung

GSM-Mobilfunknetz – SMS Daten- & Nachrichtendienst –
GSM-Modems – Anwendungen – GPS

Mit 178 Abbildungen

Franzis'

Die Deutsche Bibliothek – CIP-Einheitsaufnahme

Ein Titeldatensatz für diese Publikation ist bei
Der Deutschen Bibliothek erhältlich

© 2002 Franzis' Verlag GmbH, 85586 Poing

Cover: www.adverma.de
Satz: G &U e. Publishing Services GmbH, Flensburg
Druck : Offsetdruck Heinzelmann, München
Printed in Germany - Imprimé en Allemagne.

ISBN 3-7723-5776-8

Vorwort

Der Begriff Telemetrie steht für Messwertübermittlung, Fernsteuerung, Fernregelung und Fernüberwachung (Fern-MSR). Zum Übermitteln von Messwerten oder zum Steuern von Funktionen über längere Distanzen, sogar weltweit, eignet sich das bestehende Mobilfunk-Netz (GSM-Netz, Global System for Mobile Communication) hervorragend. Oft wird zur Übertragung der Daten der Kurznachrichtendienst SMS (Short Message Service) verwendet. Mit dem SMS können pro Nachricht 160 alphanumerische Zeichen oder 1120 Bit gesendet werden. Die Informationen werden per GSM-Modem über das GSM-Netz abgesetzt. GSM-Modems werden mit AT-Befehlen angesteuert.

Viele Telemetrieanwendungen verlangen die Übermittlung einer geographischen Position. Deshalb finden Sie in einzelnen Kapiteln eine Einführung in das Globale Positionierungs-System GPS.

Dieses Buch richtet sich an

- zukünftige Entwickler von Telemetrieanwendungen

- alle, die sich in die faszinierende Technik des Kurznachrichtendienstes SMS und des Globalen Positionierungssystems GPS einarbeiten wollen

- Fachleute, die Positionen und Geschwindigkeiten mittels Satellitennavigationssystemen erfassen

- alle, die Freude an neuen Technologien haben

- Personen, die sich nicht in unzählige Details von englischsprachigen Standards verlieren wollen oder können.

Das Buch ist nicht nur für Studenten und Ingenieure gedacht, sondern auch für erfahrene Anwender und Praktiker aus der Industrie. Das Einarbeiten soll auf eine leichtverständliche, nicht zu theorielastige Art und Weise geschehen. Sie werden verstehen, wie Daten, Informationen und Steuerbefehle mittels GSM/SMS gesendet und empfangen werden. Theorie wird nur vermittelt, um die einzelnen Begriffe, welche zum Schreiben von neuen SMS-Applikationen notwendig sind, zu verstehen.

Ich habe versucht, Antworten auf folgende wichtige Fragen zu geben:

- wie funktionieren Mobilstationen und das GSM-Netz?

- wie sind SMS-Meldungen normgemäß zusammengestellt?

- wie sind GSM-Modems aufgebaut und wie funktionieren sie?

- wie übermitteln GSM-Modems GSM/SMS-Meldungen?

- welche Anwendungen eignen sich zur Datenübermittlung per SMS?

- was ist GPS und welche Datensätze sind normiert?

Neue Fachgebiete mit ihren typischen Abkürzungen werden Ihnen nach dem Lesen nicht mehr fremd sein, z.B.

- Das Mobilfunknetz GSM mit seinen Komponenten: MS, ME, TE, BTS

- Der Kurzmitteilungsdienst SMS mit logischen Einheiten: SME, MT, MO, TPDU

- Ansteuerungsbefehle von GSM-Modems: AT+CMGF = 1, AT+CNMI = 2,2,0,1,0

- Begriffe aus dem Bereich von GPS: NMEA, RTCM, WGS84, HOW, TLM

- Anwendungen die mit SMS-Telemetrie gelöst werden: AVL, LBS, etc.

Verschiedene Applikationen dieser sehr beliebten und technisch ausgereiften Möglichkeit werden vorgestellt. Anhand zahlreicher Bilder, Fotografien und Tabellen will dieses Buch eine anschauliche Darstellung von komplexen Sachverhalten geben. Ein Abkürzungsverzeichnis erleichtert Ihnen das Verstehen einzelnen Begriffe.

Die einzelnen Kapitel sind so gestaltet, dass sie auch abweichend von der ursprünglichen Reihenfolge durchgearbeitet werden können.

Sollten Sie Anregungen, Korrekturvorschläge oder Fragen zum Buch haben, oder wünschen Sie eine Liste mit den bereits bekannten Fehlern, Dateien mit Qellcodes sowie weitere Informationen besuchen Sie doch die folgende URL:

http://www.fh-htwchur.ch/publikationen und dann weiter unter "zogg"

Ich wünsche Ihnen viel Spaß beim Lesen und hoffe, dass Ihnen das Buch beim Entwerfen neuer SMS-Telemetrieanwendungen hilfreich ist.

Prof. Jean-Marie Zogg, Hochschule für Technik und Wirtschaft Chur

Dank

Ich möchte allen, die zum Entstehen dieses Buches beigetragen haben, danken. Es waren nicht wenige, welche mir Mut gemacht und mich angespornt haben.

Namentlich danken möchte ich:

- Frau Therese Zogg-Weber für die Durchsicht und Korrektur des Manuskriptes

- Herrn Urs Hadorn für seine Korrekturen und Ratschläge

- Prof. Bruno Wenk, Hochschule für Technik und Wirtschaft Chur, für die Durchsicht des Manuskriptes

- Prof. Dr. Alfons Eizenhöfer, Georg-Simon-Ohm-Fachhochschule Nürnberg, für seine kritische Beurteilung von technischen Sachverhalten und die Durchsicht des Manuskriptes

- Prof. Dr. Bruno Studer, Hochschule für Technik und Wirtschaft Chur, für das Ermöglichen dieses Buchprojektes.

8

Inhalt

1 Einleitung

1.1 Ziele des Buches

Die drahtlose Messwert- und Datenübermittlung sowie Fernsteuerung und Fernüberwachung (Telemetrie) mittels Kurzmitteilungen (SMS) über das Mobilfunknetz (GSM) ist eine einfache, ausgereifte und zuverlässige Technik. Ob die Position eines Lastwagens an eine Zentrale übermittelt wird, oder ob per Handy ein Automat ein- und ausgeschaltet wird, immer wird ein GSM-Modem oder Handy verwendet. Noch nie war eine ausgeklügelte Fernsteuerungstechnik so einfach über weite Distanzen anzuwenden.

Ob Sie eine Kurzmitteilung (160 Zeichen) mit automatischer Einfügung der Position:

> Bin von einem Grizzli angefallen worden.
> Meine Position:
> **Länge: 110 Grad W**
> **Breite: 60 Grad N**
> Bin wohlauf, aber Proviant ist weg.
> Brauche dringend neue Würste.

oder eine Bitfolge (1120 Bit) zum Steuern einer Heizung aussenden:

```
11011010010001111100000111100001111100101100111110010010011111
10010010101101001111101000111111001001010110011111101001011111
11001100111100100100010011100010100101011011011001111110010010101010
10101101011111101011100110001101101010101010101000011110100
11111000111001110100111110011000011011000100111110101011100100
10010110110100111110001100001110001100100110100111110011001010
01111100100101011010011010001101100011010010101011111001110
011001001001011100111101100100111100100101011110011111010111
00111110100010001111100010111100100100100101110011110101010110
010011110010010011001001001010011111100100100101011110010001100011
11001001001001000001101001001001000010010101010010011111001101010
11001101011010010101010100000110011111000010111001001100101000
01100101001010110100111110101110011011010010100011011000011110
0011001001001000110110010011110110010011111001001010110101001100
010011110001101100111000010101101101100001001001001011110011111011
001001111100000111110010010011001100100011011010101100010101010000
11110010010010100101110011100011100011111110011111010010101101111
10010111101011100111111110010010101011010010111110000100100100001100
10001011110110010000111
```

mit SMS können in den meisten Fällen genügend Informationen zur Bewältigung vielfältiger Aufgaben übermittelt werden.

Die Informationen werden per Handy mit Modem oder per GSM-Modul (auch GSM-Modem genannt) über das GSM-Netz abgesetzt. Abgesehen von der fehlenden Tastatur und Anzeige verfügen die GSM-Module über die gleichen Eigenschaften wie Handys und sind durch robuste Metallgehäuse geschützt. Der SMS-Absender kann dank der mitübermittelten Telefonnummer jederzeit identifiziert werden. GSM-Modems werden mit ähnlichen Kommandos wie traditionelle Festnetz-Modems angesteuert. Diese AT-Kommandos sind in den GSM-Spezifikationen 07.07 und 07.05 bzw. 3GPP TS 27.007 und 27.005 spezifiziert.

Die Übermittlung der Informationen und Steuerbefehle per SMS hat sich schon lange bewährt. Schon die Eigenschaft, dass keine direkte Verbindung zwischen Sender und Empfänger aufgebaut werden muss, sondern dass eine Relaisstation als Vermittlungsstelle dient, ist als Vorteil zu werten. Ein weiterer Vorteil des Kurzmitteilungsdienstes SMS besteht in der Möglichkeit, eine Bestätigung des Empfangs einer Nachricht zu verlangen. Last, but not least, wird die fast weltweite Verfügbarkeit des Dienstes zum weiteren Ausbau der Anwendungen verhelfen. Ob sich ein Fahrzeug in Portugal, Russland oder Finnland befindet, kann durch die fast flächendeckende Versorgung des GSM-Netzes eruiert werden. GSM ist immer noch in der Ausbauphase und bis sich neue Technologien wie HSCSD, GPRS, EDGE oder gar UMTS europa- und weltweit etabliert haben, werden noch viele Funkwellen über den Äther versendet. Deshalb: lieber das Bewährte pflegen als in unbekannte Pfade einsteigen! Vor allem wenn berücksichtigt wird, dass Telemetrie oft in sicherheitskritischen Anwendungen wie Überwachung von Menschen und Fahrzeugen, zu finden ist.

Eine der wichtigsten Anwendungen von SMS-Telemetrie ist die Fernabfrage von Positionen, z.B. beim Einsatz von Lastwagenflotten. Positionen werden mit dem satellitengestützten Globalen Positionierungssystem GPS ermittelt. Um das Verstehen des Datenaustausches zwischen GPS- und GSM-Geräten zu veranschaulichen, ist diesem Buch eine Einführung in die Technik des Navigationssystems beigefügt.

1.2 Definitionen

1.2.1 Was ist Telemetrie?

Telemetrie (engl. telemetry) wird als die drahtlose Messwert- und Datenübermittlung sowie Fernsteuerung, Fernregelung und Fernüberwachung definiert. Telemetrie ist MSR (Messen, Steuern und Regeln) über große Distanzen. In der Regel erfolgt die Kommunikation bidirektional über größere räumliche Entfernungen zwischen einer schwer zugänglichen Außenstation und einer Zentrale. In der Zentrale werden die Daten ausgewertet und auf Grund der Resultate Kontrollfunktionen ausgeübt. In diesem Buch wird vor allem die Kommunikation mittels GSM/SMS (Global System for Mobile Communications Short Message Service, Übertragung von Kurzmitteilungen über das Mobilfunk-Netz) beschrieben.

Telemetrie dient zur Überwachung (Datenerfassung, Überwachung von Statusinformationen und Datenfernübertragung) von Lebewesen, Geräten, Innen- und Außenanlagen (Banksafes, Staumauern, Felsen, etc.) und zur Kontrolle (Fernsteuerung und Fernwartung) von Anlagen.

Typische Anwendungsgebiete der Telemetrie sind Flottenmanagement (Kfz-Flotten), Raumfahrt, Medizin (Biotelemetrie), Umwelttechnik usw.

1.2.2 Was ist GSM?

GSM steht für Global System for Mobile Communications (weltweit verwendeter digitaler Mobilfunkstandard). In der Umgangssprache wird ein Mobilfunktelefon allgemein als Handy und das GSM-Netz als Mobilfunk-Netz bezeichnet. Inzwischen verkörpert der Standard GSM das international erfolgreichste zellulare digitale Mobilfunkkonzept.

Die GSM-Technik basiert auf einer digitalen Übertragung im Zeitmultiplex mit acht Kanälen pro Trägersignal. GSM bietet eine Reihe von Basisdiensten und Zusatzdiensten. So beispielsweise die GSM-Datendienste, die dank der digitalen Datenübertragung direkte Zugangsmöglichkeiten für Fax- oder ISDN - Daten zur Verfügung stellen. Die Möglichkeit, Kurznachrichten (SMS) auszusenden, hat ebenfalls zum Erfolg dieser Technologie beigetragen.

Die Standardisierung wird von ETSI (European Telecommunications Standards Institute) wahrgenommen - der GSM-Standard hat sich aber weltweit durchgesetzt.

Die Entwicklung von GSM vollzog sich in mehreren Phasen:

- Phase 1 begann 1982

- Phase 1 und Phase 2 sind inzwischen abgeschlossen, einschließlich der Einführung des Kurznachrichtendienstes (Short Message Service, SMS)

- Derzeit läuft Phase 2+. In Phase 2+ wird ein paketvermittelter Datenfunkdienst GPRS (General Packet Radio Service) und HSCSD (High Speed Circuit Switched Data) eingeführt

Hauptanwendung von GSM ist die Funktelephonie und - mit zunehmender Bedeutung - die Datenkommunikation.

1.2.3 Was ist SMS?

SMS steht für Short Message Service (Kurznachrichtendienst). Der Kurznachrichtendienst im GSM-Standard erlaubt es, an Mobilfunkteilnehmer kurze Nachrichten zu versenden. In der Umgangsprache wird sowohl der Kurznachrichtendienst wie auch die Kurznachricht selbst als SMS bezeichnet. Dies mag vielleicht nicht ganz korrekt sein, da sich die Bezeichnung jedoch so eingebürgert hat, wird in diesem Buch diese Ausdrucksweise übernommen. So wird vom Empfang einer SMS und nicht vom Empfang einer SM gesprochen!

Mit dem SMS-Dienst lassen sich Mitteilungen zwischen E-Mail-Systemen, Faxen, Modems, Handys und GSM-Modems austauschen.

Der GSM-Standard kennt zwei verschiedene Arten von SMS-Übertragungen:

1. Der SMS/PP-Dienst (Short Message Service/Point-to-Point) ermöglicht, SMS-Nachrichten zwischen zwei GSM-Funktelefonen oder anderen entsprechend konfigurierten Endgeräten auszutauschen (die SMS werden dabei in einer Kurzmitteilungszentrale SMS-SC zwischengespeichert). Derzeit können SMS-Nachrichten maximal 160 Zeichen lang sein. Da jedes Zeichen 7 Bit lang ist, beträgt die Übertragungskapazität 140 Bytes. Neben Textnachrichten, die im 7-Bit-Zeichenformat übertragen werden, können mit SMS/PP auch beliebige Daten im 8-Bit-Binärdatenformat übertragen werden. Die GSM-Phase 2+ sieht eine Verkettung von SMS-Nachrichtensegmenten vor, die eine Übertragung längerer Nachrichten/Daten unterstützt. Maximal lassen sich 255 SMS-Nachrichtensegmente verketten.

2. Der SMSCB-Dienst (Short Message Service Cell Broadcast) dient dem Rundspruch von Nachrichten von einem SMS-SC an alle empfangsbereiten GSM-Telefone in einer vorgegebenen Region (eine Region kann eine oder

mehrere Funkzellen umfassen). Die drahtlos versandte Nachricht kann nur von jenen GSM-Telefonen empfangen werden, die zum Zeitpunkt des Aussendens betriebsbereit sind und die über die SMSCB-Funktionalität verfügen. Eine Rundspruchnachricht kann maximal 93 Byte lang sein. Die Einführung des SMSCB-Dienstes ist den GSM-Netzbetreibern freigestellt.

1.2.4 Was ist GPS?

GPS steht für Global Positioning System. Das GPS, das auch als NAVSTAR-GPS bezeichnet wird, ist ein weltumspannendes Satellitensystem des US-Verteidigungsministeriums (Department of Defense, DoD).

GPS wird hauptsächlich für folgende drei Applikationen eingesetzt:

1. Hochgenaue Ortung (Bestimmung der Standortskoordinaten und der Höhe)

2. Navigation (das Einhalten einer vorgegebenen Reiseroute bzw. das Erreichen eines bestimmten Zieles)

3. Zeitverteilung bzw. Zeitbestimmung

Die zivile Nutzung dieses Systems auch für nichtautorisierte Nutzer ist durch Zusagen des DoD im Rahmen des Standard Positioning Service (SPS) zugesichert. GPS arbeitet mit 28 umlaufenden Satelliten auf 6 Bahnen mit etwa 20180 km Bahnhöhe. Die Umlaufbahnen sind um 55° zum Äquator geneigt, wodurch theoretisch von jedem Punkt der Erde jederzeit eine Funkverbindung zu vier Satelliten entsteht. Werden vom GPS-Empfänger gleichzeitig die Funksignale von mindestens vier GPS-Satelliten empfangen, kann der Empfänger aus der Laufzeit der einzelnen Signale die Koordinaten seiner Position auf etwa 13 m genau ermitteln.

Weitere in Betrieb befindliche und geplante Satellitennavigationssysteme:

• GLONASS (Global Navigation Satellite System): Ursprünglich von der UdSSR entwickeltes militärisches Satellitennavigationssystem, das heute in der Zuständigkeit des russischen Verteidigungsministeriums liegt. Neben der militärischen Nutzung steht GLONASS auch zahlreichen zivilen Anwendungen zur Verfügung.

• Galileo: Galileo wird auf Initiative der Europäischen Union (EU) und der Europäischen Raumfahrtagentur (European Space Agency, ESA) entwickelt. Galileo wird ein globales Navigationssatellitensystem unter ziviler europäischer Leitung sein, das im Jahr 2008 in den Wirkbetrieb gehen soll. Es wird aus 21 oder mehr Satelliten bestehen.

2 GSM, die Systemarchitektur

Möchten **Sie** . . .

*   wissen, wie das GSM-Netz aufgebaut ist?

*   verstehen, warum die Benutzerdaten in verschiedene Register abgelegt werden?

*   wissen, wie einzelne Komponenten des GSM-Netzes arbeiten?

*   wissen, was eine Mobilstation kennzeichnet?

*   wissen, wo Kurzmitteilungen zwischengespeichert werden?

. . . dann sollten Sie **dieses Kapitel** lesen!

2.1 Einleitung

GSM steht für Global System for Mobile Communications (weltweites Netz für mobile Kommunikation) und ist eine einmalige Erfolgsgeschichte in der Welt der Kommunikation. Dank sorgfältiger Planung, Erstellung von ausgewogenen Normen, Konsensfähigkeit zwischen den beteiligten Staaten und der Bereitschaft, notwendige Anpassungen durchzuführen, konnte sich GSM weltweit etablieren. GSM ist das einzige Funknetzsystem, das sich in allen fünf Kontinenten verbreitet hat und noch weiter verbreitet. Die Möglichkeit, Kurznachrichten (Short Message Service SMS) auszusenden, hat ebenfalls zum Erfolg dieser Technologie beigetragen. Dieser Abschnitt will einen vereinfachten Überblick über die GSM-Technik vermitteln und die Begriffe, welche zum Verständnis der Telemetrielösungen notwendig sind, erklären.

2.2 Technischer Überblick

Ein GSM-Netzwerk kann in mehrere Funktions-Blöcke zerlegt werden. Jeder Block kommuniziert mit weiteren Blöcken über klar spezifizierte Schnittstellen. Das vereinfachte GSM-Blockschema (*Abb. 1*) besteht aus folgenden fünf Hauptkomponenten:

1. Mobile Station MS (die Mobilstation z.B. ein Handy oder ein GSM-Modem)

2. Base Station System BSS (Funknetz mit Basisstationen, Sendern und Empfängern)

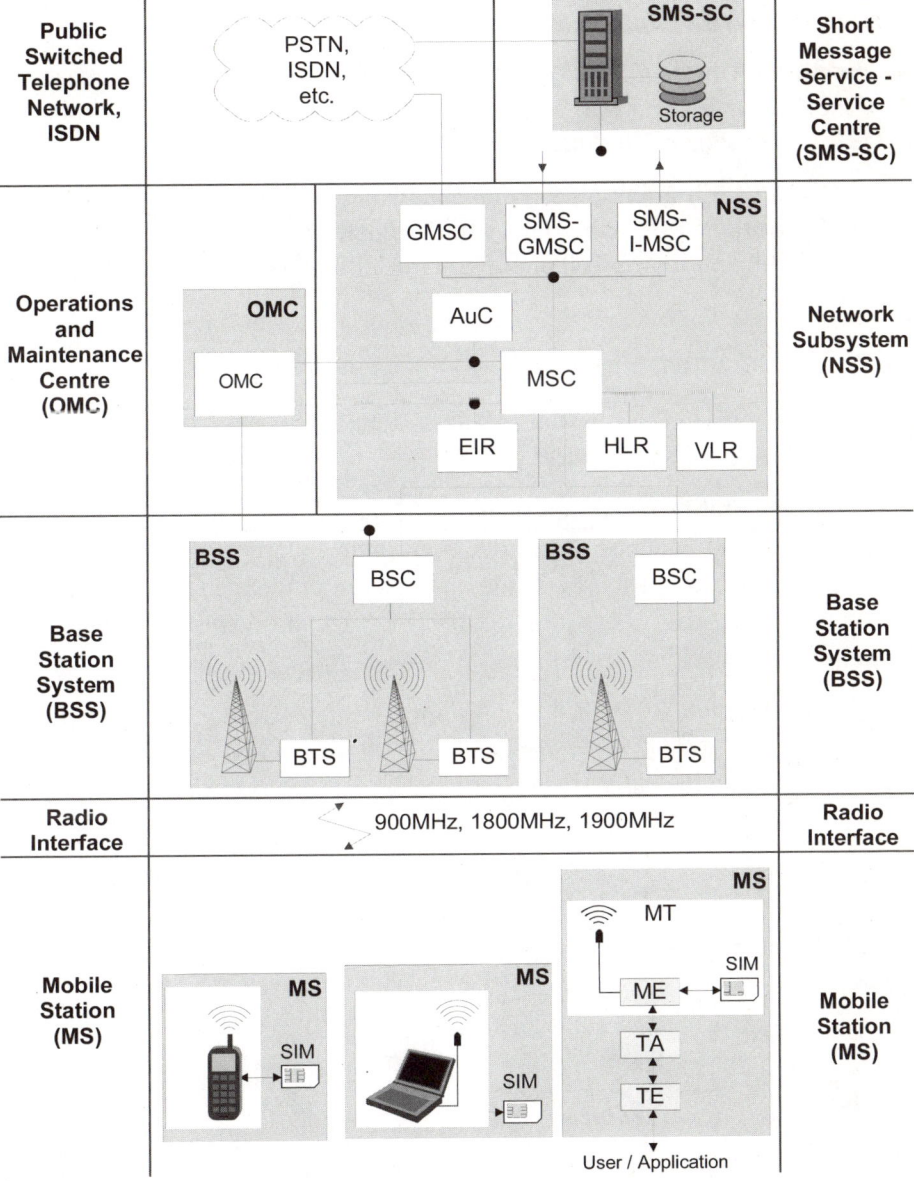

Abb. 1:   Vereinfachtes GSM-Blockschema (PLMN, Public Land Mobile Network)

3. Network Subsystem NSS (Vermittlungsnetz und Datenbanken)

4. Operations and Maintenance Centre OMC (Betriebs- und Wartungs-Zentrale)

5. Short Message Service-Service Centre SMS-SC (Schalt- und Speicherstelle für den Kurznachrichtendienst)

Zur drahtlosen Übertragung der Nachrichten dient die Luftschnittstelle (Radio Interface). Je nach Land und Netz beträgt die Frequenz der Übertragung 900 MHz, 1800 MHz oder 1900 MHz

Das GSM-Netz, ein öffentliches landgebundenes Mobilfunknetz (Public Land Mobile Network PLMN), überträgt Sprachsignale und Daten zum bestehenden Festnetz (Public Switched Telephone Network PSTN) oder zum ISDN.

2.2.1 Mobile Station MS

Die Mobilstation MS lässt sich gemäß dem Standard GSM 03.02 [1] in mehrere Funktionen unterteilen, (*Abb. 2*):

- Das Mobilgerät (Mobile Equipment ME). Das Mobilgerät kann ein Handy oder ein GSM-Modem sein, mit oder ohne externem Steuergerät. Das Mobilgerät (z. B. ein GSM-Modem) ist durch eine eigene Identifikationsnummer, die IMEI (International Mobile Equipment Identity, internationale Gerätekennung) identifizierbar.

- Das Mobilgerät wird je nach Konfiguration durch zwei weitere Komponenten ergänzt: TA (Terminal Adaptor) und TE (Terminal Equipment), siehe Abschnitt Ausführungen von GSM-Modems.

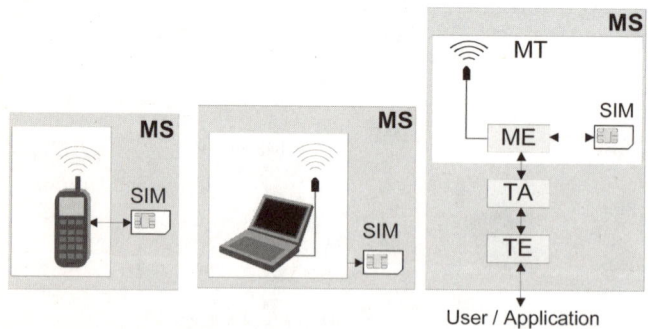

Abb. 2:   Blockschema einer Mobilstation

- Die SIM-Chipkarte (Subscriber Identity Module, Teilnehmer Identitäts-Modul). Die SIM-Chipkarte ist eine Identifizierungskarte für den Teilnehmer (Abonnenten) eines GSM-Mobilfunkdienstes (*Abb. 3*). Sie enthält deshalb teilnehmerrelevante Daten und Rechenfunktionen, die für Zugangsberechtigung zum Netz erforderlich sind. Abschnitt 4 enthält vertiefte Informationen über die SIM-Chipkarte.

- SIM-Chipkarte, Mobilgerät und Antenne bilden zusammen das Mobilendgerät (Mobile Termination, MT)

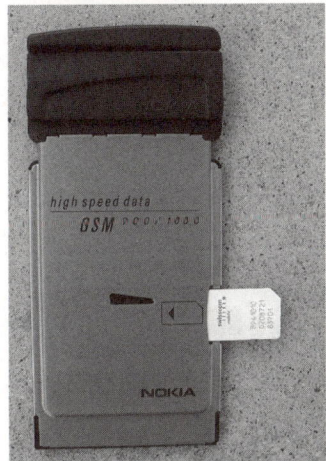

Abb. 3: Mobilendgerät: Mobilgerät, Antenne und SIM-Chipkarte (Foto: Zogg)

Das Mobilendgerät MT führt folgende Hauptfunktionen [2] aus:

- Übertragung (Senden und Empfang) der HF-Signale

- Steuerung der zugeordneten HF-Kanäle

- Anzeige und Eingabe von Nachrichten

- Sprachkodierung bzw. Dekodierung

- Fehlerkorrektur für alle gesendeten Informationen

- Verwaltung von internen Daten (z.B. Speicherung der Tel-Nummern)

- Anpassung der Übertragungsgeschwindigkeit zwischen Anwender und Radiokanal

- Etc.

Das Mobilendgerät (Mobile Termination, MT) besteht aus dem Mobilgerät (ME), der SIM-Chipkarte und der Antenne. Im Standard wird zwischen drei verschiedenen MT's unterschieden: MT0, MT1 und MT2.

- MT0: Ein GSM-Endgerät, das voll funktionsfähig ist und keine weitere Anschlussmöglichkeit (Interface) hat, wird als MT0 bezeichnet. Ein Anwender bedarf keiner weiterer Geräte um zu telefonieren bzw. um Kurznachrichten abzusetzen und zu empfangen.

- MT1: Verfügt das GSM-Endgerät MT über eine ISDN-Schnittstelle, wird es als MT1 bezeichnet. An dieser ISDN-Schnittstelle kann ein ISDN-Datenterminal (Terminal Equipment TE1) direkt angeschlossen werden. Wird ein Nicht-ISDN-Datenterminal (Terminal Equipment TE2) angeschlossen, bedarf es eines Schnittstellenumsetzers (Terminal Adaptor TA).

- MT2: Verfügt das GSM-Endgerät über eine Schnittstelle, die nicht ISDN-kompatibel ist (z.B. RS-232, V.24, PC-Card, IrDA, PCMCIA), wird das GSM-Endgerät als MT2 bezeichnet. In diesem Fall kann ein Nicht-ISDN-Datenterminal (TE2) direkt angeschlossen werden.

Ein Datenterminal TE kann z.B. ein PC, ein Mikrokontroller oder ein Bildschirm sein.

Beispiel: Wird ein GSM-Modem (z. B. Nokia Card Phone) in den PC-Card-Slot (PCMCIA) eines Laptops eingesteckt (*Abb. 4*) und in Betrieb genommen, ist folgende Konfiguration aktiv:

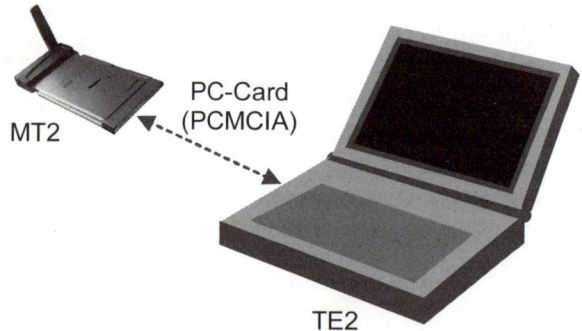

PC-Card
(PCMCIA)

MT2

TE2

Abb. 4: Veranschaulichung
der Begriffe MT2 und TE20

2.2.2 Radio Interface (Luftschnittstelle U$_m$)

Das Funksubsystem besteht aus den Mobilen Teilnehmern (Mobile Stations, MS) und den Basisstationssystemen (Base Station System, BSS). Dazwischen liegt die sogenannte Luftschnittstelle. Je nach Netz und Land werden verschiedene Frequenzbänder benutzt:

GSM 900

Uplink:	890-915 MHz (MS zu BTS)
Downlink:	935-960 MHz (BTS zu MS).
Kanalabstand:	200 kHz

GSM 1800 (früher DCS 1800)

Uplink:	1710-1785 MHz
Downlink:	1805-1880 MHz
Kanalabstand:	200 kHz

GSM 1900 (früher PCS 1900)

Uplink:	1850-1910 MHz
Downlink:	1930-1990 MHz
Kanalabstand:	200kHz

Um die verfügbare Bandbreite einer möglichst großen Anzahl von Teilnehmern zugänglich zu machen, nutzt der GSM-Standard eine Kombination aus Vielfachzugriff im Zeit- und Frequenzmultiplex (Zeitmultiplex: Time Division Multiple Access TDMA, Frequenzmultiplex: Frequency Division Multiple Access FDMA).

Die Luftschnittstelle wird im Kapitel 3 detailliert beschrieben.

2.2.3 Base Station System BSS

Das Base Station System BSS besteht aus der Base Transceiver Station BTS (inkl. Antenne) und dem Base Station Controller BSC (*Abb. 5*).

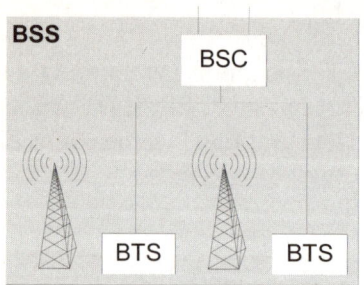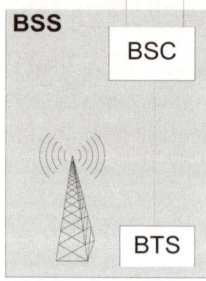

Abb. 5: Base Station
System BSS

- Base Station Controller BSC: Diese Station stellt die physikalischen Verbindungen zwischen der Mobilverbindungsstelle MSC (Mobile-Services Switching Centre auch Mobile Switching Centre) und der Transceiverstation BTS her und übernimmt die notwendigen Kontrollfunktionen. Die BSC verhält sich wie eine Schaltstelle hoher Kapazität und steuert den Handover (Übergabe der Verbindung an eine andere BTS), konfiguriert den Datenfluss und regelt die Sendestärke der BTS (*Abb. 6* und *Abb. 7*). Eine BSC kann eine oder mehrere BTS kontrollieren (bis zu einigen Hundert).

- Base Transceiver Station BTS: Diese Station verkehrt über Funkwellen mit den Mobilstationen. Eine BTS besteht unter anderem aus der Empfangs- und Sendeantenne sowie der Sende- und Empfangseinrichtung. Die BTS ist für die Kanalcodierung- bzw. Dekodierung und für die Verschlüsselung bzw. Entschlüsselung verantwortlich.

Abb. 6:   Base Station Controller BSC (Foto: Zogg)

Abb. 7:Elektronik in einem BSC (Foto: Zogg)

Damit ein Gebiet lückenlos versorgt wird, müssen benachbarte BTS auf unterschiedlichen Frequenzen senden. Um diese Forderung zu erfüllen, ist ein Frequenzplan notwendig (*Abb. 8*). Die einzelnen Funkzellen werden in einem wabenartigen Netz angeordnet. Benachbarte Funkzellen senden auf unterschiedlichen Frequenzen (F1... F7).

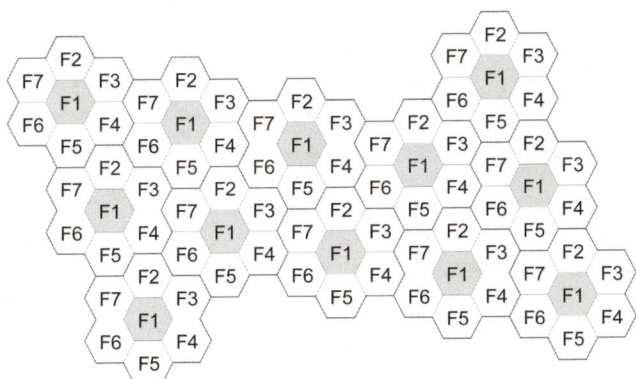

Abb. 8:   Frequenzplan für die Funkzellen (7er-Cluster)

Abb. 9 zeigt einen Antennenmast mit mehreren GSM-Antennen, bei denen die einzelnen Strahler gut sichtbar sind. Jeder Strahler ist auf ein bestimmtes Segment ausgerichtet.

Abb. 9:GSM-Antennen einer BSS (Foto: Zogg)

2.2.4 Network Subsystem NSS

Zum Network Subsystem NSS gehören folgende Netzelemente (*Abb. 10*):

- Mobile-Services Switching Centre: MSC (Mobilvermittlungsstelle)

- Equipment Identity Register: EIR (Geräte-Identitätsregister)

- Home Location Register: HLR (Heimatregister)

- Visitor Location Register: VLR (Besucherregister)

- Authentication Centre: AuC (Authentifizierungszentrum)

- Gateway-MSC: GMSC

- SMS-Gateway-MSC: SMS-GMSC

- SMS-Interworking-MSC: SMS-I-MSC

Mobile-Services Switching Centre MSC (Mobilvermittlungsstelle)

Die Mobilvermittlungsstelle MSC (*Abb. 11*) bildet das Kernstück eines Mobilfunknetzes. Sie übernimmt die Lenkung, Vermittlung und Signalisierung der Anrufe vom Absender zum Empfänger. Die MSC übernimmt im Wesentlichen folgende Aufgaben:

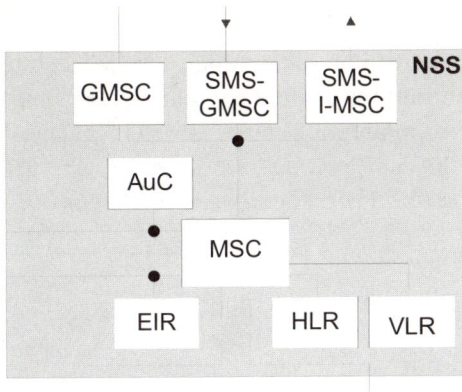

Abb. 10: Elemente des Network Subsystem NSS

- Aufbau, Lenkung und Steuerung der Anrufe

- Auslösung des Anrufes

- Erfassen und Weiterleiten der Taxdaten

- Schnittstelle zwischen öffentlichem Mobilfunknetz und Festnetz (über
  Gateways)

- Steuerung der Registerabfragen (zur Registrierung, Authentifizierung und
  Aktualisierung der Aufenthaltsregistrierung)

- Steuerung der Handover (Wechsel der Funkzellen)

Abb. 11: Ansicht einer Mobilvermittlungsstelle MSC (Foto: Zogg)

Equipment Identity Register EIR

Jede Mobilstation verfügt über eine Identifikationsnummer, die IMEI (International Mobile Equipment Identity, internationale Gerätekennung). Im EIR (Geräte-Identitätsregister) werden Gerätenummern (IMEI) gespeichert. Dadurch können gestohlene oder fehlerhafte Endgeräte jederzeit identifiziert werden. Das EIR sollte über folgende drei Datenbanklisten verfügen:

• Weiße Liste: Auflistung aller bekannten und gültigen IMEI's

• Schwarze Liste: Auflistung aller defekten und gestohlenen IMEI's

• Graue Liste: Auflistung der IMEI mit zweifelhaftem Status

Nicht alle Netzbetreiber haben sämtliche Listen implementiert, oder wenn sie implementiert sind, werden deren Möglichkeiten (z.B. Diebstahlerkennung) nicht voll genutzt.

Home Location Register HLR

Das HLR (Heimatregister) beinhaltet folgende Teilnehmerdaten (siehe auch Kapitel 4):

• Die internationale Teilnehmeridentifikation (International Mobile Subscriber Identity, IMSI)

• Die ISDN-Rufnummer der Mobilstation (Mobile Station ISDN-Number, MSISDN)

• Die Gerätedaten

• Die Parameter für die Authentifizierung und Verschlüsselung

• Die abonnierten Dienste, unabhängig vom gegenwärtigen Ort des Teilnehmers

• Der Aufenthaltsbereich LA (Location Area) des Teilnehmers, damit dieser bei ankommenden Rufen im Netz gefunden werden kann, ohne dass er in jeder Zelle gesucht werden muss.

Ein HLR kann mehrere MSC's bedienen.

Visitor Location Register VLR

Die aktuelle Position eines Teilnehmers wird im VLR (Besucherregister) gespeichert. Es enthält die Daten (z. B. IMSI, MSISDN, etc.) aller Mobilstationen, die sich momentan im Verwaltungsbereich der zugehörigen MSC aufhalten. Jedes Mal wenn eine Mobilstation Funkkontakt mit einer neuen Funkzelle aufnimmt, wird die Registrierung erneuert. Ein Besucherregister VLR kann mehreren MSC's zugeordnet sein, in der Praxis ist jedoch jedem VLR ein MSC zugeordnet.

Authentication Centre AuC

Das AuC (Authentication Centre) ist eine geschützte Datenbank die eine Kopie der auf der SIM-Chipkarte gespeicherten vertraulichen Daten enthält. Im AuC werden die Schlüssel für die Authentifizierung der Benutzer und die Verschlüsselung ihrer Daten gespeichert, so dass diese vor dem Zugriff Fremder und damit vor Missbrauch geschützt sind. Die Schlüssel authentifizieren den Benutzer und geben ihm den Zugang zum jeweiligen Dienst frei.

Gateway-MSC GMSC

Um Gesprächs- oder Datenverkehr mit dem Festnetz (z.B. PSTN) abzuwickeln bedarf es der GMSC. Wenn das Festnetz keinen direkten Zugang zu einem Heimatregister HLR hat, leitet es die Verbindung an das GMSC des entsprechenden Mobilfunknetzes. Dieses kümmert sich dann um die Verbindung zum mobilen Teilnehmer.

SMS-Gateway-MSC SMS-GMSC

Um Kurzmitteilungen (SMS) von der Kurzmitteilungszentrale (SMS-SC) an die Mobilstation auszuliefern, bedarf es eines Interfaces. Diese Funktion wird vom Gateway SMS-GMSC übernommen, der Daten von der Kurzmitteilungszentrale an die MSC (Mobilvermittlungsstelle) übermittelt. Vereinfacht gesagt: der SMS-GMSC dient als Schaltstelle, welche die in der Zentrale zwischengespeicherten Kurzmitteilungen ins öffentliche Mobilfunknetz PLMN übermittelt.

SMS-Interworking-MSC SMS-I-MSC

Um Kurzmitteilungen von der Mobilstation an die Kurzmitteilungszentrale (SMS-SC) auszuliefern bedarf es ebenfalls eines Interfaces. Diese Funktion wird von der Netzkomponente SMS-I-MSC übernommen, die Daten von der

MSC (Mobilvermittlungsstelle) an die Kurzmitteilungszentrale übermittelt. Vereinfacht gesagt: die SMS-I-MSC dient als Schaltstelle, welche die im Mobilfunknetz abgesetzten Kurzmitteilungen in der Kurzmitteilungszentrale zwischenspeichert.

2.2.5 Operations and Maintenance Centre OMC

Die Betriebs- und Wartungszentrale OMC wird für die Überwachung und die Steuerung der wichtigsten Infrastrukturelemente benutzt. Zu den Funktionen des OMC gehören:

- Kontrolle und Wartung von MSC, BSC und BTS

- Verwaltung der Abrechnungen

- Führen der Statistiken und der Verkehrsdaten

- Sicherheitsmanagement

- Konfigurieren des Netzes

- Performance Management (Qualitätskontrolle)

- Organisieren und Verwaltung von Wartungsarbeiten

Zur Überwachung des Netzbetriebs muss die OMC auf die gespeicherten Gerätedaten des EIR und die Teilnehmerdaten des AuC zugreifen können. Ein OMC kann ein gesamtes nationales Mobilfunknetz oder auch nur Teile des Netzes überwachen.

2.2.6 Short Message Service-Service Centre SMS-SC

Der Short Message Service (SMS) gestattet, kurze Nachrichten von maximal 160 Zeichen zu je 7 Bit (=140 Bytes bzw. 140 Oktette) zu senden und zu empfangen. Im Gegensatz zur Sprachkommunikation, bei der eine Verbindung zwischen den Gesprächsteilnehmern bestehen muss, können Kurznachrichten (SMS) zwischen Teilnehmern ohne direkte Verbindung ausgetauscht werden. Kurznachrichten von Mobilstation 1 zu Mobilstation 2 werden in zwei separaten Vorgängen übermittelt:

1. Mobilstation 1 sendet die Kurznachricht zur Kurzmitteilungszentrale SMS-SC, welche diese speichert

2. Die Kurzmitteilungszentrale SMS-SC übermittelt die gespeicherte Kurznachricht zur Mobilstation 2.

Zwischen beiden Vorgängen können Sekunden bis Wochen vergehen. Im SMS-
SC werden die Nachrichten zwischengespeichert. Dadurch ist sichergestellt,
dass Nachrichten auch dann übermittelt werden, wenn der Mobilteilnehmer
zeitweise nicht erreichbar ist, weil er sich zum Beispiel gerade nicht im Versorgungsbereich befindet oder sein Gerät ausgeschaltet hat. Sobald sich der Empfänger wieder im Netz meldet (z.B. indem er sein Gerät wieder einschaltet),
werden ihm die zwischengespeicherten Nachrichten zugestellt.

Die Kurzmitteilungszentrale SMS-SC (*Abb. 12*) ist eine Art "Store & Forward-
Einrichtung" (Speicherung und Weiterleitung). Die SMS-SC hat eine eigene
Telefonnummer, die der sendenden Mobilstation bekannt sein muss. Beispiele
von SMS-SC Telefonnummern:

* Deutschland D1: +491710760000

* Österreich A1: +436640501

* Schweiz Swisscom: +41794999000

Abb. 12: Aufbau der Kurzmitteilungszentrale

Kurzmitteillungen werden nicht nur zwischen Mobilstationen ausgetauscht,
sondern können z.B. auch vom Internet, vom Festnetz oder von Modems aus
gesendet werden. Kurznachrichten können an Mailboxen, an Faxgeräte, etc.
übermittelt werden.

Eine detaillierte Beschreibung des Kurzmitteilungsdienstes SMS finden Sie im
Abschnitt 5.

3 Die Luftschnittstelle U_m

Möchten **Sie** . . .

- wissen, auf welchen Frequenzen gesendet wird?

- verstehen, warum es verschiedene Bursttypen gibt?

- wissen, wie GSM-Kanäle strukturiert sind?

- wissen, welche Bitraten bei GSM möglich sind?

- wissen, was der Begriff 26-Rahmen Multiframe bedeutet?

. . . dann sollten Sie **dieses Kapitel** lesen!

3.1 Einleitung

Die Übertragung an der Luftschnittstelle U_m (Air Interface, auch Funkschnittstelle) erfolgt über drei verschiedene Bänder. In Europa werden die Frequenzbänder GSM 900 (in Deutschland: D-Netz) und GSM 1800 (in Deutschland: E-Netz) benutzt und in den USA und Kanada GSM 1900. Ein weltweiter GSM-Verkehr ist mit sogenannten Triband GSM-Geräten möglich, welche in der Lage sind, alle drei Bänder zu verarbeiten.

Abhängig von der Richtung der Verbindung zwischen Mobilstation und Base Station werden verschiedene Frequenzen verwendet. Als Uplink wird die Funkübertragung von der Mobile Station zur Base Station, als Downlink diejenige von der Basisstation zur Mobilstation bezeichnet (*Abb 13*).

Die *Tabelle 1* gibt eine Übersicht über die verwendeten Frequenzen. Zu beachten ist, dass zum Teil noch verschiedene Bezeichnungen der einzelnen Bänder existieren.

Die einzelnen Bänder werden noch weiter aufgeteilt [3]. Die Bänder sind in einzelne Kanäle mit einer Breite von 200kHz aufgeteilt. Jeder Kanal erhält eine eigene Nummer, die ARFCN (Absolute Radio Frequency Channel Number), also die Nummer des Frequenzkanals, aus dem sich die verwendete Frequenz errechnen lässt *(Tabelle 2)*. GSM 900 und GSM 1800 verwenden verschiedene ARFCNs, was erst Dualbandnetze ermöglicht. GSM 1800 und GSM1900 verwenden die gleichen ARFCNs, was die gleichzeitige Verwendung dieser beiden Frequenzbänder ausschließt.

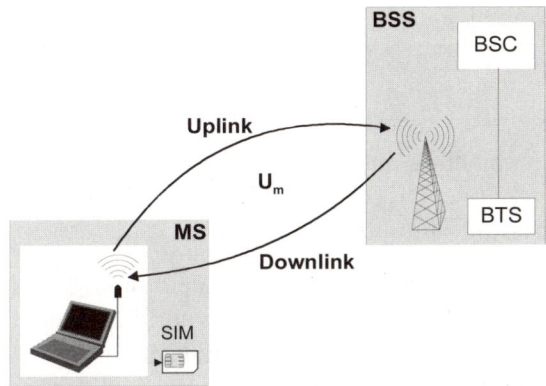

Abb. 13: Uplink und Downlink

Tabelle 1: GSM-Bänder

Name	Uplink (MHz)	Downlink (MHz)	Kanalabstand (kHz)
GSM 900	890-915	935-960	200
GSM 1800 (alt: DCS 1800)	1710-1785	1805-1880	200
GSM 1900 (alt: PCS 1900)	1850-1910	1930-1990	200

Im GSM 900 gibt es mit je 200 KHz Kanalabstand 124 Trägerfrequenzpaare. Die zugehörigen Frequenzen für Uplink und Downlink einer Verbindung haben einen Abstand von genau 45 MHz. Im GSM 1800 sind es 374 Trägerfrequenzenpaare mit einem Duplexabstand von 95 MHz. Es gibt also zwei Simplex-Kanäle pro Verbindung.

Tabelle 2: Detaillierte Beschreibung der einzelnen GSM-Bänder

Name:	ARFCN:	Uplink: (MHz)	Downlink: (MHz)
GSM 450	259 – 293	450,4 - 457,6	460,4 - 467,6
GSM 480	306 – 340	478,8 – 486,0	488,8 - 496,0
GSM 850	128 – 251	824,0 - 849,0	869,0 - 894,0
P-GSM 900 (Primary GSM)	1-124	890 – 915	935 - 960

Tabelle 2: Detaillierte Beschreibung der einzelnen GSM-Bänder

Name:	ARFCN:	Uplink: (MHz)	Downlink: (MHz)
E-GSM 900 (Extended GSM)	0-124, 975 – 1023	880 – 915	925 - 960
R-GSM 900 (Railways GSM)	0-124, 955 – 1023	876 – 915	921 - 960
GSM 1800 (DCS 1800)	512 – 885	1710 - 1785	1805 - 1880
GSM 1900 (PCS 1900)	512 – 810	1850 - 1910	1930 - 1990

Der GSM-Standard nutzt eine Kombination aus Vielfachzugriff im Zeit- und Frequenzmultiplex (Zeitmultiplex: Time Division Multiple Access TDMA, Frequenzmultiplex: Frequency Division Multiple Access FDMA).

Jede Trägerfrequenz kann von bis zu 8 gleichzeitig geführten Verbindungen im Zeitmultiplex genutzt werden. Durch diese Kombination von FDMA und TDMA stehen für jede Zelle maximal 124 x 8 = 992 Verkehrskanäle zur Verfügung. Tatsächlich müssen sich benachbarte Zellen aber das Frequenzband teilen. Daher hat jede Zelle in der Praxis weniger Frequenzen (typisch 6-20) zur Verfügung.

Jeder logische Kanal besteht folglich zu jedem Zeitpunkt aus einer Frequenz und einem Zeitschlitz.

3.2 Übertragungsburst

Die Datenrate bei der Basisstation beträgt pro Frequenz 270,833 kBit/s und die Dauer eines Bits ist 3,692 µs. Die Modulationsart auf dem Funkkanal wird als Gaussian Minimum Shift Keying GMSK bezeichnet. Der Vorteil dieses Verfahrens besteht im schmalen Sendeleistungsspektrum mit geringen Nachbarkanalinterferenzen.

8 Teilnehmer teilen sich je eine Frequenz. Alle 577 µs wird zu einem anderen Teilnehmer umgeschaltet. Ein Zeitfenster (Time Slot) dauert 577 µs (genauer: 576,9 µs) und der Wiederholungszyklus (TDMA-Rahmen bzw. TDMA Frame) beträgt 4,615 ms (*Abb. 14*).

In einem Time Slot wird die kleinste Informationseinheit, die in direkter Aufeinanderfolge auftritt, gesendet. Die Informationseinheit bzw. Bit-Paket wird Burst genannt. Allgemein gesagt, ist ein Burst ein Datenpaket, das zwischen Mobilstation und BTS ausgetauscht wird. Ein Burst dauert 577 µs und besteht aus 156.25 Bits. GSM kennt fünf verschiedene Bursts:

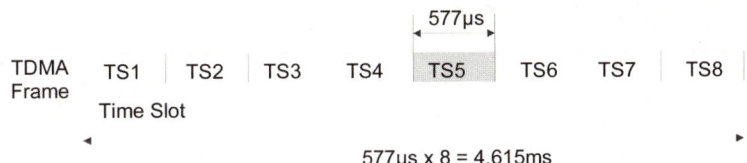

Abb. 14: Aufteilung eines TDMA-Rahmens in 8 Zeitschlitze

- Normal Burst (Nutz- und Signalisierungsinformationen)

- Synchronization Burst (Rahmensynchronisation)

- Frequency Correction Burst (Synchronisation der Frequenz)

- Dummy Burst (Blinddaten-Burst, erlauben die Kanalmodell-Detektion)

- Access Burst (wird für den Erstzugriff von der MS benutzt)

In einem Normal Burst werden 114 Datenbits (Nutzlast) übermittelt. Zwischen zwei aufeinanderfolgenden Bursts liegt immer eine kleine Pause (die sogenannte Guard Period), die wegen der Asynchronität des gesamten Systems aus BTS und zahlreichen MS erforderlich ist.

3.2.1 Normal Burst (NB)

Dieser Pakettyp ist für den Transport der Nutzdaten und Signalisierungsinformationen (2 x 57 Datenbits) zuständig. Die vorderen und hinteren drei Tail-Bits TB (immer auf logisch 0 gesetzt) dienen zusammen mit der 26-Bit-Trainings-Sequenz (auch als Midambel bekannt) zur bitgenauen Synchronisation und zur kontinuierlichen Kontrolle der Kanalqualität (*Abb. 15*). Die Guard Period GP (in dieser Zeit findet keine Übertragung von Bits statt, GP entspricht nur der Zeit von 8,25 Bits) dient dazu, Abweichungen in der Zeitlage (bedingt durch die Bewegung der MS und durch Mehrwegeausbreitung abzufangen). Die Stealing Flags SF sind Signalisierungsbits die angeben, ob der Burst Nutzdaten oder Signalisierungsinformationen transportiert.

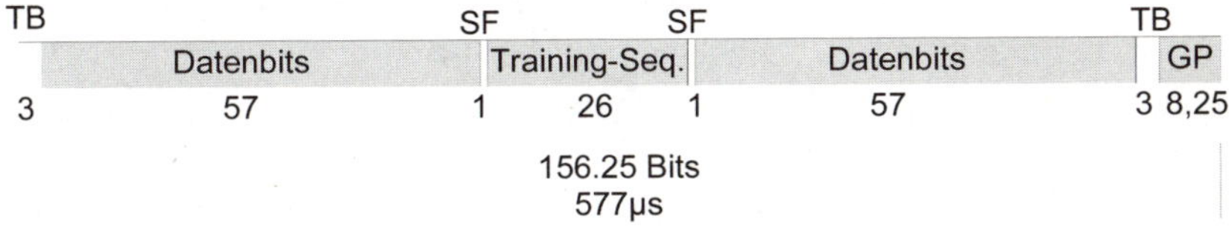

TB	Datenbits	SF	Training-Seq.	SF	Datenbits	TB	GP
3	57	1	26	1	57	3	8,25

156.25 Bits
577µs

Abb. 15: Aufbau eines Normal Burst

3.2.2 Synchronization Burst (SB)

Dieser Pakettyp dient der Synchronisation der Mobilstation und überträgt die TDMA-Rahmennummer. Die Training Sequence ist wegen der erhöhten Anforderung (die Mobilstation hat beim Empfang keine Vorkenntnisse) an die Synchronisation 64 Bit lang (*Abb. 16*). Dieser Burst wird nur im Downlink im SCH (siehe Rundspruchkanäle BCH), dem Synchronization Channel, gesendet, welcher definitionsgemäß immer im Timeslot 0 liegt.

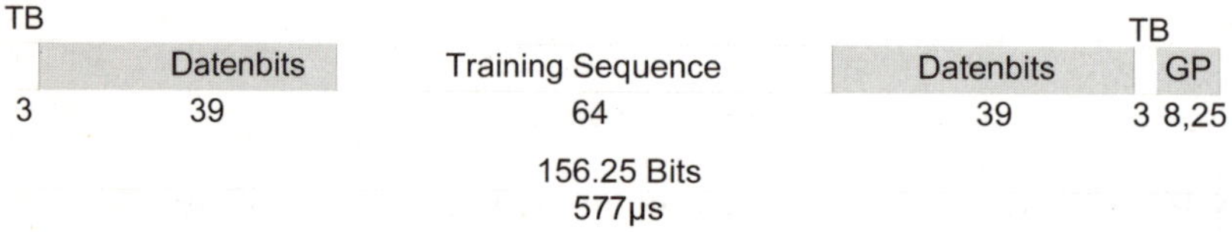

TB					TB
	Datenbits	Training Sequence		Datenbits	GP
3	39	64		39	3 8,25

156.25 Bits
577µs

Abb. 16: Aufbau des Synchronisations-Burst

3.2.3 Frequency Correction Burst (FB)

Dieser Pakettyp dient zur Frequenzsynchronisation des Mobilstationsoszillators und enthält wie die Tail Bits TB eine 142 Bit lange Datensequenz (Fixed Bits) aus lauter Nullen (*Abb. 17*). Die Mobilstation erzeugt daraus intern eine unmodulierte Sinusschwingung, mit der sich der Synthesizer der Mobilstation auf die Frequenz der Basisstation synchronisieren kann.

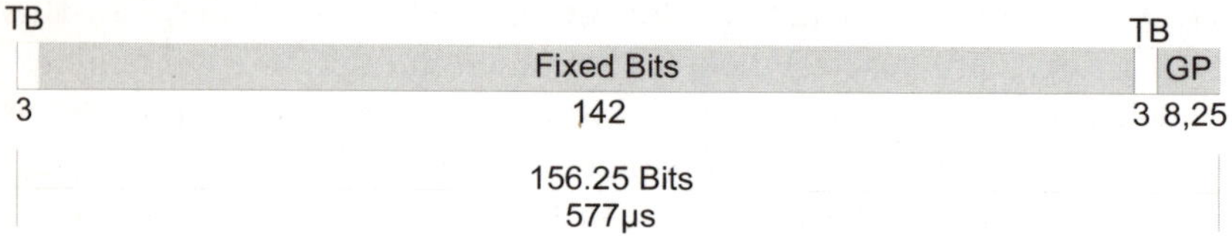

TB		TB
	Fixed Bits	GP
3	142	3 8,25

156.25 Bits
577µs

Abb. 17: Aufbau des Frequenzy Correction Burst

3.2.4 Dummy Burst (DB)

Dieser Pakettyp transportiert keine Daten (*Abb. 18*). Er füllt Timeslots, die im Moment nicht benutzt werden. Dies ist auf der Frequenz, die den BCCH beinhaltet, nötig, da hier spezifikationsgemäß in jedem Timeslot mit der gleichen Leistung gesendet werden muss. Er wird gesendet, wenn keine Nutzdaten zum Senden vorhanden sind, z. B. bei einem Handover. Eine Mobilstation testet dazu ständig die Verbindungsqualität der eigenen und angrenzenden Zellen (z.B. Messung der empfangenen Signalleistung durch die Mobilstation). Für diese Messungen muss in der eigenen und in den Nachbarzellen auf einer Frequenz ständig gesendet werden. Sind diese Kanäle nicht belegt, werden Dummy Bursts gesendet.

```
TB                                                      TB
                        Training                           GP
3                          26                           3  8,25

                      156.25 Bits
                         577µs
```

Abb. 18: Aufbau eines Dummy Burst

3.2.5 Access Burst (AB)

Der Zugriffsburst dient der Verbindungsaufnahme einer Mobilstation mit einer Basisstation (*Abb. 19*). Dieser Pakettyp wird für das Random-Access-Zugriffverfahren verwendet und zeichnet sich durch eine größere Schutzzeit (Guard Period GP) von 252 µs aus (68,25 Bits). Damit kann auch eine Mobilstation, die beim ersten Zugriff auf das Netzwerk (oder nach einem Handover) den korrekten Zeitversatz (Timing Advance) nicht kennt, eine Verbindung aufbauen.

```
TB                              TB        GP
   Training Sequence     Datenbits
8           41              36   3        68,25

                      156.25 Bits
                         577µs
```

Abb. 19: Aufbau eines Access Burst

3.3 Die GSM-Kanalstruktur

GSM definiert eine Reihe von logischen und physikalischen Kanälen, die unterschiedliche Funktionen übernehmen. Die logischen Kanäle können in zwei Gruppen unterteilt werden. Die zweite Gruppe der Kontroll- und Signalisierungskanäle wird noch in drei weitere Untergruppen unterteilt, welche wiederum unterteilt sind. Die folgende Aufstellung gibt eine Übersicht über alle logischen Kanäle.

1. Traffic Channels TCH (Verkehrskanäle bzw. Nutzkanäle)

2. Control Channels CCH (Kontroll- und Signalisierungskanäle)

Broadcast Channels BCH (Funkkontrollkanäle)

- Broadcast Control Channel BCCH (Rundspruchkontrollkanal)

- Frequency Correction Channel FCCH (Frequenzkorrekturkanal)

- Synchronization Channel SCH (Synchronisationskanal)

Common Control Channels CCCH (Allgemeine Kontrollkanäle)

- Random Access Channel RACH (Zufallszugriffskanal)

- Access Grant Channel AGCH (Zuweisungskanal)

- Paging Channel PCH (Anrufkanal)

Dedicated Control Channels DCCH (fest zugeordnete Steuerkanäle)

- Stand Alone Dedicated Control Channel SDCCH (Eigenständiger dedizierter Kontrollkanal

- Slow Associated Control Channel SACCH (Langsamer assoziierter Kontrollkanal)

- Fast Associated Control Channel FACCH (Schneller assoziierter Kontrollkanal)

Die Richtung der Übermittlung ist unterschiedlich. *Abb. 20* veranschaulicht die Richtung der jeweiligen Übermittlung der logischen Kanäle [4].

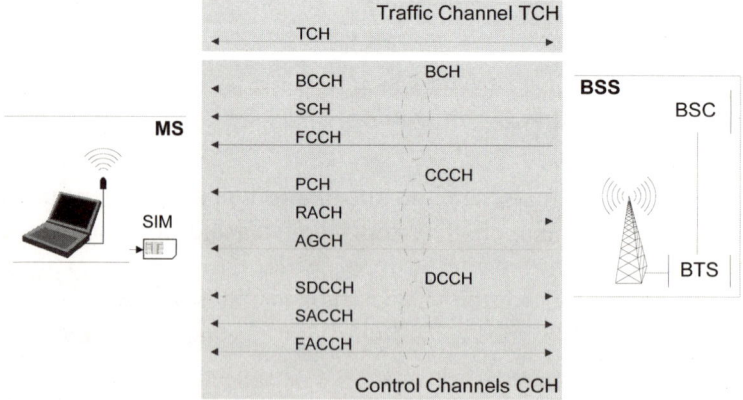

Abb. 20: Veranschaulichung der Kanalübertragungsrichtung

3.3.1 Nutzkanal bzw. Verkehrskanal TCH

Der Verkehrskanal TCH (Traffic Channel) dient zur Übertragung von Sprache und Daten. Er ist bidirektional ausgelegt und sowohl für Sprache als auch für Daten konfigurierbar. Die Kommunikation über einen TCH kann leitungsvermittelt oder paketvermittelt erfolgen. Im leitungsvermittelten Fall stellt der TCH z.B. eine transparente Datenverbindung zur Verfügung. Ein TCH kann voll genutzt werden (Full Rate) oder in zwei Halbraten-Verkehrskanäle (Half Rate) aufgespalten werden. Je nach Modus werden unterschiedliche Datenraten übertragen. GSM 05.03 kennt folgende Aufteilung der Nutzungsmöglichkeiten des Verkehrskanals TCH für codierte Sprache und Daten *(Tabelle 3)*:

Tabelle 3: Nutzungsmöglichkeiten des TCH-Kanals

Dienst	Modus	Bruttobitrate (kBit/s)	Nettobitrate (kBit/s)
Speech Full Rate	Full Rate (TCH/FS)	22,8	13
Speech Half Rate	Half Rate (TCH/HS)	11,4	5,6
Data 14,4 kBit/s	Full Rate (TCH/F14,4)	14,5	14,4
Data 9,6 kBit/s	Full Rate (TCH/F9,6)	12,0	9,6
Data 4,8 kBit/s	Full Rate (TCH/F4,8)	6,0	4,8
Data 2,4 kBit/s	Full Rate (TCH/F2,4)	3,6	2,4
Data 4,8 kBit/s	Half Rate (TCH/H4,8)	6,0	4,8
Data 2,4 kBit/s	Half Rate (TCH/H2,4)	3,6	2,4

3.3.2 Kontroll- und Signalisierungskanäle CCH

Bei der Luftschnittstelle von GSM existieren neun verschiedene Steuerkanäle. Sie werden vorwiegend zur Signalisierung und Synchronisierung benutzt, aber auch für paketvermittelte Datenübertragung wie den Kurznachrichtendienst (SMS-Short Message Service).

Die Signalisierungskanäle werden weiter nach der Art der Zugriffsmethode unterteilt in:

• Broadcast Channel BCH (Rundspruchkanäle)

• Common Control Channels CCCH (Allgemeine Kontrollkanäle)

• Dedicated Control Channels DCCH (Dedizierte Steuerkanäle)

Rundspruchkanäle BCH

Bei den Broadcast Channels BCH handelt es sich um einseitig gerichtete Punkt-zu-Mehrpunkt-Kanäle für den Downlink, d.h. von der Basisstation zur Mobilstation. Je nach Art der übertragenen Information unterscheidet man drei weitere Kanäle:

- Broadcast Control Channel BCCH (Rundspruchkontrollkanal): Über diesen Kanal werden permanent zellenspezifische Informationen gesendet wie z.B. die momentane Position, der Netzwerkbetreiber, die Liste der benachbarten Zellen, etc. Sie werden von den Mobilstationen zur Funkzellenauswahl benötigt.

- Frequency Correction Channel FCCH (Frequenzkorrekturkanal): Über diesen Kanal werden Informationen zur Fehlerkorrektur mittels des Frequenzkorrekturbursts gesendet. Er dient der Korrektur der Mobilstationsfrequenzen.

- Synchronization Channel SCH (Synchronisationskanal): Dieser Kanal dient zur Synchronisation zwischen Mobilstation und Basisstation. Mit dem fehlerfreien Empfang eines SCH-Pakets erhält die Mobilstation sämtliche Informationen die nötig sind, damit sie sich auf eine BTS aufzuschalten kann.

Common Control Channels CCCH

Die Common Control Channels CCCH dienen zur Übertragung von Systeminformationen vom Netzwerk zu der Mobilstation und gewährleisten den Zugang zum Netzwerk. Die CCCH bestehen aus den folgenden Kanälen:

- Random Access Channel RACH (Zufallszugriffskanal): Dieser unidirektionale Kanal (nur Uplink) wird von der Mobilstation zur Verbindungsanfrage genutzt. Er ermöglicht der MS, als Reaktion auf einen Anruf, einen SDCCH anzufordern.

- Access Grant Channel AGCH (Zuweisungskanal): Über diesen Kanal weist die Basisstation der MS nach erfolgreicher Random-Access-Prozedur einen Verkehrskanal (TCH) oder einen dedizierten Steuerkanal (SDCCH) zu. Dadurch erhält die MS Zugang zum Netz.

- Paging Channel PCH (Anrufkanal): Dieser Kanal sendet nur in Richtung Mobilstation. Über diesen Kanal wird die Mobilstation über einen eingehenden Anruf informiert.

Dedicated Control Channels DCCH

Die Dedicated Control Channels (DCCH) sind unter anderem für das Roaming, Handover, die Verschlüsselung und die Übertragung von Kurznachrichten SMS verantwortlich. Die GSM-Empfehlung sieht drei bidirektionale Kanäle vor:

- Stand Alone Dedicated Control Channel SDCCH (Eigenständiger dedizierter Kontrollkanal): Über ihn erfolgt die Signalisierung während des Rufaufbaus vor der Zuweisung eines Nutzkanals TCH. Der SDCCH wird normalerweise (wenn keine Gesprächsverbindung besteht) zur Realisierung des Kurznachrichtendienstes (SMS) verwendet.

- Slow Associated Control Channel SACCH (Langsamer assoziierter Kontrollkanal): Dieser Kanal wird automatisch aufgebaut, wenn ein Verkehrskanal TCH oder ein dedizierter Steuerkanal SDCCH vorhanden ist. Er überträgt parallel zum Betrieb eines TCH oder SDCCH kontinuierliche Messberichte (z.B. Angabe der Feldstärke). Im SACCH werden bei bestehender Gesprächsverbindung die SMS-Protokolldateneinheiten mitübertragen.

- Fast Associated Control Channel FACCH (Schneller assoziierter Kontrollkanal): Dieser Kanal überträgt Signalisierungsdaten wie der SDCCH, ist jedoch dem TCH zugeordnet. Der Kanal nutzt bei Bedarf kurzzeitig Kapazitäten des dazugehörigen Verkehrskanals durch Setzen des Stealing-Flags d.h. dass bei einigen Signalisierungsmeldungen in den Leihmodus übergegangen wird. Der SACCH "stiehlt" dem TCH die benötigten Bursts.

Abbildung der logischen Kanäle auf physikalische Kanäle

Die Informationen in den verschiedenen logischen Kanälen (Verkehrskanäle bzw. Nutzkanäle TCH und Kontroll- und Signalisierungskanäle) werden mittels unterschiedlicher Bursts übertragen. Zur Sprach- und Datenübertragung werden mehrere TDMA-Rahmen zu einem Multirahmen zusammengefasst. Die logischen Kanäle werden durch einen Multiplexer auf die Zeitschlitze verteilt. Je nach logischem Kanal werden die Bursts zu unterschiedlichen Multiframes (Mehrfachrahmen) zusammengefasst. GSM kennt zwei verschiedene Multiframetypen:

- 26-Rahmen-Multiframe (für die Traffic Channels TCH)

- 51-Rahmen-Multiframe (für die Control Channels CCH)

Bei einem 26-Rahmen-Multiframe handelt es sich um einen Multiframe für Sprache und Daten, der sich aus 26 TDMA-Rahmen zusammensetzt und eine zeitliche Länge von 26 x 4,615 ms = 120 ms hat.

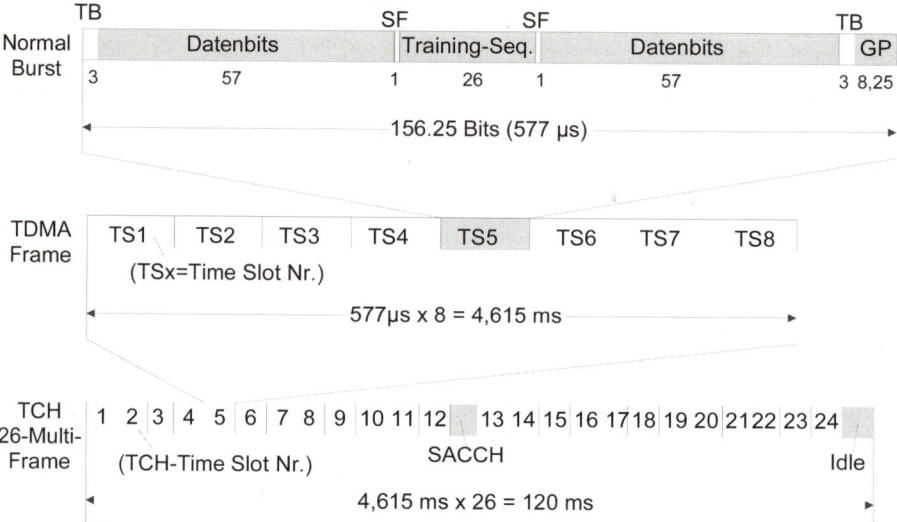

Abb. 21: 26-Rahmen-Multiframe für Traffic Channels

In einem 26-Rahmen-Multiframe (*Abb. 21*) werden 24 TDMA Frames mit TCH-Kanälen (Nutzdaten) genutzt. 1 Rahmen dient der Übertragung von Signalisierungsdaten (SACCH) und 1 Rahmen bleibt im Falle der Übertragung im Full Rate-Modus ungenutzt (Idle).

Die Bruttodatenrate (pro MS) im Full Rate-Modus lässt sich folgendermaßen bestimmen:

In 120 ms werden 24 mal 2 x 57 Daten-Bit übertragen.

Dies ergibt eine Bruttodatenrate von

$$\frac{2 \cdot 57 \cdot 24 \cdot \text{Bits}}{120 \text{ms}} = 22800 \frac{\text{Bits}}{\text{s}} = 22,8 \frac{\text{kBits}}{\text{s}}$$

Die 51-Rahmen-Multiframes dienen der Signalisierung und bestehen aus 51 TDMA-Rahmen, die zusammen 235,4 ms zur Übertragung benötigen (*Abb. 22*). In einer laufenden Verbindung kann von einem zum anderen Rahmen zwischen den Rahmen des Verkehrs- und Signalisierungskanals gewechselt werden, je nach aktuellen Erfordernissen. Zur Unterscheidung, zu welchem Multiplexfall ein Rahmen gehört, werden Zähler verwendet.

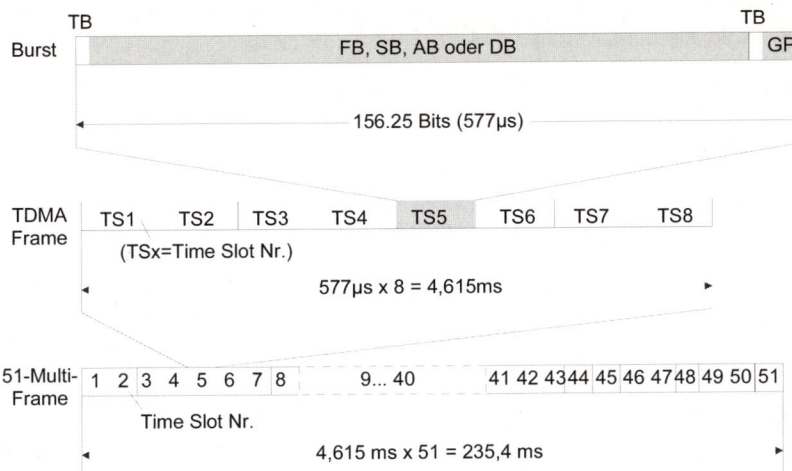

Abb. 22: 51-Rahmen Multiframe für Control Channels

4 Die SIM-Chipkarte

Möchten **Sie** . . .

- wissen, welche Anforderungen an SIM-Chipkarten gestellt werden?

- verstehen, wieso es eine Trennung zwischen Gerät und SIM-Chipkarte gibt?

- wissen, welche Normen für SIM-Chipkarten maßgebend sind?

- wissen, wie SIM-Chipkarten funktionieren?

- wissen, welche Daten wo abgespeichert werden?

. . . dann sollten Sie **dieses Kapitel** lesen!

4.1 Einleitung

Bei GSM besteht die Mobilstation MS aus 5 verschiedenen Komponenten (siehe *Abb. 23*):

1. die SIM-Chipkarte (Subscriber Identity Module, Teilnehmer Identitätsmodul)

2. das Mobilgerät (Mobile Equipment, ME), z. B. das GSM-Modem

3. die GSM-Antenne

4. der Schnittstellenumsetzer (Terminal Adaptor, TA)

5. das Steuergerät (Terminal Equipment, TE), z.B. einem PC bzw. einem Mikrokontroller

Die SIM-Chipkarte, das Mobilgerät und die GSM-Antenne bilden zusammen das Endgerät (Mobile Termination MT). Das GSM-Modem (ME) wird entweder über den Schnittstellenumsetzer TA oder direkt vom Steuergerät TE angesteuert.

Dank der Trennung ME/SIM ist die Mobilität eines Teilnehmers gewährleistet, d.h. er kann mit der gleichen SIM-Chipkarte verschiedene GSM-Geräte benutzen, ohne seine Rufnummer wechseln zu müssen.

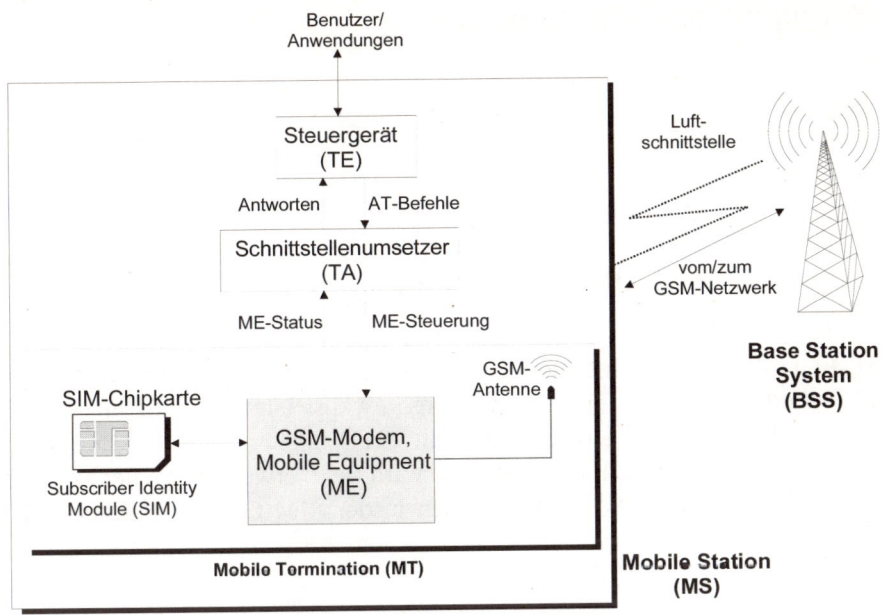

Abb. 23: Unterteilung in SIM-Chipkarte und Gerät (ME)

Die SIM-Chipkarte ist eine Identifizierungskarte für den Teilnehmer (Abonnenten) eines GSM-Mobilfunkdienstes. Die SIM-Chipkarte bzw. deren Chip enthält teilnehmerrelevante Daten und Rechenfunktionen. U.a. befinden sich auf der SIM-Chipkarte die internationale Teilnehmerkennung IMSI (International Mobile Subscriber Identity), die persönliche Identifikationsnummer CHV (Card Holder Verification auch PIN, persönliche Identifikations-Nummer, genannt), der Authentifizierungsschlüssel (Ki) und einige weitere Daten. Ohne eine gültige IMSI ist ein GSM-Dienst nicht zugänglich (außer allfälligen Notfallanrufen, je nach Dienstanbieter). Mit der SIM-Chipkarte für das GSM-Netz identifiziert sich der Teilnehmer mit seiner IMSI. Die Funktelefonrufnummer, der MSISDN (Mobile Station ISDN-Number, ISDN-Nummer der Mobilstation) ist nur im Netz gespeichert. Mit Hilfe der Authentifizierung stellt das Netz sicher, dass es sich tatsächlich um einen autorisierten GSM-Teilnehmer handelt. Das Authentifizierungsverfahren wird parallel auf der SIM-Chipkarte und im Netz durchgeführt und im Ergebnis verglichen. Bei Ergebnisgleichheit ist die Teilnehmerauthentizität gewährleistet. Das GSM-Modem ist durch eine eigene Identifikationsnummer, die IMEI (International Mobile Equipment Identity, internationale Gerätekennung) identifizierbar.

4.2 Aufgaben der SIM-Chipkarte

4.2.1 Einleitung

Der GSM-Standard 02.17 (Subscriber Identity Modules (SIM); Functional Characteristics) definiert die funktionalen Charakteristika und die Anforderungen an die SIM-Chipkarte für die Verwendung in GSM-Anwendungen [5]. Gemäß GSM-Standard darf die SIM-Chipkarte zusätzliche, GSM-fremde Funktionen ausführen.

Die SIM-Chipkarte führt eine Identifikation des Anwenders (CHV1, Card Holder Verification 1) durch. Die Überprüfung gewährleistet einen Schutz gegen unberechtigte Verwendung (dies wird mit der Eingabe einer PIN-Nummer erreicht). Für einige zusätzliche Merkmale wird die Verwendung einer zweiten CHV (CHV2) verlangt. Die CHVs werden in der SIM-Chipkarte gespeichert und verifiziert.

4.2.2 Sicherheitsanforderungen

Der GSM-Standard 02.09 [6] spezifiziert die Sicherheits-Funktionen für das Bestätigen der SIM-Chipkarte. Diese Funktionen, die für sämtliche MS verbindlich sind, basieren auf dem kryptographischen Algorithmus A3 und einem geheimen Teilnehmerberechtigungszuweisungsschlüssel Ki. A3 und Ki sind auf der SIM-Chipkarte gespeichert.

Die Sicherheitsaspekte von GSM werden im Allgemeinen durch den GSM-Standard 03.20 [7] definiert.

Eine SIM-Chipkarte muss folgende Sicherheitsanwendungen unterstützen:

- Algorithmus zur Authentifikation (A3)

- Sichere Speicherung des Teilnehmerschlüssels (Ki)

- Ziffernschlüsselerzeugungsalgorithmus (A8)

- Ziffernschlüssel (Kc)

- Die Kontrolle des Zugangs der auf der SIM-Chipkarte gespeicherten Daten und Funktionen

- Eventuell kann ein neuer Algorithmus A38 die Funktionen von A3 und A8 übernehmen.

Sämtliche sicherheitsrelevanten Daten, welche vom GSM-Netzwerk zur ME (Mobile Equipment) übertragen wurden, müssen nach folgenden Aktionen gelöscht werden:

*   Entfernen der SIM-Chipkarte

*   Deaktivierung der MS (Mobile Station)

*   Rückstellung (Reset) der SIM-Chipkarte

Abb. 24: SIM-Chipkarte: auf Träger und herausgebrochen (Foto: Zogg)

SIM-Chipkartendaten welche während des Betriebs zur ME übertragen wurden (z.B. CHV), sollten nach Ende des Betriebs ebenfalls gelöscht werden. Die SIM-Chipkarte muss die Teilnehmeridentifikation (CHV) ermöglichen (durch Eingabe eines PIN-Codes). Die Teilnehmerüberprüfung kann aber - vom Teilnehmer - ausgeschaltet werden.

4.2.3 Anforderungen an den SIM-Chipkartenspeicher

Die SIM-Chipkarte speichert die Daten in drei Gruppen:

1. unveränderliche Daten, welche bei der Herstellung zugewiesen wurden; z.B. die IMSI, der Teilnehmerschlüssel Ki und die Klasse der Zugriffskontrolle

2. temporäre Netzwerkdaten; z.B. TMSI (Temporary Mobile Subscriber Identity, temporäre Teilnehmeridentität) und verbotene PLMNs (Public Land Mobile Network, öffentliche Mobilfunknetze)

3. anwendungsrelevante Daten; z.B. Sprachbevorzugung, Gebührenfestsetzungen, Kurznachrichten (SM), etc.

Die SIM-Chipkarte muss Speicherplatz für folgende Informationen bereitstellen (Auswahl):

- Administrative Informationen wie z.B. die Betriebsart der SIM-Chipkarte (z.B. normal oder gestört)

- IC-Karte-Identifikation: eine Zahl, die die SIM-Chipkarte und den Kartenaussteller eindeutig identifizieren

- Übersicht der bereitgestellten SIM-Chipkartendienste

- International Mobile Subscriber Identity (IMSI)

- Lageinformationen: wie z.B. TMSI und Gebietsinformationen

- Verschlüsselungswert Kc

- BCCH Informationen (Broadcast Control Channel): Liste der Trägerfrequenzen, die für die Auswahl einer Funkzelle benutzt werden soll

- Verbotene PLMN (Public Land Mobile Network)

- HPLMN (Home PLMN) Suchperiode: wird verwendet, um das Zeitintervall zwischen der Suche nach HPLMN zu kontrollieren

- Sprachbevorzugung

- Phase-Identifikation (Phase 1, Phase 2 oder Phase 2+)

- Gespeicherte Kurznachrichten (SM)

Zusätzlich zu den obigen Anforderungen muss die SIM-Chipkarte folgende sicherheitsrelevanten Informationen speichern und kontrollieren können:

- Identifikation (mittels CHV, Card Holder Verification, PIN1 oder PIN2)

- Betriebsartanzeige der CHV (in Betrieb bzw. nicht in Betrieb)

- Zähler (CHV-Zähler) für die Anzahl der fehlerhaft eingegebenen CHV (falsche PIN)

- Freigabe des CHV-Zählers (mittels der PUK: Personal Unblocking Key)

- Teilnehmerschlüssel (Ki).

4.3 Funktionsweise von SIM-Chipkarten

4.3.1 Einleitung

Die meistverbreitete SIM-Chipkarte, die Plug-in SIM-Chipkarte (Benennung gemäß GSM-Standard GSM 11.11 [8]), wurde speziell für den Einsatz im GSM entwickelt. Die Abmessung dieser Chipkarte liegt bei 25mm x 15 mm, ca. 2mal so groß wie die Chipkartenkontakte (*Abb. 25*). Die Kontakte des Chips sind vergoldet, um einen optimalen Korrosionsschutz zu gewährleisten.

Grundsätzlich besteht jede Chipkarte aus einem Kunststoff- bzw. Keramikträger und einem eingebetteten Mikrokontrollerchip. Der Chip befindet sich auf der Karte hinter dem Modul mit den Kontakten. Mikrokontrollerchipkarten besitzen zusätzlich zum Speicher ein ROM, ein EEPROM und ein RAM (Read Only Memory, Electrically Erasable and Programmable ROM und Random Access Memory) sowie einen Prozessor (CPU). Der Prozessor kann ein 8... 16-Bit-Prozessor sein. Durch den Prozessor wird der Chip in die Lage versetzt, selbständig Daten zu verarbeiten.

Von den acht Anschlüssen einer SIM-Chipkarte werden fünf gebraucht. Drei Anschlüsse (C4, C6 und C8) werden bei modernen SIM-Chipkarten nicht angeschlossen (NC, not connected).

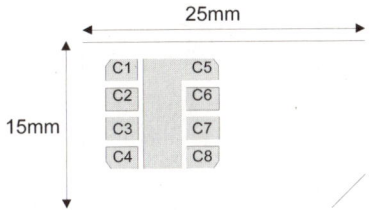

Abb. 25: Anschlussbelegung einer SIM-Chipkarte

Die *Tabelle 4* beschreibt die Funktion der einzelnen Anschlüsse.

Tabelle 4: Beschreibung der Anschlussfunktionen einer SIM-Chipkarte

Anschluss	Beschreibung	Kommentar
C1	Vcc: Versorgungsspannung (+5V/+3V)	Ev. kann der Spannungsbereich 2,7V ... 5,5V betragen
C2	RST: Rücksetzen	Über die Resetleitung wird der Mikrokontroller zurückgesetzt

Tabelle 4: Beschreibung der Anschlussfunktionen einer SIM-Chipkarte

Anschluss	Beschreibung	Kommentar
C3	CLK: Takt 1MHz ... 5MHz	Taktversorgung: Der Takt wird von außen angelegt
C4	NC: (not connected, nicht angeschlossen)	RFU (reserved for future use, für zukünftige Funktionen reserviert)
C5	GND: Masse (0Volt)	Masse, Nullpotential
C6	NC: (ev. Vpp) Program- mierspannung	Dieser Kontakt war ursprünglich für die Pro- grammier- und Löschspannung (Vpp) des EEPROM vorgesehen
C7	I/O: Input / Output	Dateneingang/-ausgang: Die bidirektionale Datenübertragung findet im Halbduplexver- fahren statt
C8	NC: (not connected, nicht angeschlossen)	RFU (reserved for future use, für zukünftige Funktionen reserviert)

4.3.2 Blockschaltbild einer SIM-Chipkarte

Die *Abb. 26* zeigt die typische Architektur einer SIM-Chipkarte [9]:

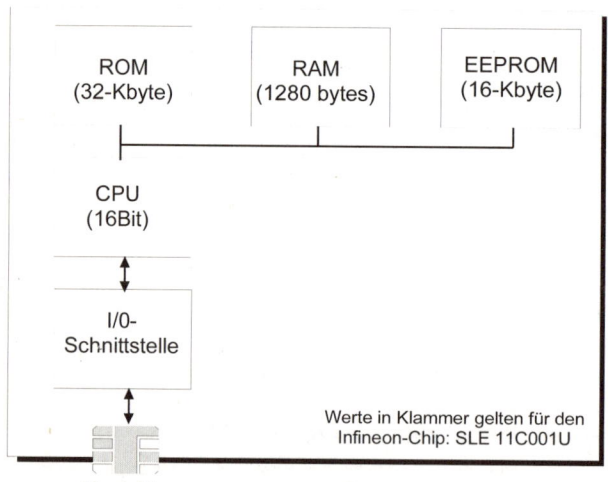

Abb. 26:   Blockschaltbild der SIM-Chipkarte

Das **ROM** (Read Only Memory) enthält das Betriebssystem des Chips und wird bei der Herstellung eingebrannt. Es ist für alle Chips eines Produktionsloses identisch und nicht mehr veränderbar. Im ROM werden allgemeine Daten und

Programme, (z.B. Kommandointerpreter, Übertragungsprotokoll, Verschlüsselungsalgorithmus) und Grundfunktionen wie Authentifizierung und PIN-Prüfung abgelegt.

Im **EEPROM** (Electrically Erasable and Programmable ROM), einem nicht-flüchtigen Speicher, werden Daten oder eventuell sogar Programmcode unter Kontrolle des Betriebssystems geschrieben und gelesen. Im EEPROM sind die anwendungs- und benutzerspezifischen Daten abgelegt (Schlüssel, Geheimzahl und weitere Daten, die während einer Anwendung anfallen).

Das **RAM** (Random Access Memory) ist der Arbeitsspeicher des Prozessors (CPU, Central Processoring Unit). Alle darin vorhandenen Daten gehen verloren, wenn die Versorgungsspannung des Chips abgeschaltet wird. Das RAM dient als reiner Arbeitsspeicher.

Die **CPU** (Central Processing Unit) ist meist ein 8-Bit bzw. 16-Bit-Prozessor, der oft auf Mikroprozessorkernen des Typs 8051 oder 6805 basiert. Durch den Prozessor wird der Chip in die Lage versetzt, selbständig Daten zu verarbeiten.

Bei modernen Chipkartensystemen werden nur die Basisbefehle in das ROM des Betriebssystems gebrannt und nach der Kartenproduktion der anwendungsspezifische Teil des Programms in das EEPROM geladen.

Über die serielle I/O-Schnittstelle und die Kontakte werden die Daten Bit für Bit bidirektional übertragen.

Die Form, in der die Daten zwischen der Chipkarte und dem Interface übertragen werden, ist in der Norm ISO/IEC 7816, Teil 3 beschrieben [10]. Für SIM-Chipkarten werden asynchrone Protokolle eingesetzt. Bei der asynchronen Datenübertragung werden jedem Byte zusätzliche Synchronisationsbits vorangestellt bzw. angehängt.

4.3.3 Aufbau der Dateistruktur

Der GSM-Standard GSM 11.11 schreibt die Dateiorganisation der SIM-Chipkarte vor. Dies hat zur Folge, dass Daten und Dateien nicht an einem beliebigen Ort abgelegt werden können, sondern die Ablage muss nach einem streng hierarchischen System erfolgen.

Die Struktur kann als Baummodell dargestellt werden (*Abb. 27*).

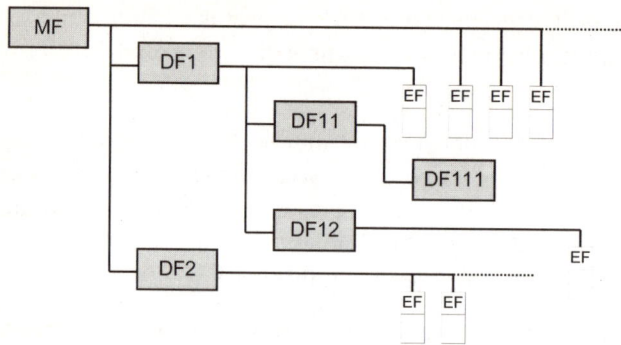

Abb. 27: Dateistruktur als Baummodell

In der Struktur existieren folgende drei Typen von Verzeichnissen bzw. Dateien
[11]:

- **MF: Master File**. Dies ist das Stammverzeichnis, das nach einem Reset der
  Chipkarte selektiert wird. In ihm befinden sich alle anderen Verzeichnisse
  (DF) und alle Dateien (EF).

- **DF: Dedicated Files**. Dies ist ein Unterverzeichnis, in dem Dateien und
  noch weitere Unterverzeichnisse abgelegt werden können.

- **EF**: **Elementary Files**. Es wird zwischen Internal Elementary Files und
  Working Elementary Files unterschieden:

  - **Internal Elementary Files** enthalten z.B. anwendungsbezogene Pass-
    wörter und Schlüssel. Die Daten einer Internal Elementary File unterlie-
    gen der Zugriffskontrolle des Betriebssystems. Ein direkter Zugriff
    mittels des Karterminals ist nicht möglich. Diese Systemdateien wer-
    den vom Betriebssystem zur Aufrechthaltung des Ablaufs genutzt.

  - **Working Elementary Files** enthalten die Nutzdaten einer Anwendung.
    Die Daten können nach obligatorischer Authentifizierung (einmalige
    Eingabe von CHV1) unter Verwendung einer Internal Elementary File
    unter Berücksichtigung von Sicherheitsattributen (z.B. Eingabe von
    CHV2) gelesen und/oder verändert werden.

Es gibt unterschiedliche Dateistrukturen für Elementary Files: Sie können
Records mit folgender Struktur aufweisen:

- feste Länge (linear fixed)

- variable Länge (linear variable)

- Ringstruktur mit fester Länge (cyclic)

- amorphe, d.h. vom Benutzer frei wählbare Struktur (transparent), bei der auf Daten byte- oder blockweise zugegriffen werden kann.

Alle Dateien, einschließlich der Verzeichnisse, besitzen einen 2 Byte langen File Identifier (FID). Mit dem FID werden Dateien bzw. Verzeichnisse ausgewählt.

Bei der SIM-Chipkarte befinden sich direkt unter der MF zwei EF (ICCID und ELP) und zwei DF (TELECOM und GSM). Vereinfacht *(Tabelle 5)* lässt sich die Dateistruktur der SIM-Chipkarte wie folgt darstellen (gemäß Standard GSM 11.11):

Tabelle 5: Vereinfachte Dateistruktur der SIM-Chipkarte

Dateityp	Dateiname	FID	Beschreibung
MF		3F00	Master-File / Root-Directory
EF	ICCID	2FE2	Identifikationsnummer der Chipkarte
EF	ELP	2F05	Erweiterte Sprachauswahl
DF	TELECOM	7F10	Verzeichnis Telecom
EF	ADN	6F3A	Kurzrufnummern (abbreviated dialing numbers)
EF	FDN	6F3B	Festrufnummern (fixed dialing numbers)
EF	LND	6F44	letzte gewählte Rufnummer (last number dialed)
EF	SMSS	6F43	Zustand der gespeicherten Kurzmitteilungen
EF	SMS	6F3C	Kurzmitteilungen (Short Messages)
EF	SMSP	6F42	Kurzmitteilung-Service-Parameter
EF	SMST	6F47	Kurzmitteilung status report
EF	MSISDN	6F40	MSISDN (ISDN-Nummer der MS)
DF	GSM	7F20	Verzeichnis GSM
EF	LP	6F05	Bevorzugte Sprache
EF	KC	6F20	Schlüssel Kc
EF	SPN	6F46	Service Provider Name
EF	PUCT	6F41	Preis der Einheiten und Währung
EF	SST	6F38	SIM service table
EF	IMSI	6F07	IMSI
EF	PHASE	6FAE	Phaseninformationen über GSM
EF	PLMNsel	6F30	PLMN Auswahl
EF	CBMI	6F45	Cell Broadcast Identifier Selection

4.3.4 SIM-Chipkartenbefehle

Damit das GSM-Gerät (ME) mit der SIM-Chipkarte kommunizieren bzw. Daten austauschen kann (*Abb. 28*), wurden mit dem Standard GSM 11.11 verschiedene Befehle definiert.

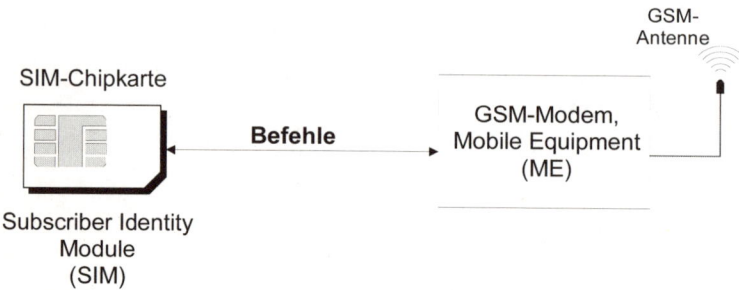

Abb. 28: Steuerung der SIM-Chipkarte

Ein SIM-Chipkartenbefehl besteht aus sechs Teilen und hat folgende Struktur (*Abb 29*):

CLA	INS	P1	P2	P3	Daten

Abb. 29: Struktur eines SIM-Chipkarten-Befehls

In *Tabelle 6* sind die verschiedenen Komponenten des Befehls kurz erklärt:

Tabelle 6: Beschreibung eines SIM-Chipkartenbefehls

Byte-Nr:	Kürzel	Beschreibung
0	CLA	Class-Byte: im GSM-Modus = ′A0′ !
1	INS	Instruction-Byte: Code des auszuführenden Befehls, siehe Befehlstabelle ()
2	P1	Parameter 1
3	P2	Parameter 2
4	P3	Länge des zu sendenden Datenteils
5 ... n	Daten	An die Karte zu übermittelnde Daten (unterschiedliche Länge)

Der GSM-Standard GSM 11.11 definiert 22 Befehle *(Tabelle 7)* für den Zugriff auf die Chipkarte.

Tabelle 7: Befehle für den Zugriff auf die Chipkarte

Befehl:	Beschreibung:
CHANGE CHV	Ändern der PIN
DISABLE CHV	Abschalten der PIN Abfrage
ENABLE CHV	Einschalten der PIN Abfrage
ENVELOPE	Übertragen von Daten in die SIM-Chipkarte
FETCH	Übertragen von Befehlen von der SIM-Chipkarte auf das ME
GET RESPONSE	Einholen einer Antwort
INCREASE	Erhöhen des Zählers in einer Datei
INVALIDATE	Reversibles Blockieren einer Datei
READ BINARY	Lesen aus einer Datei mit transparenter Struktur
READ RECORD	Lesen aus einer Datei mit linear fixed, linear variable, oder cyclic Struktur
REHABILITATE	Entblocken einer Datei
RUN GSM ALGORITHM	Ausführen des GSM spezifischen kryptografischen Algorithmus
SEEK	Suchen eines Textes in einer Datei mit linear fixed, linear variable oder cyclic Struktur
SELECT FILE	Auswahl einer Datei
SLEEP	Nicht mehr benutztes Kommando
	Versetzt die Chipkarte in einen energiesparenden Modus
STATUS	Lesen verschiedener Informationen zur momentan ausgewählten Datei
TERMINAL PROFILE	Abfrage der Terminal-Eigenschaften
TERMINAL RESPONSE	Antwort des ME auf einen Befehl der SIM-Chipkarte
UNBLOCK CHV	Abgelaufenen PIN Fehlbedienungszähler wieder zurücksetzen
UPDATE BINARY	Schreiben in einer Datei mit transparenter Struktur
UPDATE RECORD	Schreiben in einer Datei mit linear fixed, linear variable, oder cyclic Struktur
VERIFY CHV	Überprüfen der PIN-Nummer

Der Wert der einzelnen Felder kann aus folgender Tabelle entnommen werden:

Tabelle 8: Kodierung der einzelnen Parameter

COMMAND	INS	P1	P2	P3
CHANGE CHV	'24'	'00'	CHV-No.	'10'
DISABLE CHV	'26'	'00'	'01'	'08'
ENABLE CHV	'28'	'00'	'01'	'08'
ENVELOPE	'C2'	'00'	'00'	Datenlänge
FETCH	'12'	'00'	'00'	Datenlänge
GET RESPONSE	'C0'	'00'	'00'	Datenlänge
INCREASE	'32'	'00'	'00'	'03'
INVALIDATE	'04'	'00'	'00'	'00'
READ BINARY	'B0'	offset-high	offset-low	Datenlänge
READ RECORD	'B2'	rec-No.	mode	Datenlänge
REHABILITATE	'44'	'00'	'00'	'00'
RUN GSM ALGO-RITHM	'88'	'00'	'00'	'10'
SEEK	'A2'	'00'	type/mode	Datenlänge
SELECT	'A4'	'00'	'00'	'02'
SLEEP	'FA'	'00'	'00'	'00'
STATUS	'F2'	'00'	'00'	Datenlänge
TERMINAL PROFILE	'10'	'00'	'00'	Datenlänge
TERMINAL RESPONSE	'14'	'00'	'00'	Datenlänge
UNBLOCK CHV	'2C'	'00'	for CHV1: 00, for CHV2: 02	'10'
UPDATE BINARY	'D6'	offset-high	offset-low	Datenlänge
UPDATE RECORD	'DC'	rec-No.	mode	Datenlänge
VERIFY CHV	'20'	'00'	CHV-No.	'08'

5 Verbindungsaufbau

Möchten **Sie** . . .

- wissen, wie eine Mobilstation lokalisiert wird?

- verstehen, warum periodisch und automatisch eine Verbindung aufgebaut wird?

- wissen, welche Phasen für einen Verbindungsaufbau notwendig sind?

- wissen, welcher Unterschied zwischen MOC und MTC besteht?

- wissen, was bei einem Handover abläuft?

. . . dann sollten Sie **dieses Kapitel** lesen!

5.1 Einleitung

Eine Verbindung zwischen Mobilstation MS und Basisstation BS kann durch verschiedene Ursachen ausgelöst werden:

- **Die Mobilstation MS wird angerufen.** Dieser Vorgang wird als Mobile Terminated Call MTC (Endziel des Anrufs ist die Mobilstation) bezeichnet. Damit der Anruf zur richtigen Mobilstation geleitet wird, muss zuerst der Aufenthaltsort dieser MS bekannt sein. Das bedeutet, dass eine Lokalisierung der MS erforderlich ist, damit der Funkaufbau über die richtige Basisstation erfolgt.

- **Die Mobilstation MS ruft an.** Dieser Vorgang wird als Mobile Originated Call MOC (Ursprung des Anrufs ist die Mobilstation) bezeichnet.

- **Die Mobilstation verlässt den Sendebereich einer Basisstation BS und tritt in den Sendebereich einer neuen Basisstation.** Die Weitergabe einer Funkverbindung von einer Zelle zu einer anderen wird als Handover bezeichnet.

In diesem Abschnitt sind die Vorgänge zum besseren Verständnis vereinfacht dargestellt.

5.2 Mobilstation wird angerufen (MTC)

5.2.1 Lokalisierung der Mobilstation

Bevor eine Mobilstation angerufen werden kann, muss sich der Teilnehmer in ein Mobilnetz (PLMN) einbuchen. Es werden zwei verschiedene Lokalisierungsphasen definiert:

- Localization Registration (Aufenhaltsregistrierung): schaltet sich ein Teilnehmer neu in ein Netz ein (z.B. nachdem die Mobilstation ausgeschaltet war), muss die Mobilstation im GSM-Netz registriert werden. Dabei wird der Teilnehmer durch Aussenden seiner IMSI (International Mobile Subscriber Identity) identifiziert, und wenn er dazu berechtigt ist, wird er im Netz zugelassen. Nach der Authentifizierung erhält die Mobilstation vom GSM-Netz eine TMSI (Temporary Mobile Subscriber Identity, temporäre Teilnehmeridentität). Der Aufenthaltsort der MS (im Ausstrahlungsgebiet der Funkzelle) wird im HLR und im VLR eingetragen

- Localization Update (Aktualisierung der Aufenthaltsinformationen): erfolgt z.B. nach einem Zellenwechsel (neue Location Area) oder wird periodisch vom Netz ausgelöst. Ist beim Update eine Station nicht mehr erreichbar, dann gilt sie als ausgeschaltet. In diesem Fall werden die Einträge in den Registern gelöscht.

5.2.2 Rufaufbau aus dem Festnetz (MTC)

Zum besseren Verständnis der komplexen Abläufe einer einfachen Telefonverbindung sind die einzelnen Phasen abgebildet (*Abb. 30*), die in einem GSM-Netz zur Herstellung einer Verbindung vom Festnetz zu einer Mobilstation erforderlich sind [12].

Erklärungen zu *Abb. 30*:

1. Der ankommende Ruf wird vom Festnetz zum Gateway (GSMC) geleitet.

2. Das HLR wird auf Grundlage der MSISDN-Nummer des angerufenen Teilnehmers bestimmt.

3. Das HLR prüft, ob die angerufene Nummer existiert. Dann wird das entsprechende VLR aufgefordert, eine Roamingnummer MSRN (Mobile Station Roaming Number, Roamingnummer der Mobilstation) auszugeben. Die

MSRN ist eine gewöhnliche Telefonnummer, die den Anruf zum MSC, zu dem das neue VLR gehört, leitet.

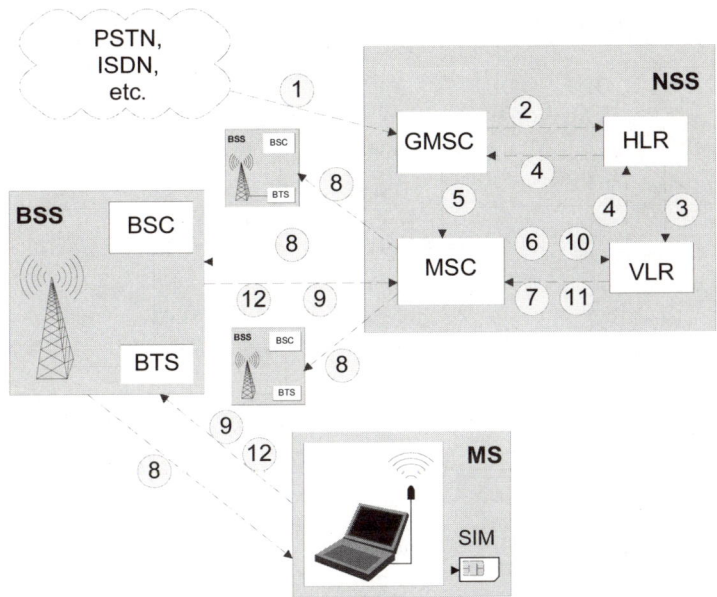

Abb. 30: Rufaufbau (Mobile Terminated Call MTC)

4. Die MSRN wird zum GSMC zurückgesendet.

5. Die Verbindung wird zur zuständigen MSC durchgeschaltet.

6. Beim VLR werden die Angaben zum Aufenthaltsbereich und zur Erreichbarkeit des Mobilfunkteilnehmers abgefragt.

7. Wenn die Mobilstation MS als erreichbar definiert ist, wird ein Verbindungsaufbau begonnen.

8. Die Mobilstation wird von allen dem VLR zugeordneten Basisstationen gerufen.

9. Die Mobilstation antwortet einer Zelle auf die Anrufanforderung.

10. Alle notwendigen Sicherheitsprozeduren (z.B. Authentifizierung) werden ausgeführt.

11. Sind die Überprüfungen erfolgreich, signalisiert dies das VLR der MSC.

12. Die Verbindung wird hergestellt.

Der Vorgang des Verbindungsaufbaus an der Luftschnittstelle kann mittels eines Zeitdiagramms veranschaulicht werden (*Abb. 31*). Im Diagramm verläuft die Zeitachse von oben nach unten. Es sind nur die Interaktionen zwischen der Mobilstation und der Basisstation dargestellt.

Abb. 31: Aktionen an der Luftschnittstelle beim Mobile Terminated Call

5.3 Mobilstation ruft an (MOC)

Nach dem Einschalten der Mobilstation muss zunächst ermittelt werden, welche Basisstation auf welcher Frequenz erreichbar ist. Dazu sind im GSM-System die Broadcast Control Channels BCCH vorgesehen. Die Basisstation gibt sich der Mobilstation dadurch zu erkennen, dass die Kanäle FCH, SCH und BCH aussendet. Diese Kanäle enthalten zellenspezifische Informationen und dienen der Mobilstation zur Funkzellenauswahl. Nach dem passiven Abhören der Downlink-Broadcast-Kanäle werden die Common Control Channels CCCH benutzt.

Das nachfolgende Bild (*Abb. 32*) soll die einzelnen Sequenzen des Verbindungsaufbaus von einer MS zu einem Teilnehmer im PSTN veranschaulichen [13].

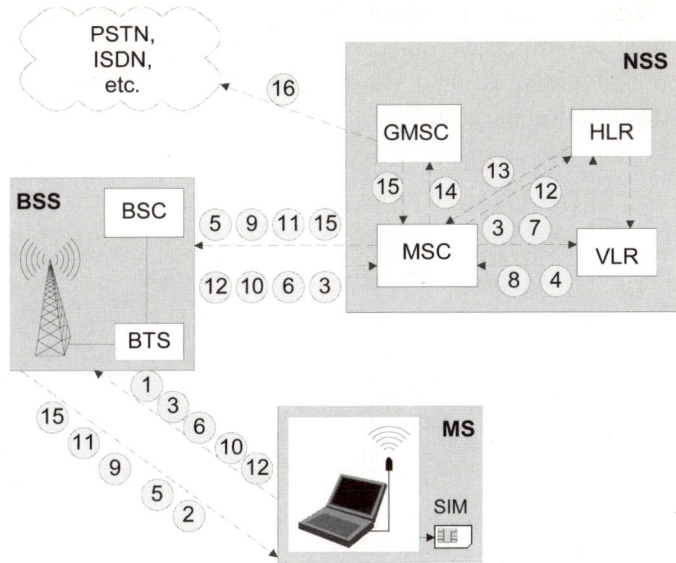

Abb. 32: Rufaufbau (Mobile Originated Call MOC)

Erklärung zu *Abb. 32*:

1 Der Verbindungsaufbauwunsch wird über den Random Access Control Channel RACH mittels Access-Burst signalisiert.

2 Die Basisstation teilt der Mobilstation einen freien Signalisierungskanal über den Access Grant Channel AGCH mit.

3... 10 Authentifizierung und Definition der Verschlüsselungsalgorithmen

11 Der Anruf wird eingeleitet, und der MS wird mitgeteilt, welchen Verkehrskanal sie benutzen soll.

12 Abschluss der Zuweisung des Verkehrskanals

13 Das HLR sendet die Routinginformationen an die MSC

14 Die MSC leitet den Verbindungsaufbau zum verlangten Teilnehmer ein

15 Nachdem die Zieladresse vollständig ist, wird eine Funkbereitschaftsignalisierung an die MS geleitet.

16 Die Verbindung zwischen MS und der verlangten Nummer ist betriebsbereit.

Der Vorgang des Verbindungsaufbaus an der Luftschnittstelle kann mittels eines Zeitdiagramms veranschaulicht werden (*Abb. 33*). Im Diagramm verläuft die Zeitachse von oben nach unten. Es sind nur die Interaktionen zwischen der Mobilstation und der Basisstation dargestellt.

Abb. 33: Aktionen an der Luftschnittstelle beim Mobile Originated Call

5.4 Handover

5.4.1 Einleitung

Jede Basisstation hat einen gewissen Versorgungsbereich (abhängig von der Zellengröße). Bewegt sich ein Teilnehmer aus diesem Bereich heraus, müssen geeignete Maßnahmen ergriffen werden, um eine laufende Verbindung aufrechtzuerhalten. Der automatische Wechsel der Funkzone wird als Handover bezeichnet.

Der Handover-Prozess wird immer von der Netzseite aus gestartet, wobei die Mobilstation entscheidungsrelevante Daten liefert, wie die Ergebnisse von

Qualitätsmessungen von Funkkanälen benachbarter Zellen. Die Unterbrechung einer Verbindung durch einen einfacher Handover darf maximal 150 ms betragen.

Vier verschiedene Typen von Handovers sind möglich:

- Handover des Frequenzkanals innerhalb der gleichen Zelle

- Handover zwischen Zellen welche durch den gleichen BSC kontrolliert werden (*Abb. 34*)

- Handover zwischen Zellen, die der gleichen MSC gehören, aber durch verschiedene BSCS kontrolliert werden

- Handover zwischen Zellen, welche durch verschiedene MSCS kontrolliert werden

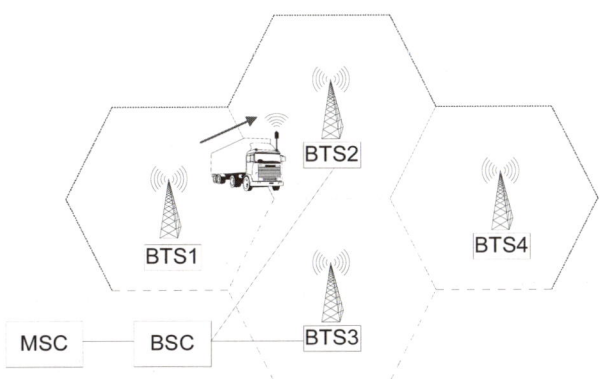

Abb. 34: Prinzip eines Handovers (Kontrolle durch den gleichen BSC)

5.4.2 Ablauf eines Handovers

Die drei Phasen eines Handovers sind anschaulich in [14] dargestellt.

- Phase 1: Erkennung

Durch Messungen der Empfangspegel kontrollieren die Basis- und die Mobilstation dauernd die Übertragungsqualität. Die gemessenen Werte bilden die Ausgangslage der Handover-Entscheidung. Die Mobilvermittlungsstelle MSC fragt das Basisstationssubsystem (BSS), welche Station für den Handover eingesetzt werden kann. Das BSS antwortet mit einer entsprechenden Mitteilung. Im Falle einer schlechten Verbindungsqualität hat die BSS die Möglichkeit, dies der MSC mitzuteilen.

- Phase 2: Entscheidung

  Ob ein Handover erfolgt oder nicht, wird vom Netz bestimmt. Der Algorithmus zur Entscheidungsfindung ist im GSM-Standard nicht geregelt. Es sind mannigfache Abläufe möglich, z.B. kann die Funkqualität oder eine gleichmäßige Kanalauslastung als ausschlaggebendes Merkmal gewählt werden.

- Phase 3: Ausführung

  Die Mobilstation wird nach Bestimmung der neuen Funkzelle informiert und der neue Funkkanal wird belegt. Die benötigten Funkressourcen werden vom Subsystem nach Aufforderung vom Vermittlungsrechner zugewiesen. Das Kommando zur Umschaltung erfolgt von der MSC und wird von der Mobilstation bestätigt. Temporär kann eine doppelte Verbindung zum Netz vorhanden sein. Das Subsystem teilt dem Vermittlungsrechner die Beendigung des Handovers mit. Der Kanal, der nicht mehr benutzt wird, kann für eine neue Verbindung verwendet werden.

6 Sicherheitsmerkmale

Möchten **Sie** . . .

- wissen, wie der Zugang zum GSM-Netz kontrolliert wird?

- verstehen, warum verschiedene Verschlüsselungsalgorithmen notwendig sind?

- wissen, wie Teilnehmer identifiziert werden?

- wissen, wie Daten verschlüsselt werden ?

- wissen, wie gewährleistet wird, dass Teilnehmer anonym bleiben?

. . . dann sollten Sie **dieses Kapitel** lesen!

6.1 Einleitung

Ziel dieses Abschnittes ist es, einen Überblick über die Sicherheitseigenschaften des GSM-Systems zu geben. Die Beschreibung ist kurz und konzentriert sich auf die notwendigen Algorithmen und ihre Verwendung. Eine ausführlichere Beschreibung findet sich in den GSM-Empfehlungen GSM 02.09 [15], GSM 02.17 [16] und GSM 03.20 [17]. GSM bietet vier verschiedene Sicherheitsdienste an:

- Zugangskontrolle

- Authentifizierung

- Verschlüsselung, welche wiederum unterteilt werden kann in:

  - Verschlüsselung der Nutzdaten auf physikalischen Verbindungen

  - Verschlüsselung der Nutzdaten bei Funkverbindungen

  - Verschlüsselung der Signalisierungsinformationen

- Anonymität des Teilnehmers

Jeder Sicherheitsdienst wird einzeln betrachtet. Die Verschlüsselung wird als Ganzes betrachtet, da die Teilfunktionen durch den gleichen Mechanismus gewährleistet werden.

6.2 Zugangskontrolle

Der Benutzer weist seine Identität durch die Eingabe einer persönlicher Geheimzahl, der sogenannten PIN (Personal Identification Number) nach. Die PIN ist eine vier- bis achtstellige Zahl. Nach dreimaliger Falscheingabe wird die Karte gesperrt und kann nur mit einer separaten, achtstelligen Geheimzahl, der PUK (PIN Unblocking Key) wieder freigeschaltet werden. Nach zehnmaliger Falscheingabe der PUK wird die Karte als unbrauchbar markiert. Insgesamt soll durch diese Maßnahmen eine unberechtigte Benutzung z.B. durch Diebstahl verhindert werden (Teilnehmerschutz). Speziell für Notfall-Situationen wurde der Notruf-Dienst eingeführt, der auch ohne Eingabe der PIN funktioniert.

6.3 Teilnehmeridentifikation (Authentifizierung)

Die Authentifizierung ist das Herz des GSM-Sicherheitssystems. Sie ermöglicht dem Netz, die Identität von beweglichen Teilnehmern zu überprüfen und die Chiffrierschlüssel zu vergeben. Der Dienst muss durch alle Netzwerke und Mobilstationen unterstützt werden, die Häufigkeit der Überprüfungen geschieht nach Belieben des Netzwerks. Die Authentifizierung (*Abb. 35*) wird durch das Netzwerk ausgelöst und basiert auf einem einfachen Anforderung-Antwort-Verfahren (Challenge-Response).

- Wenn eine Mobilstation (MS) versucht, auf das System zuzugreifen und die IMSI übermittelt, gibt das GSM-Netz eine Zufallszahl RAND aus. RAND hat eine Länge von 128 Bit.

- Die MS verknüpft in der SIM-Chipkarte die Zufallszahl RAND mit dem Teilnehmerschlüssel (Ki). Zur Verknüpfung wird der Algorithmus A3 verwendet. Das Ergebnis der Verknüpfung ist 32 Bit lang und wird mit SRES (Signed Response) bezeichnet.

- Jeder Teilnehmer hat seinen eigenen Schlüssel Ki, der nur der SIM-Chipkarte des Teilnehmers und dem Authentifizierungszentrum AuC bekannt ist (Die Zuordnung geschieht mittels der bekannten IMSI).

- Der Wert SRES, berechnet durch die MS, wird zum Netzwerk übertragen, wo er mit dem vom Netzwerk ermittelten Wert verglichen wird.

- Wenn die zwei Werte von SRES übereinstimmen, ist die Mobilstation beglaubigt, und der Zugang zum Netz wird ermöglicht.

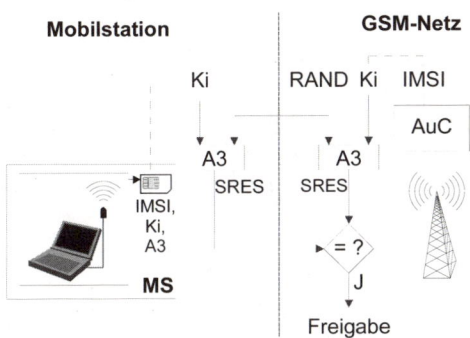

Abb. 35: Prinzip der Authentifizierung

Auf ähnliche Weise wird der Chiffrierschlüssel Kc berechnet (*Abb. 36*). Anstelle des Algorithmus A3 wird der Algorithmus A8 verwendet. Der Schüssel Kc, mit einer Länge von 64 Bit, wird dann im Chiffrieralgorithmus A5 zur symmetrischen Verschlüsselung der Nutzdaten eingesetzt.

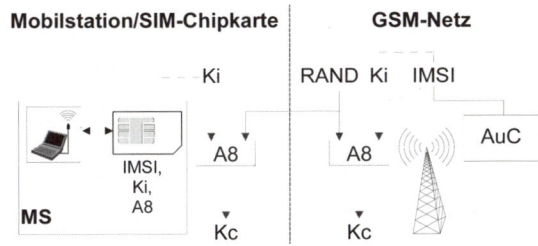

Abb. 36: Erzeugung des Schlüssels Kc

In der Praxis werden die zwei Funktionen A3 und A8 zu einem Algorithmus vereinigt, A38 genannt. Er wird verwendet, um gleichzeitig SRES und Kc aus RAND und Ki zu generieren. Die drei berechneten Werte SRES, RAND und Kc werden als Tripel im AuC und VLR gespeichert.

6.4 Verschlüsselung

Wie bereits erwähnt, besteht der Verschlüsselungsdienst aus drei Teilgebieten:

- Verschlüsselung der Nutzdaten auf physikalischen Verbindungen

- Verschlüsselung der Nutzdaten bei Funkverbindungen

- Verschlüsselung der Signalisierungsinformationen

Die Chiffrierung der Nutzdaten und Signalisierungsinformationen erfolgt in der Mobilstation MS und in der Basisstation BSS. Bei der Verschlüsselung handelt es sich um ein symmetrisches Verfahren, d.h. MS und BS verwenden die gleichen Schlüssel K_C.

Die eigentliche Verschlüsselung der Daten erfolgt durch den A5-Algorithmus. Der A5-Algorithmus ist im Endgerät gespeichert. Für die Synchronisation werden die TDMA-Rahmen zyklisch durchnummeriert. (Bereich der Rahmennummer Rn: 0... 2715648).

Der A5-Algorithmus generiert aus dem 64-Bit-Chiffrierschlüssel Kc und der 22-Bit-Rahmennummer des TDMA-Frames Rn einen pseudozufälligen Bitstrom der Länge 114 Bit, die mit den 114 Nutzdatenbits (2x57 Bit) des TDMA-Rahmens (Normal Burst) mittels Exklusiv-Oder (XOR) verknüpft werden. *Abb. 37* zeigt den Verschlüsselungsablauf von der Mobilstation zum GSM-Netz auf.

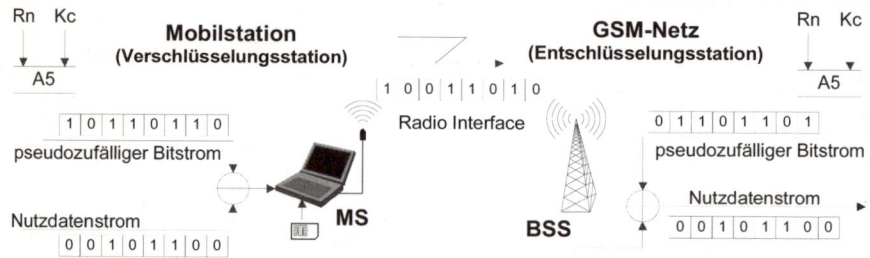

Abb. 37: Prinzip der Datenverschlüsselung

6.5 Anonymität des Teilnehmers

Der Teilnehmer und sein Aufenthaltsort ist dem Netz immer bekannt. Die TMSI (Temporary Mobile Subscriber Identity, temporäre Teilnehmerkennung) hilft gegen das Abhören auf der Funkschnittstelle, da die Identität des Teilnehmers vor der Verschlüsselung im Klartext übertragen werden muss. Die TMSI ist eine fünfstellige Nummer und wird anstelle der IMSI von dem für den momentanen Aufenthaltsort der Mobilstation zuständigen VLR vergeben. Bei jedem Wechsel des VLR-Bereichs muss eine neue TMSI zugeordnet werden. Die IMSI wird somit nur einmal auf der Luftschnittstelle übertragen.

Nach der Authentifizierung wird dem Teilnehmer vom VLR eine TMSI zugeordnet, die verschlüsselt an die MS übertragen wird und gemeinsam mit dem LAI (Location Area Identity) auf der SIM gespeichert wird. Netzseitig wird die TMSI nur im VLR gespeichert und nicht an das HLR weitergegeben.

Gemeinsam mit der augenblicklichen Location Area kann der Teilnehmer mit der TMSI wieder eindeutig identifiziert werden.

Somit kann durch Abhören des Funkkanals kein Rückschluss auf die Teilnehmeridentität gezogen werden, da die TMSI nur für die Dauer des Aufenthalts im Gebiet eines VLR zugewiesen wird.

Nach dem Ausbuchen bleibt die aktuelle TMSI sowohl in den Datenbanken des Netzes als auch auf der SIM-Karte des Teilnehmers gespeichert. Lediglich beim allerersten Einbuchen wird die IMSI zur Identifizierung benötigt. Bei dem erneuten Einbuchen in das Netz erfolgt im VLR eine Zuordnung der alten TMSI und der IMSI. Ist aufgrund einer Störung oder Fehlfunktion keine Zuordnung möglich, kann das Netz die IMSI jederzeit neu anfordern. Das sollte allerdings nur in Notfallsituationen geschehen, da die Übertragung unverschlüsselt ist. Danach erfolgt die Authentifizierung.

Mit der International Mobile Station Equipment Identity (IMEI) werden die Mobilgeräte international eindeutig gekennzeichnet. Die Vergabe der IMEI erfolgt durch den Hersteller des Mobilgerätes. Die IMEI wird den Netzbetreibern zur Verfügung gestellt. Diese speichern sie im EIR.

Über die IMEI können veraltete, gestohlene oder nicht mehr funktionsfähige Geräte erkannt werden. Für diesen Zweck werden 3 unterschiedliche Listen geführt.

7 Der Kurznachrichtendienst SMS

Möchten **Sie** . . .

* wissen, welche SMS-Dienste angeboten werden?

* verstehen, wie Kurznachrichten übertragen werden?

* wissen, was SMS Broadcast ist?

* wissen, was eine TPDU ist?

* wissen, wie Kurznachrichten aufgebaut werden?

. . . dann sollten Sie **dieses Kapitel** lesen!

7.1 Einleitung

Der Short Message Service (SMS) gestattet, kurze Textnachrichten oder binäre Informationen zu senden und zu empfangen. Für die Übertragung von SMS wird ein verbindungsloses paketvermitteIndes Protokoll verwendet. Verbindungslos bedeutet, dass zwischen SMS-Absender und SMS-Empfänger keine direkte Verbindung aufgebaut werden muss.

Bei SMS werden drei verschiedene Dienste (Teleservices TS21, TS22 und TS23) unterschieden [18]:

zwei verschiedene Punkt-zu-Punkt-Übertragungen (SMS/PP) TS21 und TS22

* TS21: Gestattet der Mobilstation, Kurzmitteilungen zu empfangen (SMS/ Point-to-Point-Mobile Terminated, SMS/PP-MT). Die Kurzmitteilungen können sowohl von einer anderen Mobilstation (*Abb. 38*) herkommen als auch aus dem Festnetz.

* TS22: Erlaubt es der Mobilstation, SMS abzusenden (SMS/Point-to-Point-Mobile Originated, SMS/PP-MO). Die Kurzmitteilungen können sowohl an ein anderes GSM-Endgerät als auch an Faxgeräte oder E-Mail-Adressen im Internet abgeschickt werden.

und die Cell-Broadcast-Übertragung (SMSCB)

- TS23: SMS Cell Broadcast SMSCB. Die Nachrichten werden gebietsweise versendet. MS können keine SMSCB absenden. Eine Nachricht kann nur 93 Zeichen haben. Hingegen können bis zu 15 aufeinander folgende SMSCB verkettet werden.

```
──GSM-Modem──
Datum: 010102
UTC_Zeit: 000951
Breite: 4651.718N
Länge: 00930.793E
```

Abb. 38:Mobile Terminated SMS (Mitteilung einer Position)

Die Dienste TS21 und TS22 können auch während einer Gesprächsverbindung ausgeführt werden (über den Signalisierungskanal SACCH).

Im GSM-Standard (GSM 03.40) werden alle Geräte, welche in der Lage sind, SMS auszusenden oder zu empfangen, als SME (Short Message Entity) bezeichnet. Eine SME kann eine Mobilstation, eine Station im Fixnetz oder ein Service Centre (SC) sein.

Kurzmitteilungen können von:

- beliebigen SME gesendet oder empfangen werden

- Mobilstationen aus fremden Mobilnetzen empfangen und gesendet werden, basierend auf nationalen und internationalen Roaming-Abkommen

- Anrufbeantwortern in Fest- und Mobilnetzen ausgelöst werden, welche dem Mobilfunkteilnehmer per SMS mitteilen, dass neue Gespräche aufgezeichnet wurden

- Festnetzmodems verschickt werden, welche über die Modemleitung die Kurzmitteilungszentrale anwählen

- ISDN-fähigen Telefonen mit implementierten SMS-Diensten verschickt oder empfangen werden

- Internetterminals zum Senden und Empfangen von Textmitteilungen oder E-Mails verwendet werden

- Faxgeräten empfangen werden.

7.1.1 SMS/PP (Short Message Service/Point-to-Point)

Das Senden einer SMS/PP von einer SME (Short Message Entity) an eine andere SME muss als Verknüpfung zweier verschiedener Operationen angesehen werden:

1. Die Übertragung der Kurzmitteilung von der SME 1 an eine spezielle Einheit des Netzwerkes, das sogenannte SMS-SC (Short Message Service - Service Centre, Kurzmitteilungszentrale). In der SMS-SC wird die Kurzmitteilung zwischengespeichert.

2. Das Weiterleiten der im SMS-SC gespeicherten Kurzmitteilung zur empfangenden SME 2.

Dieser Vorgang mit Zwischenspeicherung wird als Store and Forward-Betrieb (*Abb. 39*) bezeichnet.

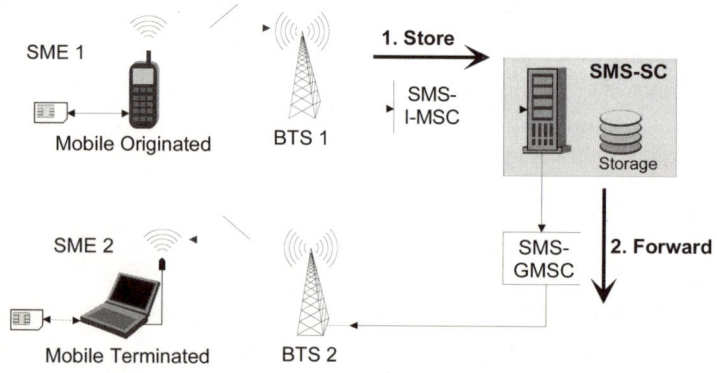

Abb. 39: Prinzip des Store and Forward Betriebs

Im ersten Fall spricht man vom SMS/PP-MO-Dienst TS22 (Mobile Originated), im zweiten Fall vom SMS/PP-MT-Dienst TS21 (Mobile Terminated). Die SMS-SC ist die Vermittlungsstelle für SMS-Nachrichten. In der SMS-SC werden zunächst alle Nachrichten zwischengespeichert, bis der Empfänger erreichbar ist. Durch diese Zwischenspeicherung ist sichergestellt, dass Nachrichten auch dann übermittelt werden, wenn der Mobilteilnehmer zeitweise nicht erreichbar ist, weil er sich zum Beispiel gerade nicht im Versorgungsbereich befindet oder sein Gerät abgeschaltet hat. Die SMS-SC überprüft periodisch die Betriebsbereitschaft des Empfängers und speichert die zu sendenden Kurzmitteilungen so lange, bis sie die SMS erfolgreich an das mobile digitale Empfangsterminal senden konnte. Die maximale Speicherzeit der Kurzmitteilungen in der SMS-SC hängt in den meisten Fällen vom Netzbetreiber ab. Die Speicherzeit kann aber in einigen Fällen auch durch die sendende SME selbst als spezieller Parameter eingegeben werden. Sie kann zwischen einer Stunde und einigen Tagen variieren. Ist diese Zeitbegrenzung überschritten, werden die Kurzmitteilungen von der SMS-SC automatisch gelöscht.

Die Übertragungszeit einer SMS ist nicht standardisiert sondern ist von Fall zu Fall unterschiedlich. Der Versand und der Empfang von SMS sind gesichert, d.h. sollte bei der Übertragung ein Fehler auftreten, dann wird die Übertragung wiederholt. Eine erfolgreiche Übertragung wird dem Service Centre quittiert. Ob die empfangene Nachricht auch gelesen wurde, bleibt unbestimmt. Zusammen mit der Kurzmitteilung werden auch die Telefonnummer der sendenden MS und die Empfangszeit im SMS-SC übertragen. Der Dienst nutzt zur Datenübertragung einen der Signalisierungskanäle SACCH oder SDCCH. Die Nettobitrate für den Transfer von SMS über SDCCH beträgt 0,782 kBit/s.

Normalerweise können 160 alphanumerische Zeichen zu 7 Bit mit einer SMS übertragen werden (160 x 7Bit = 1120 Bit). Neben alphanumerischen Zeichen, die im 7-Bit-Daten-Modus übertragen werden, können mittels SMS/PP auch beliebige Daten im sogenannten Acht-Bit-Binärdaten-Modus übertragen werden (140 Byte zu 8 Bit entsprechen wiederum 1120 Bit).

Seit der GSM-Phase 2+ ist eine Verkettung von Kurzmitteilungen möglich, die die Bildung längerer Mitteilungen unterstützt. Es können maximal 255 Kurzmitteilungen verkettet (Concatenation, normiert in GSM 03.40) werden, so dass es möglich ist, Mitteilungen mit einer maximalen Länge von 35700 Byte bzw. 40800 alphanumerischen Zeichen im 7-Bit-Modus zu senden.

7.1.2 SMSCB (Short Message Service Cell Broadcast)

Der SMSCB-Dienst unterstützt die Übertragung von Rundspruchmitteilungen von einem SMS-SC an alle empfangsbereiten GSM-Telefone in einer vorgegebenen Region (eine Region kann eine oder mehrere Funkzellen umfassen). Die Mitteilung kann nur von den Mobilstationen empfangen werden (*Abb. 40*), die zum Zeitpunkt des Aussendens einsatzbereit sind. Dieses Verfahren wird auch als Point-to-Omnipoint-Dienst bezeichnet.

Eine Rundspruchmitteilung kann maximal 93 Byte lang sein. Da bis zu 15 Rundspruchmitteilungen zu einer sogenannten Makromitteilung verkettet werden können, sind somit Informationen bis zu maximal 1395 Byte möglich. Den Broadcast-Mitteilungen kann eine sogenannte Mitteilungsklasse zugeordnet werden, die die Art der Information und die Sprache bestimmt, in der die Mitteilung abgefasst ist, so dass der Empfänger aus den empfangenen Rundspruch-mitteilungen die für ihn interessanten Mitteilungen herausfiltern kann. Die Ein-führung des SMSCB-Dienstes ist derzeit für die Netzbetreiber freigestellt.

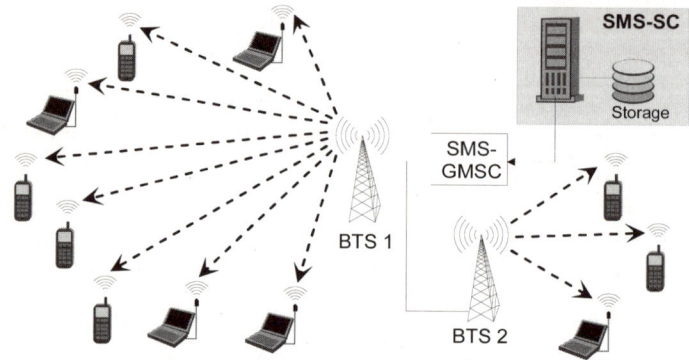

Abb. 40: Prinzip des Broadcast-Dienstes

Mittels CBCH (Cell Broadcast Channel) wird die Nachricht SMSCB übertragen. Die Nettobitrate für den Transfer von SMS über CBCH beträgt 0,782kBit/s

7.2 Technische Grundlagen

7.2.1 Blockschema

Die *Abb. 41* zeigt die Netzwerkstruktur des SMS-Dienstes.

Erklärungen zu *Abb. 41*

- Short Message Entitys (SME 1... 9): jedes Gerät, das fähig ist, SMS zu senden bzw. zu empfangen, wird in GSM als SME bezeichnet. Als Beispiel sind SME 1... 5 Mobilstationen (MS), ein Telefon im Festnetz (SME 6), ein Fax-Gerät (SME 7), ein Server (SME 8) und eine Workstation (SME 9) einge-zeichnet.

- Short Message Service-Service Centre (SMS-SC): ist zusammen mit dem MSC verantwortlich für die Weiterleitung der Kurznachrichten an andere Netze und die Zwischenspeicherung und die Weiterleitung des SMS an die Mobilstation. Jedes Mobilnetznetzwerk hat in der Regel ein oder mehrere

SMS-SC. Jede SMS-SC hat eine andere Telefonnummer (z.B. +491722270970), die der Mobilstation (bzw. SME) bekannt sein muss um Kurzmitteilungen über die SMS-SC zu versenden.

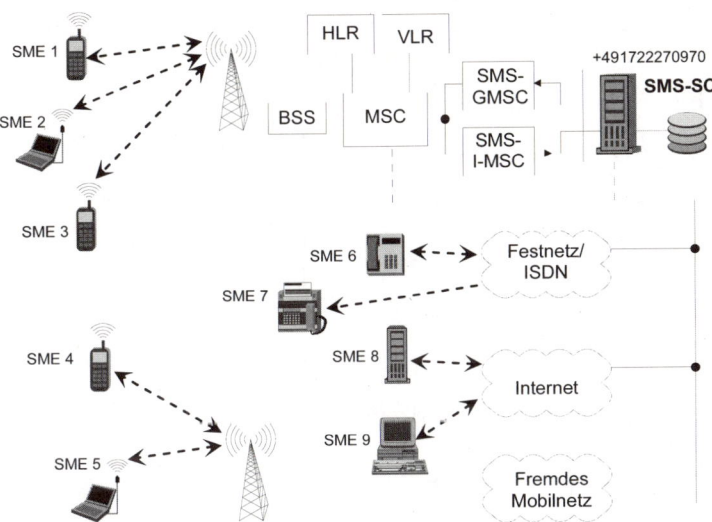

Abb. 41: Netzwerkelemente und Architektur des Kurzmitteilungsdienstes

- SMS-GMSC und SMS-I-MSC sind die Gateways zwischen der Mobilvermittlungsstelle MSC und der SMS-SC

- Die Funktionen aller anderen Mobilnetzelemente sind in den Abschnitten 2.2.3 und 2.2.4 erklärt.

7.2.2 MO-SMS-Übertragung

Der Ablauf einer erfolgreichen SMS-Übertragung von einer Mobilstation zu der Kurzmitteilungszentrale soll anhand eines Zeitdiagramms (*Abb. 42*) erklärt werden.

Erklärungen zum Übertragungsablauf (*Abb. 42*):

1. Anforderung, Authentifizierung und Zuordnung: Die Mobilstation muss im Netz angemeldet sein, bevor sie mit einer Übermittlung beginnen kann.

2. SMS-Übermittlung von der Mobilstation zur Mobilvermittlungsstelle MSC

3. Die MSC überprüft im Visitor Location Register (VLR), ob der SMS-Dienst für diese Mobilstation freigeschaltet ist, und ob irgendwelche Einschränkungen notwendig sind.

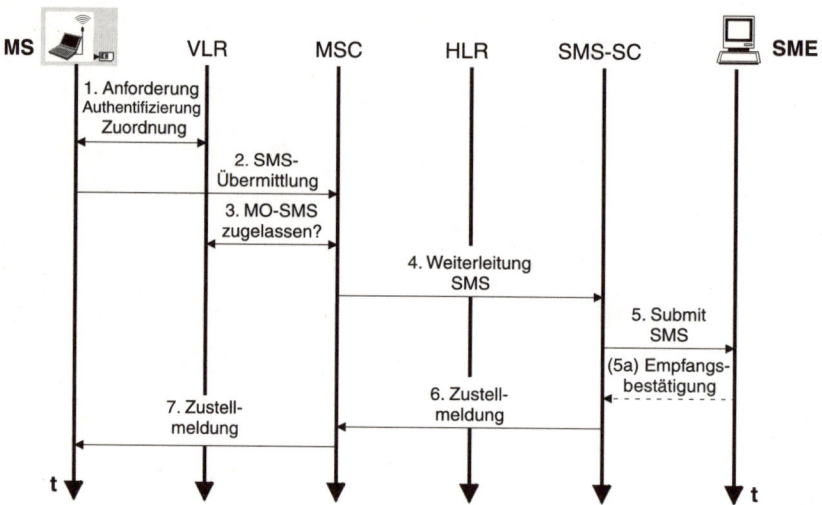

Abb. 42: Übertragung einer SMS von einer Mobilstation aus (Mobile Originated)

4. Ist der SMS-Dienst für diese Mobilstation freigeschaltet, übermittelt die MSC (Mobile Switching Centre) die Kurzmitteilung zur Kurzmitteilungszentrale, wo sie zwischengespeichert wird (Forward-Betrieb).

5. Ist die Verbindung zwischen Kurzmitteilungszentrale SMS-SC und SMS-Empfänger (SME, z.B. eine andere Mobilstation oder ein PC) hergestellt, leitet die SMS-SC die Kurzmitteilung an die adressierte SME weiter. Möglicherweise sendet die SME eine Empfangsquittierung zurück zur SMS-SC (5a).

6. Die Kurzmitteilungszentrale signalisiert der Mobilvermittlungsstelle, dass die Kurzmitteilung erfolgreich übertragen wurde.

7. Die Mobilstation wird über die erfolgreiche Auslieferung der Kurzmitteilung informiert.

7.2.3 MT-SMS-Übertragung

Der Ablauf einer erfolgreichen SMS-Übertragung von der Kurzmitteilungszentrale zu der Mobilstation soll anhand eines Zeitdiagramms (*Abb. 43*) erklärt werden.

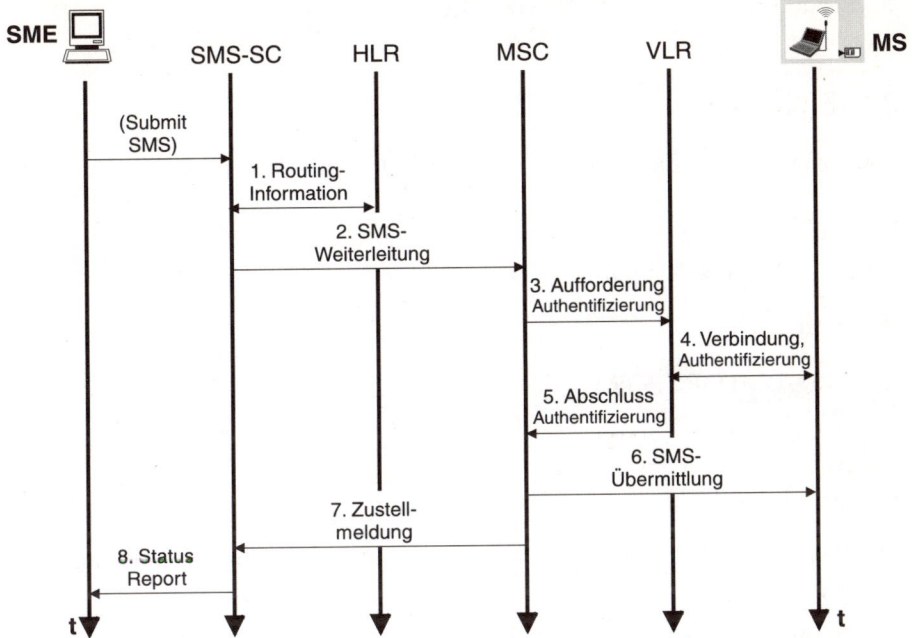

Abb. 43:   Übertragung einer SMS zu einer Mobilstation aus (Mobile Terminated)

Erklärungen zum Übertragungsablauf (*Abb. 43*):

1. Nach Empfang der Kurzmitteilung von einer SME (Short Message Entity) wird von der Kurzmitteilungszentrale bei der HLR die Routinginformation eingeholt.

2. Die Kurzmitteilung wird zur Mobilvermittlungsstelle MSC weitergeleitet.

3. Die Mobilvermittlungsstelle fordert Informationen über die Mobilteilnehmer bei der VLR an. Das Authentifizierungsverfahren wird eingeleitet.

4. Die Mobilstation wird authentifiziert.

5. Der Abschluss des Authentifizierungverfahrens wird der Mobilvermittlungsstelle mitgeteilt

6. Die Kurzmitteilung wird übermittelt.

7. Die Kurzmitteilungszentrale wird über die erfolgte SMS-Übermittlung unterrichtet.

8. Die aussendende SME wird, wenn verlangt, über den Übertragungszustand unterrichtet.

7.3 SMS-Typen und -Protokolle

7.3.1 Einleitung

Der Kurznachrichtendienst SMS kennt sechs Typen von Kurznachrichten [19]:

- SMS-DELIVER

- SMS-DELIVER-REPORT

- SMS-SUBMIT

- SMS-SUBMIT-REPORT

- SMS-STATUS-REPORT

- SMS-COMMAND

Drei verschiedene Interface-Protokolle sind in den GSM-Spezifikationen definiert [20]:

- PDU-Modus (Protocol Data Unit, Steuerungsinformationen und Daten in einer Einheit)

- Text-Modus

- Block-Modus

Nicht alle GSM-Modems unterstützen sämtliche Typen bzw. Interface-Protokolle. Z. B. ist der Block-Modus nur bei einigen Modems implementiert.

Dieses Kapitel ermöglicht den Einstieg in das Senden und Empfangen von Short Messages. Aufgezeigt werden die unterschiedlichen PDU-Typen. Der Aufbau und die Zusammensetzung einer Nachricht beim Senden und Empfangen wird im Abschnitt PDU-Modus erläutert. Für die Steuerung des Modems werden AT-Befehle benötigt. Ein separates Kapitel befasst sich mit den unterschiedlichen Befehlsarten und zeigt die wesentlichen Befehle auf.

7.3.2 SMS-Referenzmodell

Das SMS-Referenzmodell (*Abb. 44*) lässt sich ähnlich dem OSI-Modell in Schichten einteilen. Wie beim OSI-Modell erfolgt auch hier die Kommunikation über den Austausch von Protocol Data Units (PDU) zwischen den jeweiligen Schichten.

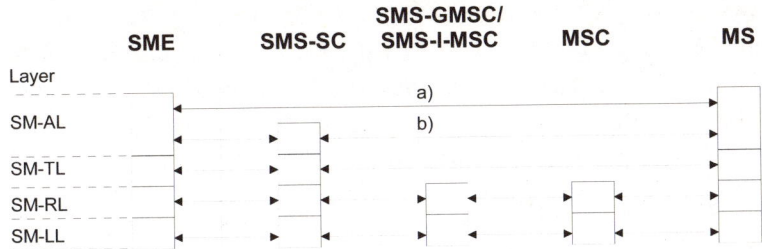

Abb. 44: SMS-Referenzmodell

Legende zu *Abb. 44*:

SME: Short Message Entity

SMS-SC: SMS-Service Centre

SMS-GMSC: SMS-Gateway-MSC

SMS-I-MSC: SMS-Interworking-MSC

MSC: Mobile Services Switching Centre

MS: Mobile Station

SM-AL: Short Message Application Layer

SM-TL: Short Message Transfer Layer

SM-RL: Short Message Relay Layer

SM-LL: Short Message Lower Layer

Eine Protocol Data Unit ist ein Satz von Daten und Steuerungsinformationen, der zwischen verschiedenen Schichten eines Kommunikationssystems ausgetauscht wird.

- **Application Layer (SM-AL):** Der Short Message-Application Layer (SM-AL) bildet die oberste Schicht und ist die Schnittstelle zur Applikation.

  Je nach gewählter Verbindungsart läuft die Übertragung zwischen Mobile Station und Short Message Entity nach Variante a oder b ab (*Abb. 44*). Bei Variante a wird kein Telematic Interworking benutzt und es wird direkt von Mobile Station zu Short Message Entity (SME) kommuniziert.

  Variante b verwendet Telematic Interworking. Der Application-Layer wird nicht mehr transparent durch das Service Centre übertragen. Ein Beispiel dafür ist das Senden einer Short Message auf ein Faxgerät. Das Service Centre muss die Daten weiter bearbeiten.

- **Transfer Layer (SM-TL):** Unterhalb des Short Message-Application Layers liegt der Short Message-Transfer Layer (SM-TL). Er stellt dem Short Message-Application Layer den Transportdienst zum Senden und Empfangen von SMS-Nachrichten zur Verfügung. Die Transfer Layer PDU wird transparent von SMS-Gateway-MSC und SMS-Interworking -MSC übertragen.

- **Relay Layer (SM-RL):** Der Short Message-Relay-Layer (SM-RL) übernimmt zusammen mit den Short Message-Lower Layers die Übertragung der Nachricht. Die Protocol Data Unit (PDU) des Short Message-Relay Layer werden von jeder Station der Übertragungsstrecke bearbeitet.

- **Lower Layers (SM-LL):** Die Short Message-Lower Layers setzen sich aus drei Sublayern zusammen:

  Connection Management Sublayer, der die Verbindungsverwaltung übernimmt

  Mobility Management Sublayer, der die Lokalisierung sowie das Handover bewerkstelligt

  Radio Resource Sublayer, der die Kanalverwaltung steuert

  Die Protocol Data Units der Short Message-Lower Layers (SM-LL) werden von jeder Station der Übertragungsstrecke bearbeitet.

Zwischen Service Centre (SC) und Mobile Services Switching Centre (MSC) existiert kein spezielles Protokoll. Gemäß Standard GSM 03.40 ist dies eine Abmachung zwischen dem Betreiber des Service Centre und des GSM-Netzes (PLMN).

Im Gegensatz dazu besteht zwischen Mobile Services Switching Centre (MSC) und Mobile Station (MS) eine Normierung. Der Standard GSM 04.11 legt das Protokoll für den Relay-Layer (SM-RP Protocol) und die Lower-Layers (SM-LL Protocol) fest.

7.3.3 SMS-Typen

Innerhalb der Short Message-Transport-Schicht (SM-TL) werden Kurznachrichten in Form von Protocol Data Units (PDU) verwendet, um die Nachricht selbst und die benötigten Steuerungsinformationen zu übertragen *(Tabelle 9)*. Es gibt sechs verschiedene Typen von PDUs.

- Mit SMS-DELIVER und SMS-SUBMIT werden die Daten der Kurzmitteilung und die an sie geknüpften Informationen übermittelt. Die Übermittlung erfolgt zwischen Mobilstation MS und Kurzmitteilungszentrale SMS-SC.

Tabelle 9: PDU-Typen beim Aussenden bzw. Empfangen von SMS

Typ PDU	Übermittungs-richtung	Funktion
SMS-DELIVER	SMS-SC → MS	Übertragung einer Kurznachricht vom SMS-SC zur MS (MT)
SMS-DELIVER-REPORT	MS → SMS-SC	Antwort auf SMS-DELIVER mit Angabe des Grundes, falls die die Kurzmitteilung nicht empfangen wurde.
SMS-SUBMIT	MS → SMS-SC	Senden einer Kurzmitteilung von der Mobil-station zur Kurzmitteilungszentrale (MO)
SMS-SUBMIT-REPORT	SMS-SC → MS	Antwort auf SMS-SUBMIT mit Angabe des Grundes, falls die die Kurzmitteilung nicht empfangen wurde.
SMS-STATUS-REPORT	SMS-SC → MS	Senden des Status einer Kurzmitteilung
SMS-COMMAND	MS → SMS-SC	Senden eines Befehls (Kommando)

- Der SMS-DELIVER-REPORT und der SMS-SUBMIT-REPORT dienen dazu, mitzuteilen, dass die Kurzmitteilung nicht korrekt empfangen bzw. gesendet wurde, und dass eine nochmalige Aussendung notwendig ist.

Beispiel: SMS nicht gesendet

- Der SMS-STATUS-REPORT wird an die Mobilstation, welche eine Kurz-mitteilung abgesetzt hat, gesendet. Er enthält die Informationen über den Status der gesendeten Kurzmitteilung: z.B.

  - die Kurzmitteilung wurde in der Kurzmitteilungszentrale zwischenge-speichert: *Message for 0781234567, with identification 013120158156 has been buffered*
  - die Kurznachricht wurde von der empfangenden Einheit (SME) ange-nommen: *Message for 0781234567, with identification 013120158156 has been delivered on 2001-11-20 at 16:31:20*

- Der SMS-Command weist das Service Centre an, einen bestimmten Befehl auszuführen, z. B.:

  - Befehl zur Löschung einer im Service Centre gespeicherten Kurznach-richt
  - Rücknahme einer Statusanforderung
  - Anfrage über den Status einer Kurzmitteilung

In den folgenden Abschnitten werden nur die SMS-SUBMIT und SMS-DELI-VER TPDU (Transfer PDU) beschrieben. Dadurch sind die Grundlagen für das Verständnis der restlichen TPDU-Typen gegeben. Ihre Beschreibung findet sich im Standard GSM 03.40.

Die TPDU werden zwischen den Mobiltelefonen und der SMS-SC über diverse Kontrollkanäle ausgetauscht. Über den SACCH-Kanal (Slow Associated Control Channel) während eines Anrufs und in der Standby-Phase, das sind die meisten Fälle, über den sogenannten SDCCH-Kanal (Stand Alone Dedicated Control Channel). Dies ermöglicht, Kurzmitteilungen auch dann zu empfangen, wenn man sich gerade in einem Telefongespräch befindet. Mittels SM-RP (Short Message Relay Protocol) und SM-CP (SM Control Protocol) werden die Übertragungsfehler und die erfolgreichen Mitteilungen quittiert.

7.3.4 SMS-Protokolle

Die verschiedenen Transfermodi (Block, Text und PDU)

Der ETSI-Standard GSM 07.05 definiert drei Interfaceprotokolle zur Benutzung von SMS-Funktionen einer Short Message Entity mit asynchroner Schnittstelle. Es handelt sich hierbei um den Block-Modus, den Text-Modus und den PDU-Modus. Alle drei Modi verwenden AT-Befehle, um die Short Message Entity in einen gewünschten Zustand zu versetzen. Je nach Transfermodus sind die Befehle ein Teil des Standards V.25ter [21]. Der V.25 ter Standard kennt einen Command Status und einen On-Line Command Status. Im Command Status kann die Short Message Entity (SME), z.B. die Mobilstation, ankommende und abgehende Verbindungen verarbeiten. Während der Übertragung einer SMS befindet sich die Short Message Entity SME im On-Line Command Status.

- **Text-Modus:** Mit dem AT-Befehl AT+CMGF=1 kann die Short Message Entity in den Text-Modus versetzt werden. Sämtliche benötigten Kommandos zum Versenden oder Empfangen einer Short Message werden mittels AT-Kommandos ausgeführt. Die zu übermittelnde Nachricht wird in Zeichen im 7-Bit-ASCII-Code eingegeben und anschließend übertragen. Nach Abschluss der Übertragung kehrt die Short Message Entity SME automatisch wieder in den Command Status zurück. Der Text-Modus wird detailliert im Abschnitt 9.3.6 und Abschnitt 9.4 behandelt.

- **Block-Modus:** Auch beim Block-Modus wird die Short Message Entity mit einem AT-Befehl (AT+CESP) in den gewünschten Modus gebracht. Im Unterschied zum Text-Modus werden hier die Daten in einem binären Protokoll übermittelt. Ein Rahmen setzt sich aus einem Datenblock (Data) und einem Sicherungsblock (Block Check Sequence, BCS) zusammen. Über spezielle Start- und Stoppzeichen wird der Rahmen vom Empfänger erkannt. Im Gegensatz zu Text-Modus und PDU-Modus gibt es keine automatische Rückkehr in den Command Status. Dies muss selbst mittels entsprechenden Befehls, verpackt in einen Rahmen, bewerkstelligt werden. Nach einer Untersuchung [22], haben von ca. 50 untersuchten GSM-Modems nur 3 den Block Modus implementiert. Es wird deshalb in diesem Buch nicht weiter auf den Block-Modus eingegangen.

- **PDU-Modus:** Analog zum Text-Modus wird die Short Message Entity auch beim PDU-Modus mit einem entsprechenden AT-Befehl in den gewünschten Modus gebracht. Steuerkommandos werden ebenfalls mittels AT-Befehlen gegeben. Im Unterschied zum Text-Modus müssen alle benötigten Parameter sowie die Nachricht im Hexadezimalformat eingegeben werden. Dies erfolgt durch Erzeugen einer Protocol Data Unit des Transfer-Layer (TPDU). Die fertige TPDU wird mittels AT-Befehl übermittelt. Wie beim Text-Modus kehrt die Short Message Entity nach Abschluss der Übertragung automatisch wieder in den Command Status zurück.

7.3.5 PDU-Modus

Übersicht

Im PDU-Modus besteht das Protokoll aus zwei Teilen:

- Steuerungs- und Informationsteil

- Datenteil (User Data UD) mit den Nutzdaten

Im Steuerungs- und Informationsteil werden die für die Auslieferung der SMS wichtigen Adressen (z.B. Nummer der SMS-SC), die Art der Daten, die Länge des Datenfeldes, die Gültigkeitsdauer der Kurznachricht, etc. eingegeben.

Im Datenteil (UD) können beliebige Kombinationen von bis zu 140x8 Bit (8 Bit entsprechen gemäß GSM-Spezifikation einem Oktett) vorhanden sein. Sowohl binäre Informationen wie auch alphanumerische Zeichen werden übertragen.

Für das Senden oder Empfangen von Kurznachnachrichten werden verschiedene Formate verwendet. Deshalb werden die Formate von SMS-DELIVER und SMS-SUBMIT gesondert vorgestellt [23 und 24].

Abb. 45 zeigt den schematischen Aufbau dieser beiden TPDU.

Aufbau der SMS-DELIVER-TPDU (Mobile Terminated)								
SCA	FO	OA	PID	DCS	SCTS	UDL	UD

Aufbau der SMS-SUBMIT-TPDU (Mobile Originated)								
SCA(*)	FO	MR	DA	PID	DCS	VP	UDL	UD

Abb. 45: Schematischer Aufbau der SMS-DELIVER und SMS-SUBMIT TPDU

SCA: Service Centre Address (* teilweise optional, kann auf eine andere Art mitgeteilt werden)

FO: First Octet (erstes Oktett der übermittelten SMS nach der optionalen SCA)

OA: Originator-Address (Absenderadresse)

MR: Message Reference (Referenznummer als fortlaufende Zahl)

PID: Protocol-Identifier (Art der Nachricht)

DA: Destination-Address (Zieladresse)

DCS: Data Coding-Scheme (Art der Nutzdatencodierung)

SCTS: Service Centre Timestamp (Zeitstempel der Kurzmitteilungszentrale)

VP: Validity Period (Gültigkeitsdauer der SMS)

UDL: User-Data-Length (Länge der Kurznachricht)

UD: User-Data (Nutzdaten der Kurznachricht)

SMS-DELIVER (MT)

Der Typ SMS-DELIVER wird verwendet, um eine Kurznachricht vom SMS-SC zur MS (MT) zu senden. Die Transfer-Layer Protocol Data Unit SMS-DELIVER (TPDU SMS-DELIVER) besteht aus maximal 175 Oktetten, wobei jedes Oktett verschiedene Felder enthalten kann. Ebenso kann ein Feld unterschiedlich viele Oktette umfassen. Der Aufbau der TPDU SMS-DELIVER ist in *Abb. 46* dargestellt.

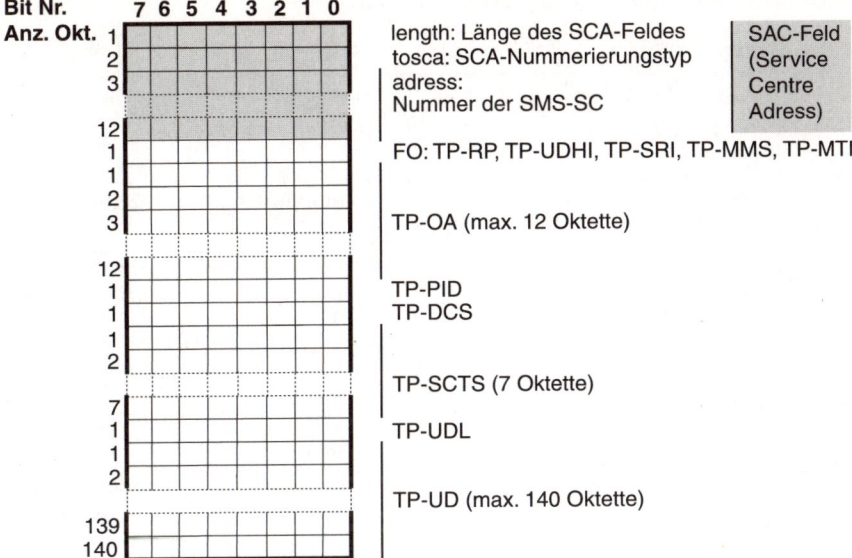

Abb. 46: Layout vom SMS-DELIVER TPDU

Im Kopf wird die Adresse der Kurzmitteilungszentrale (SCA) mitübertragen.

FO (First Octet) beinhaltet fünf Felder: Message-Type-Indicator (TP-MTI), More-Messages-to-Send (TP-MMS), Status-Report-Indication (TP-SRI), User-Data-Header-Indicator (TP-UDHI) und Reply-Path (TP-RP). Die Bit-Nummer 3 und 4 sind nicht benutzt.

Die Originating-Address (TP-OA) bildet das sechste Feld (ab FO!). Feld Sieben entsteht durch den Protocol-Identifier (TP-PID). Das achte Feld ist das Data-Coding-Scheme (TP-DCS).

Anschließend folgt das Feld des Service-Centre-Time-Stamp (TP-SCTS). Feld Zehn ist die User-Data-Length (TP-UDL). Das letzte Feld mit maximal 140 Oktetten steht für die User-Daten zur Verfügung (TP-UD).

Jedes Feld kann aus einem oder mehreren Bit bestehen. In Abhängigkeit der Verwendung und des zur Verfügung stehenden Netzes, kommt es zwingend (M) vor, oder ist optional (O) zu verwenden *(siehe Tabelle 10)*.

Legende zu *Tabelle 10:*

M: Mandatory (obligatorisch)   O: Optional

b: Bit: oct: Oktett (8 Bit)

Tabelle 10: Elemente der SMS-DELIVER TPDU

Parameter	Bezeichnung	M/O	Länge	Beschreibung
length	Length of SCA	M	1oct	Länge des SCA-Feldes
tosca	Type of SCA	M	0... 1oct	Art der Nummerierung
address	Number of SMS-SC (SCA)	M	0... 10oct	Nummer der Kurzmitteilungs-zentrale
TP-MTI	TP-Message-Type-Indicator	M	2b	Beschreibt den Nachrichtentyp, z.B.: 00 = SMS-DELIVER 01 = SMS-SUBMIT
TP-MMS	TP-More-Messa-ges-to-Send	M	1b	Gibt an, ob noch weitere Nach-richten vom Service Centre folgen
TP-SRI	TP-Status-Report-Indication	O	1b	Gibt an, ob die sendende Short Message Entity einen Status Report angefordert hat
TP-UDHI	TP-User-Data-Header-Indicator	O	1b	Gibt an, ob das TP-UD Feld (Benutzerdaten) einen Header beinhaltet
TP-RP	TP-Reply-Path	M	1b	Parameter, welcher angibt, dass ein Reply Pfad existiert
TP-OA	TP-Originating-Address	M	2... 12oct	Adresse der sendenden Short Message Entity SME
TP-PID	TP-Protocol-Identi-fier	M	1oct	Parameter, der anzeigt, wie die Kurzmitteilung zu behandeln ist (als FAX, Sprache, SMS, usw.)
TP-DCS	TP-Data-Coding-Scheme	M	1oct	Identifiziert das Datenformat innerhalb von TP-UD, d.h. wie die Nutzdaten codiert sind (7-Bit oder 8-Bit)
TP-SCTS	TP-Service-Centre-Time-Stamp	M	7oct	Parameter, der den Zeitpunkt des Eintreffens der Nachricht im SMS-SC angibt.
TP-UDL	TP-User-Data-Length	M	1oct	Anzahl der Zeichen der Kurz-nachricht (Länge der nachfolgen-den TP-UD)
TP-UD	TP-User-Data	O	0... 140oct	Enthält die Nachricht. Die genaue Länge ist von TP-DCS abhängig

SMS-SUBMIT (MO)

Mit SMS-SUBMIT wird eine Kurzmitteilung von der Mobilstation zur Kurzmitteilungszentrale gesendet (MO). Die Transfer-Layer Protocol Data Unit SMS-SUBMIT besteht aus maximal 176 Oktetten wobei jedes Oktett verschiedene Felder enthalten kann. Ebenso kann ein Feld unterschiedlich viele Oktette umfassen. Der Aufbau der TPDU SMS-SUBMIT ist in *Abb. 47* dargestellt.

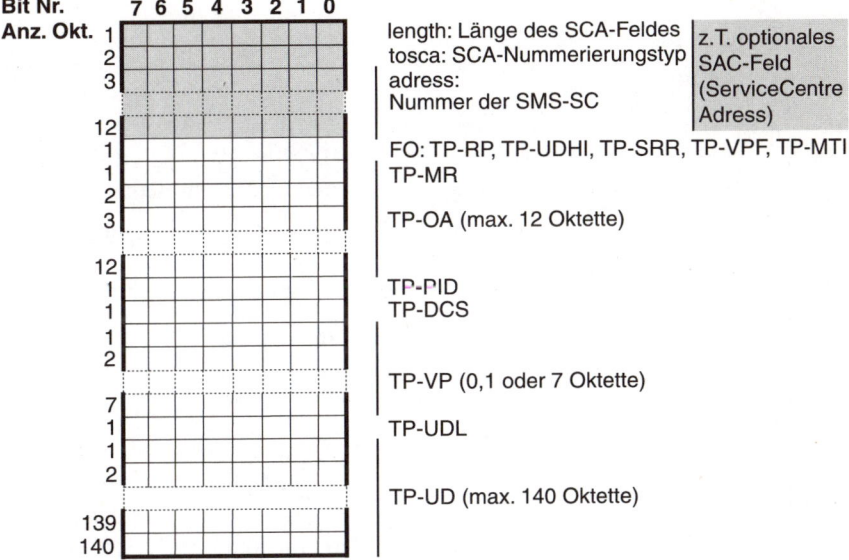

Abb. 47: Layout vom SMS-SUBMIT TPDU

Im Kopf wird je nach Einstellung in der Mobilstation die Adresse der Kurzmitteilungszentrale (SCA) mitübertragen. Werden tosca und address der SCA nicht in der SUBMIT-TPDU eingegeben, so müssen sie der MS vorgängig durch eine andere Maßnahme mitgeteilt werden und im Feld length muss der Wert 00_H eingegeben werden.

FO (First Octet) beinhaltet sechs Felder: Message-Type-Indicator (TP-MTI), Reject-Duplicates (TP-RD), Validity-Period-Format (TP-VPF), Status-Report-Request (TP-SRR), User-Data-Header-Indicator (TP-UDHI) und Reply-Path (TP-RP).

Die Message-Reference (TP-MR) bildet das siebte Feld ab FO. Feld Acht wird durch die Destination-Address (TP-DA) gebildet. Das neunte Feld entsteht durch den Protocol-Identifier (TP-PID). Feld Zehn ist das Data-Coding-Scheme (TP-DCS).

Anschließend folgt das Feld der Validity-Period (TP-VP). Feld Zwölf ist die User-Data-Length (TP-UDL). Das letzte Feld mit maximal 140 Oktetten steht für die User-Data zur Verfügung (TP-UD).

Jedes Feld kann aus einem oder mehreren Bit bestehen. In Abhängigkeit der Verwendung und des zur Verfügung stehenden Netzes kommt es zwingend vor, oder ist optional zu verwenden *(siehe Tabelle 11)*.

Tabelle 11: Elemente der SMS-SUBMIT TPDU

Parameter	Bezeichnung	M/O	Länge	Beschreibung
length	Length of SCA	M	1oct	Länge des SCA-Feldes
tosca	Type of SCA	O	0... 1oct	Art der Nummerierung
address	Number of SMS-SC (SCA)	O	0... 10oct	Nummer der Kurzmitteilungszentrale
TP-MTI	TP-Message-Type-Indicator	M	2b	Beschreibt den Nachrichtentyp, z.B.: 00 = SMS-DELIVER 01 = SMS-SUBMIT
TP-RD	TP-Reject-Duplicates	M	1b	Gibt an, ob die MSC-SC ein SMS-SUBMIT akzeptieren soll, wenn bereits eine SMS mit der selben TP-DA und TP-MR, von der selben OA kommend, in der MSC-SC gespeichert ist
TP-VPF	TP-Validity-Period-Format	M	2b	Gibt an, ob das VP-Feld (Validity Period) vorhanden ist
TP-SRR	TP-Status-Report-Request	O	1b	Gibt an, ob die MS einen Status Report anfordert
TP-UDHI	TP-User-Data-Header-Indicator	O	1b	Gibt an, ob das TP-UD Feld einen Header enthält
TP-RP	TP-Reply-Path	M	1b	Gibt den Request for Reply Pfad an
TP-MR	TP-Message-Reference	M	1oct	Identifiziert (nummeriert) die SMS-SUBMIT Meldung (fortlaufende Referenznummer (0... 255, zyklisch), wird von der MS gesetzt,

Tabelle 11: Elemente der SMS-SUBMIT TPDU

Parameter	Bezeichnung	M/O	Länge	Beschreibung
length	Length of SCA	M	1oct	Länge des SCA-Feldes
tosca	Type of SCA	O	0… 1oct	Art der Nummerierung
address	Number of SMS-SC (SCA)	O	0… 10oct	Nummer der Kurzmitteilungszentrale
TP-DA	TP-Destination-Adress	M	2… 12oct	Adresse der Empfänger-SME
TP-PID	TP-Protocol-Identifier	M	1oct	Parameter, der anzeigt, wie die Kurzmitteilung zu behandeln ist (als FAX, Sprache, SMS, usw.)
TP-DCS	TP-Data-Coding-Scheme	M	1oct	Identifiziert das Datenformat innerhalb der TP-UD (Angabe wie die Nutzdaten UD codiert sind: 7- oder 8-Bit)
TP-VP	TP-Validity-Period	O	0, 1, 7oct	Gibt die Zeit an, ab wann die Kurznachricht nicht mehr gültig ist
TP-UDL	TP-User-Data-Length	M	1oct	Gibt die Länge der nachfolgenden TP-UD an
TP-UD	TP-User-Data	O	0… 140oct	Enthält die Nutznachricht. Die genaue Länge ist von TP-DCS abhängig

Legende zu *Tabelle 11:*

M: Mandatory (obligatorisch)   O: Optional

b: Bit: oct: Oktett (8 Bit)

Beschreibung der TPDU-Parameter

FO (First Octet)

Das erste Oktett nach dem SCA-Feld ist bei SMS-DELIVER und SMS-SUBMIT unterschiedlich *(Tabelle 12)*.

Tabelle 12: Parameter des ersten Oktett

FO: SMS-DELIVER								
Bit	7	6	5	4	3	2	1	0
Parameter	RP	UDHI	SRI	-------	------	MMS	MTI	MTI

Tabelle 12: Parameter des ersten Oktett

FO: SMS-SUBMIT								
Parameter	RP	UDHI	SRR	VPF	VPF	RD	MTI	MTI

MTI (TP-Message-Type-Indicator) ist ein 2-Bit-Feld, das den Typ der Kurznachricht anzeigt. Die Werte ändern sich in Abhängigkeit des jeweiligen TPDU-Typs *(Tabelle 13)*.

Tabelle 13: MTI-Kombinationen

Bit 1	Bit 0	Meldungstyp
0	0	SMS-DELIVER (Richtung SMS-SC nach MS)
0	0	SMS-DELIVER-REPORT (Richtung MS nach SMS-SC)
1	0	SMS-STATUS-REPORT (Richtung SMS-SC nach MS)
1	0	SMS-COMMAND (Richtung MS nach SMS-SC)
0	1	SMS-SUBMIT (Richtung MS nach SMS-SC)
0	1	SMS-SUBMIT-REPORT (Richtung SMS-SC nach MS)
1	1	Reserviert

MMS (TP-More-Messages-to-Send) ist ein 1-Bit Feld, das der Short Message Entity anzeigt, ob noch weitere Short Messages im Service Centre SMS-SC warten *(Tabelle 14)*.

Tabelle 14: MMS-Kombinationen

Bit 2	Meldungstyp
0	Weitere Nachrichten sind für die MS im Service Centre gespeichert
1	Es warten keine weiteren Nachrichten im Service Centre

SRI (TP-Status-Report-Indication) ist ein 1-Bit-Feld und hat die Aufgabe, mitzuteilen, ob ein Statusreport vom Service Centre an die Short Message Entity zurückgeschickt wird *(Tabelle 15)*.

Tabelle 15: SRI-Kombinationen

Bit 5	Meldungstyp
0	Es wird kein Statusreport an die Short Message Entity zurück geschickt
1	Ein Statusreport wird an die Short Message Entity zurück geschickt

UDHI (TP-User-Data-Header-Indicator) ist ein 1-Bit-Feld, welches über die Verwendung eines Headers im Feld TP-User-Data informiert *(Tabelle 16)*.

Tabelle 16: UDHI-Kombinationen

Bit 6	Meldungstyp
0	TP-User-Data enthält nur die Short Message
1	TP-User-Data enthält am Anfang des Feldes einen Header

RP (TP-Reply-Path) ist ein 1-Bit-Feld, das den Gebrauch des Reply-Path angibt. Obwohl in *Tabelle 10* und *Tabelle 11* als Mandatory angeführt, hängt dessen Einsatz vom technischen Stand des Service Centre ab. Details sind im Standard GSM 03.40 beschrieben *(Tabelle 17)*.

Tabelle 17: RP-Kombinationen

Bit 7	Meldungstyp
0	TP-Reply-Path ist nicht gesetzt in dieser TPDU SMS-SUBMIT/DELIVER
1	TP-Reply-Path ist gesetzt in dieser TPDU SMS-SUBMIT/DELIVER

RD (TP-Reject-Duplicates) ist ein 1-Bit-Feld, welches das Service Centre anweist wie es vorgehen soll, wenn eine Short Message doppelt vorkommt *(Tabelle 18)*.

Tabelle 18: RD-Kombinationen

Bit 2	Meldungstyp
0	Weist das Service Centre an, ein SMS-SUBMIT zu akzeptieren, obwohl schon eine Kurznachricht im SMS-SC gespeichert ist, welche die selbe TP-Message-Reference und TP-Destination-Address hat.
1	Weist das Service Centre an, ein SMS-SUBMIT abzuweisen, falls schon eine Short Message im SMS-SC gespeichert ist, welche die selbe TP-Message-Reference und TP-Destination-Address hat. In diesem Fall wird ein entsprechender Wert im TP-Failure-Cause Feld der SMS-SUBMIT-REPORT Meldung übermittelt.

VPF (TP-Validity-Period-Format) ist ein 2-Bit-Feld, das anzeigt, ob und wie der Parameter TP-VP benutzt wird, da er gemäß *Tabelle 11* optional ist *(Tabelle 19)*.

Tabelle 19: VPF-Kombinationen

Bit 4	Bit 3	Bedeutung
0	0	TP-Validity-Period-Format-Feld nicht vorhanden
1	0	TP-Validity-Period-Format-Feld ist vorhanden als relatives Format

Tabelle 19: VPF-Kombinationen

Bit 4	Bit 3	Bedeutung
0	1	TP-Validity-Period-Format-Feld ist vorhanden als erweitertes Format
1	1	TP-Validity-Period-Format-Feld ist vorhanden als absolutes Format

SRR (TP-Status-Report-Request) ist ein 1-Bit-Feld, das anzeigt, ob das Service Centre einen Status Report nach dem Empfang einer Short Message erzeugen muss. TP-SRR kommt bei den TPDUs SMS-Submit und SMS-Command vor *(Tabelle 20)*.

Tabelle 20: SRR-Kombinationen

Bit 5	Meldungstyp
0	Status Report nicht verlangt
1	Status Report verlangt

OA und DA (TP-Originator-Address und Destination-Address)

- OA: Feld von SMS-DELIVER

- DA: Feld von SMS-SUBMIT

OA- und DA-Destination-Address sind gleichartig aufgebaut, maximal 12 Oktette lange Felder und in drei Gruppen unterteilt: Adresslängenfeld, Adresstypfeld und Adressfeld (*Abb. 48*).

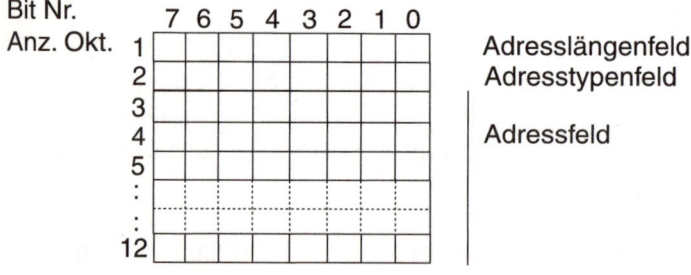

Abb. 48:   Unterteilung von OA und DA

Adresslängenfeld

Das Adresslängenfeld hat die Länge eines Oktetts. In ihm ist ein ganzzahliger Wert enthalten, der der Anzahl der benutzten Ziffern der Rufnummer im Adressfeld entspricht. Da jede Ziffer mit einem Halboktett (4 Bit) dargestellt wird, entspricht der Wert im Adresslängenfeld der Anzahl der Halboktette. Halboktette, welche nur Füllbits enthalten, werden nicht mitgerechnet.

Adresstypfeld

Das Adresstypfeld hat eine Länge von einem Oktett und beinhaltet den Nummerierungstyp *(Tabelle 21)* und im Falle der Nummerierungstypen 1000, 1001 und 1010 den Nummerierungsplan *(Tabelle 22)*.

Tabelle 21: Nummerierungstyp

Bit 7	Bit 6	Bit 5	Bit 4	Nummerierungstyp
1	0	0	0	Unbekannt. Wird gesetzt wenn der Benutzer oder das Netzwerk keine Informationen über den benutzten Nummerierungsplan haben.
1	0	0	1	Internationale Nummer (z.B. +004179...). Das Internationale Format wird auch akzeptiert wenn die Nachricht an einen Empfänger im gleichen Land gerichtet ist.
1	0	1	0	Nationale Nummer (z.B. 079...). Vorwahl oder Escape Ziffern sollten nicht enthalten sein.
1	0	1	1	Netzwerkspezifische Nummer. Wird verwendet, um die Benutzung einer Verwaltungs- und Servicenummer anzuzeigen.
1	1	0	0	Abonnentennummer. Wird benutzt, wenn eine Kurznummer in einer oder mehreren SMS-SC als Teil einer höheren Anwendungsschicht gespeichert ist.
1	1	0	1	Alphanumerisch. Entsprechend dem GSM 03.38 7-Bit-Standardalphabet
1	1	1	0	Abgekürzte Nummer
1	1	1	1	Reserviert für Erweiterungen

Tabelle 22: Nummerierung

Bit 3	Bit 2	Bit 1	Bit 0	Nummerierungsplan
0	0	0	0	Unbekannt
0	0	0	1	ISDN / Telefon Nummerierungsplan (E.164 / E.163)
0	0	1	1	Daten Nummerierungsplan (X.121)
0	1	0	0	Telex-Nummerierungsplan
1	0	0	0	Nationaler Nummerierungsplan
1	0	0	1	Privater Nummerierungsplan
1	0	1	0	ERMES-Nummerierungsplan (ETSI DE/PS 3 01-3)
1	1	1	1	Reserviert für Erweiterungen

Hinweise:

Für den Nummerierungstyp 1101 sind die Bits des Nummerierungsplans reserviert und müssen als 0000 übermittelt werden.

Die Adressierung einer Short Message Entity sollte den Nummerierungstyp 1001 (International) und den Nummerierungsplan 0001 (ISDN) benutzen.

Das Service Centre kann eine Meldung mit einer Nummer aus einem reservierten Nummerierungsplan oder einer nicht unterstützten Nummer abweisen.

Adressfeld

Die Angabe der Adresse erfolgt in binärer Form, wobei jede Zahl der Rufnummer des Empfängers bzw. Absenders einzeln mit 4 Bit codiert wird (Halboktett). Die Reihenfolge beim Senden entspricht **nicht** der Reihenfolge der Rufnummer. Jeweils zwei Ziffern werden vertauscht (GSM 03.40, Semi-octet representation) und zum Auffüllen des letzten Oktetts wird Hexadezimal F_H (Binär: 1111_B) verwendet.

Beispiel zu DA und OA

Folgende fiktive internationale Nummer +41791234567 soll dargestellt werden. (Die tiefgestellten Indices D, B und H bedeuten Dezimal-, Binär- und Hexadezimaldarstellung, z. B. $10_D = 1010_B = A_H$).

- Adresslängenfeld: Die Nummer besteht aus 11 Ziffern. $\rightarrow 11_D = 00001011_B = 0B_H$

- Adresstypfeld: Bei der Nummer handelt es sich um eine internationale Nummer (Bit7... Bit4 = $1001_B = 9_H$) und die Nummerierung entspricht der gebräuchlichen ISDN-Darstellung (Bit3... Bit0 = $0001_B = 1_H$). Das vollständige Adresstypfeld wird folgendermaßen aussehen: 91_H.

- Adressfeld: 41791234567_D ergibt $1497214365F7_H$ (Jeweils zwei Ziffern werden vertauscht!).

Vollständige Darstellung: $0B911497214365F7_H$

SCA (TP-Service Centre Address)

Dieses Feld ist bei einer SMS-DELIVER (MT) immer und bei einer SMS-SUBMIT (MO) wahlweise vorhanden (das Feld length ist immer vorhanden). Der Aufbau ist ähnlich demjenigen von OA und DA (Originator-Address und Destination-Address).

Der wesentliche Unterschied zwischen OA und DA besteht in der Definition des Adresslängenfeldes (length).

SCA ist mit maximal 12 Oktette langen Feldern aufgebaut und in drei Gruppen unterteilt: Adresslängenfeld, Adresstypfeld und Adressfeld (Abb. *7.49*).

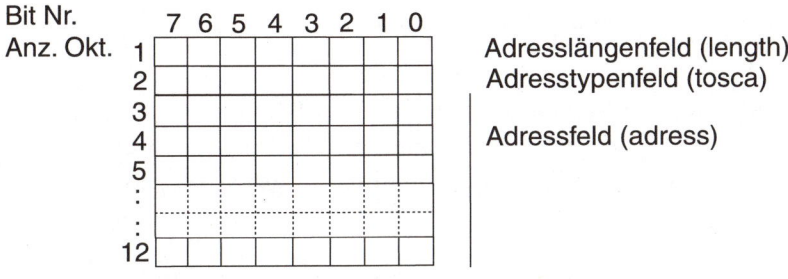

Abb. 49:   Unterteilung von SCA

Adresslängenfeld (length)

Das Adresslängenfeld hat die Länge eines Oktetts. In ihm ist ein ganzzahliger Wert enthalten, der der Anzahl der benutzten Oktette der Rufnummer im Adressfeld und des Adresstypfeldes entspricht. Ist das letzte Oktett mit F_H aufgefüllt, wird es trotzdem mitgerechnet.

Wird bei einem SMS-SUBMIT keine Adresse der Kurzmitteilungszentrale mitübertragen, soll als Wert für length 00_H eingegeben werden. Die Felder tosca und address werden ausgelassen.

Adresstypfeld (tosca)

Gleich wie bei OA und DA. In diesem Feld soll 81_H bei nationaler Nummerndarstellung (079...) und 91_H bei internationaler Nummerdarstellung (+4179...) stehen.

Wird bei einem SMS-SUBMIT keine Adresse der Kurzmitteilungszentrale mitübertragen, soll dieses Feld ausgelassen werden.

Adressfeld (address)

Die Angabe der Adresse erfolgt in binärer Form, wobei jede Zahl der Rufnummer des Empfängers bzw. Absenders einzeln mit 4 Bit codiert wird (Halboktett). Die Reihenfolge beim Senden entspricht **nicht** der Reihenfolge der Rufnummer. Jeweils zwei Ziffern werden vertauscht (GSM 03.40, Semi-octet representation) und zum Auffüllen des letzten Oktetts wird Hexadezimal F_H (Binär: 1111_B) verwendet.

Wird bei einem SMS-SUBMIT keine Adresse der Kurzmitteilungszentrale mitübertragen wird dieses Feld ausgelassen

Beispiel zu SCA

Folgende internationale Nummer der Swisscom Kurzmitteilungszentrale
+41794999000 soll dargestellt werden. (Die tiefgestellten Indexe D, B und H
bedeuten Dezimal-, Binär- und Hexadezimaldarstellung, z. B. $10_D = 1010_B =$
A_H).

*   Adresslängenfeld: Die Nummer besteht aus 11 Ziffern und benötigt deshalb
    6 Oktette zur Darstellung. Das letzte Oktett muss mit F_H aufgefüllt werden.
    Das Adresstypfeld benötigt 1 Oktett. Somit ist der Wert des Adresslängen-
    feldes $6 + 1 = 7_D = 00000111_B = 07_H$.

*   Adresstypfeld: Bei der Nummer handelt es sich um eine internationale Num-
    mer (Bit7... Bit4 $= 1001_B = 9_H$) und die Nummerierung entspricht der
    gebräuchlichen ISDN-Darstellung (Bit3... Bit0 $= 0001_B = 1_H$). Das vollstän-
    dige Adresstypfeld wird folgendermaßen aussehen: 91_H.

*   Adressfeld: 41794999000_D ergibt $1497949900F0_H$ (Jeweils zwei Ziffern
    werden vertauscht!).

Vollständige Darstellung: $07911497949900F0_H$

MR (TP-Message Reference)

*   Nur Feld von SMS-SUBMIT

TP-Message-Reference ist ein 8-Bit-Feld, das eine ganzzahlige Referenznummer enhält. Diese Referenznummer dient der Identifizierung einer Short Message zwischen Short Message Entity und Service Centre. Die MS erhöht den
TP-MR-Wert für jede übermittelte Nachricht um 1.

Sollte nach dem Senden einer Kurznachricht keine positive Quittierung (Ack-
nowledge) von der Kurzmitteilungszentrale erfolgen, so sendet die Mobilstation erneut die entsprechende Kurznachricht. In diesem Fall bleibt die MR
unverändert.

Die Kurzmitteilungszentrale kann neue Kurznachrichten verwerfen, welche die
gleiche MR wie die bereits gespeicherte haben, sofern sie von der gleichen
Mobilstation kommen.

Der Wert, der für TP-MR benutzt werden soll, kann durch Lesen des Last-Used-
TP-MR-Wertes aus dem Subscriber Identity Module (SIM) bestimmt werden.

Dazu muss der Befehl AT+CSIM verwendet werden. Eine Beschreibung findet sich im Standard GSM 11.11

TP-PID (TP-Protocol-Identifier)

Der TP-Protocol-Identifier ist ein 8-Bit-Feld, welches definiert, wie die Nachricht behandelt werden soll. Diese Angabe ist vor allem wichtig, wenn Informationen zwischen unterschiedlichen Fernmelde- oder Telematikgeräten ausgetauscht werden. TP-ID wird auch verwendet, um eine bereits gesendete Short Message zu ersetzen.

Da in der Telemetrie nur Kurznachrichten ausgetauscht werden, wird in den meisten Fällen der Wert für TD-ID 00_H betragen.

Zum besseren Verständnis folgt *Tabelle 23* mit der Bedeutung der Bit-Nr. 0... 4. Damit soll aufgezeigt werden, welche Telematikgeräte angesprochen werden können. Gültig ist die Tabelle nur, wenn Bit 7 und Bit 6 den Wert 0 haben.

Bit 5 soll 0_B sein, damit die Kurzmitteilung ohne Formatumwandlung zwischen den beiden beteiligten SME übertragen wird (SME zu SME Protokoll). Ist Bit 5 = 1_B, muss im Falle eines SMS-SUBMIT TPDU in der SMS-SC eine Formatumwandlung der Nachricht vorgenommen werden.

Tabelle 23: Telematikgeräte

Bit 4	Bit 3	Bit 2	Bit 1	Bit 0	Bedeutung
0	0	0	0	0	Implizite Deklaration. Der Gerätetyp ist spezifisch für dieses SMS-SC oder kann auf Grund der Adresse erkannt werden.(Standardeinstellung für MS)
0	0	0	0	1	Telex oder Teletex auf Telexformat reduziert
0	0	0	1	0	Gruppe-3-Fax
0	0	0	1	1	Gruppe-4-Fax
0	0	1	0	0	Voice-Telefon (Umwandlung in Sprache)
0	0	1	0	1	ERMES (European Radio Messaging System)
0	0	1	1	0	Nationales Paging System (der SMS-SC bekannt)
0	0	1	1	1	Videotex (T.100 / T.101)
0	1	0	0	0	Teletex, Träger nicht spezifiziert
0	1	0	0	1	Teletex, in PSPDN
0	1	0	1	0	Teletex, in CSPDN
0	1	0	1	1	Teletex, in analogem PSTN
0	1	1	0	0	Teletex, in digitalem ISDN

Tabelle 23: Telematikgeräte

Bit 4	Bit 3	Bit 2	Bit 1	Bit 0	Bedeutung
0	1	1	0	1	UCI (Universal Computer Interface ETSI DE/PS 3 01-3)
1	0	0	0	0	Message Handling System (der SMS-SC bekannt)
1	0	0	0	1	Öffentliches X.400 MHS
1	0	0	1	0	Internet Electronic Mail
1	1	1	1	1	GSM Mobile Station. Die SMS-SC wandelt die Kurznachricht in einen Code um, der von der Mobile Station unterstützt wird.

01110_B und 01111_B ... 10111_B sind reservierte Kombinationen.

11000_B ... 11110_B sind Werte, welche jeweils vom Service Centre abhängig sind. Die Verwendung entspricht der jeweiligen Abmachung zwischen SME und SMS-SC.

DCS (Data Coding-Scheme)

TP-Data-Coding-Scheme ist ein 8-Bit-Feld und zeigt an, in welcher Form sich die Daten im TP-User-Data-Feld befinden.

Haben Bit 7 und Bit 6 den Wert 0_B, sind die weiteren Bits folgendermaßen zu interpretieren *(Tabelle 24 bis Tabelle 27)*:

Tabelle 24: Bedeutung von Bit 5, wenn Bit 7 und Bit 6 Null sind

Bit 5	Meldungstyp
0	Text unkomprimiert
1	Text komprimiert nach GSM-Standard

Tabelle 25: Bedeutung von Bit 4 wenn Bit 7 und Bit 6 Null sind

Bit 4	Meldungstyp
0	Bit 1 und Bit 0 sind reserviert und haben keine Nachrichtenklassenbedeutung
1	Bit 1 und Bit 0 sind relevant

Tabelle 26: Bedeutung von Bit 3 und Bit 2, wenn Bit 7 und Bit 6 Null sind

Bit 3	Bit 2	Bedeutung (Datenkodierung)
0	0	7-Bit-Standard-Alphabet
1	0	UCS2 (16 Bit) [ISO/IEC 10646: Universal Multiple-Octet Coded Character Set (UCS), UCS", 16 Bit coding]

Tabelle 26: Bedeutung von Bit 3 und Bit 2, wenn Bit 7 und Bit 6 Null sind

Bit 3	Bit 2	Bedeutung (Datenkodierung)
0	1	8-Bit
1	1	Reserviert

7-Bit-Standard-Alphabet

Wird das Standardalphabet verwendet, werden die Nutzdaten UD (User Data) im 7-bit-Alphabet codiert. Wird dieses Alphabet verwendet, kann die Nachricht aus bis zu 160 Zeichen (statt 140 Zeichen in 8-bit-Codierung) bestehen.

Tabelle 27: Bedeutung von Bit 1 und Bit 0, wenn Bit 7 und Bit 6 Null sind und Bit 4 1_B ist

Bit 1	Bit 0	Bedeutung (Nachrichtenklassen)
0	0	Class 0: sofortige Anzeige der Kurznachricht
0	1	Class 1: Mobile-Equipment-spezifisch (Default-Bedeutung)
1	0	Class 2: SIM-spezifische Nachricht
1	1	Class 3: Terminal-Equipment-spezifisch (Default-Bedeutung)

Die Nachrichtenklassen spezifizieren, wie die Nachricht behandelt werden soll:

* Bei Class 0 wird die Nachricht sofort auf dem Display dargestellt (wenn eine Anzeige vorhanden ist)

* Bei Class 1 im ME (Mobile Equipment) also im Speicher des Gerätes selbst abgelegt

* Bei Class 2 auf der SIM-Chipkarte gesichert

* Bei Class 3 an ein TE (Terminal Equipment), an ein angeschlossenes Gerät ausgegeben. Diese Option muss allerdings nicht in allen GSM-Geräten implementiert sein.

Sind Bit 7... Bit 4 1_B und ist Bit 3 Null, sind die weiteren Bits folgendermaßen zu interpretieren *(Tabelle 28 und Tabelle 29)*

Tabelle 28: Bedeutung von Bit 2 wenn Bit 7... Bit 4 Eins sind und Bit 3 Null ist

Bit 2	Meldungstyp
0	7-Bit-Standard-Alphabet
1	8-Bit

Tabelle 29: Bedeutung von Bit 1und Bit 0, wenn Bit 7... Bit 4 Eins sind und Bit 3 Null ist

Bit 1	Bit 0	Bedeutung (Nachrichtenklassen)
0	0	Class 0: sofortige Anzeige der Kurznachricht
0	1	Class 1: Mobile-Equipment-spezifisch (Default-Bedeutung)
1	0	Class 2: SIM-spezifische-Nachricht
1	1	Class 3: Terminal-Equipment-spezifisch (Default-Bedeutung)

SCTS (TP-Service Centre Timestamp)

• Nur Feld von SMS-DELIVER

TP-Service-Centre-Time-Stamp ist ein 7 Oktette umfassendes Feld und gibt den absoluten Sendezeitpunkt einer SMS-Submit, respektive den Empfangs-zeitpunkt einer SMS-DELIVER-Nachricht an. Die Übertragung erfolgt in Halboktetten. Sendereihenfolge beachten (Jeweils zwei Ziffern werden ver-tauscht, siehe TP-DA bzw. TP-OA).

Oktettfolge:	Jahr	Monat	Tag	Stunde	Minute	Sekunde	Zeit Zone
Digits: (Halboktette)	2	2	2	2	2	2	2

Die Zeitzone gibt die Differenz der Lokalzeit zu GMT (Greenwich Mean Time = UTC) in Viertelstunden an. Im ersten Halboktett der Zeitzone gibt das erste Bit (Bit 3 des siebten Oktett) das Vorzeichen an. 0 entspricht positiv, 1 ent-spricht negativ.

Beispiel zu TP-SCTS:

Empfangener SCTS (7 Oktette): 10111251217200

Reihenfolge normalisiert und zerlegt: 01 11 21 15 12 27 00

Bedeutung: Jahr 01, Monat 11, Tag 21

→ Datum: 21. November 2001

→ Lokalzeit: 15h 12min 27s

→ keine Differenz Lokalzeit zu GMT

Weitere Informationen finden sich im Standard GSM 03.40

VP (TP-Validity-Period)

- Nur Feld von SMS-SUBMIT

Das VP-Feld bestimmt die Gültigkeitsdauer einer Kurznachricht. Konnte die Nachricht von der SMS-SC nicht innerhalb der angegebenen Zeitspanne zugestellt werden, kann sie von der SMS-SC gelöscht werden.

Gemäß Beschreibung der TP-VPF (TP-Validity-Period-Format) existieren vier verschiedene Varianten von VP:

1. Angabe der Gültigkeitsdauer ist nicht vorhanden

2. Angabe der Gültigkeitsdauer im relativen Format

3. Angabe der Gültigkeitsdauer im absoluten Format

4. Angabe der Gültigkeitsdauer im erweiterten Format

Relative Zeitangabe: das VP-Feld besteht nur aus einem Oktett. Es ist ein Wert, der angibt, wie lange die Nachricht gültig ist, beginnend mit dem Zeitpunkt ihres Eintreffens im SMS-SC. Der VP-Wert ist wie folgt definiert:

Tabelle 30: Relative Gültigkeitsdauer

VP Wert	Gültigkeitsdauer
0 bis 143	(VP + 1) x 5 Minuten
144 bis 167	12 Stunden + ((VP - 143) x 30 Minuten)
168 bis 196	(VP - 166) x 1 Tag
197 bis 255	(VP - 192) x 1 Woche

Absolute Zeitangabe: die Definition ist identisch mit der Definition der SCTS (Service Centre Time Stamp).

Erweiterte Zeitangabe: das VP-Feld besteht immer aus 7 Oktetten. Das erste Oktett gibt die Benutzungsart der weiteren 6 Oktette an. Nicht verwendete Bits oder Oktette sind immer auf 0_B bzw. 00_H zu setzen.

Beispiele zum erweiterten Format:

- Wert des ersten Oktett (Bit 7... Bit 0): 00000001_B → das zweite Oktett ist ein relativer Wert (wie im zweiten Fall, relatives Format, siehe auch *Tabelle 30*).

- Wert des ersten Oktett (Bit 7... Bit 0): 00000010_B → das zweite Oktett ist ein relativer Wert im Bereich von 1... 255_D bzw. 01... FF_H. Dieser Wert entspricht 1... 255 Sekunden.

- Wert des ersten Oktett (Bit 7... Bit 0): 00000011_B → die folgenden drei Oktette beinhalten die relative Gültigkeitsdauer ab Empfang in der SMS-SC in Stunden, Minuten und Sekunden. Die Darstellung der Zeit entspricht derjenigen der TP-SCTS.

TP-UDL (TP-User-Data-Length)

TP-User-Data-Length ist ein 8-Bit-Feld, welches die Länge des TP-User-Data Feldes (TP-UD) in Funktion des gewählten Datenformates (TP-DCS) angibt. Ist ein TP-User-Data-Header Feld vorhanden (angezeigt im Feld TP-UDHI), muss dieses Feld mitgezählt werden (inklusive Füllbits).

Sind die Nutzdaten im UD-Feld mit dem 7-Bit-Standard-Alphabet kodiert, entspricht die Längenangabe der Anzahl der Septette.

Da das User-Data-Header Feld (wenn vorhanden) immer eine ganze Zahl von Oktetten aufweist, muss dieses Feld mit Füllbits zu einer ganze Zahl von Septetten ergänzt werden.

Beispiel: Sind im User-Data-Header Feld-9 Oktette vorhanden, muss mit 5 Bit ergänzt werden damit 11 Septette entstehen (9 x 8 Bit + 5 Bit = 11 x 7 Bit).

Abb. 50 veranschaulicht die Bestimmung von UDL. Die Symbole p, q und r stehen stellvertretend für ganze Zahlen.

Sind die Nutzdaten im UD-Feld mit 8-Bit kodiert, entspricht die Längenangabe der Anzahl der Oktette (*Abb. 51*)

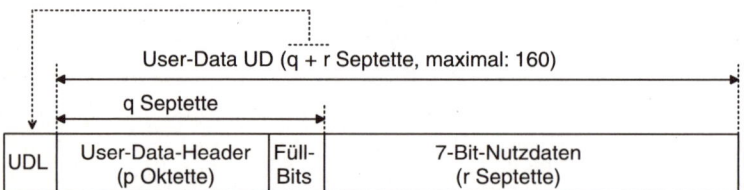

Abb. 50: Bestimmung der Datenlänge UDL im 7-Bit-Format

UD (TP-User-Data)

Das UD-Feld enthält die eigentliche Nachricht. Wie bereits erwähnt, können die Daten 8-bit- oder 7-bit-kodiert sein. Das Format der Daten wird durch das

Feld TP-DCS bestimmt. Das TP-User-Data Feld kann maximal 140 Oktette bzw. 160 Septette Benutzerdaten enthalten.

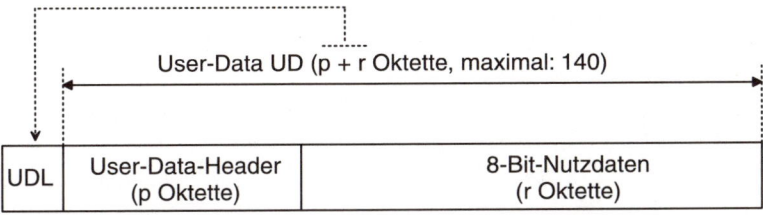

Abb. 51: Bestimmung der Datenlänge UDL im 8-Bit-Format

Header

Der Kurznachricht kann ein Header vorankommen. Dies wird durch das Feld TP-UDHI im ersten Oktett (FO) angezeigt. Wenn der TP-UDHI-Wert 0 ist, enthält das TP-UD Feld nur Nutzdaten.

Mittels User Data Header können Erweiterungen des SMS-Dienstes aktiviert werden, z.B.:

- Verbinden von mehreren Kurznachrichten (concatenated Short Message)

- Angabe von speziellen Informationen (z. B. Voice Message Waiting)

- Routing der Kurznachrichten auf definierte Ports

- Kontrollbefehle für die Kurzmitteilungszentrale (z.B. Steuerung des Status Report)

- Rückweisung von gleichartigen Kurznachrichten.

Für weitere Erklärungen sei auf [25] verwiesen.

Packen der 7-Bit-Zeichen (Septette) in Oktette

Soll die 7-Bit-Codierung (Septette) verwendet werden, sind die Daten in Oktette zu packen, wie in [26] definiert. Die zu sendende Nachricht wird zeichenweise mit dem 7-Bit-Standardalphabet umgesetzt. Anschließend wird der 7-Bit-Code in 8-Bit-Felder durch Ergänzen mit Bits von nachfolgenden Zeichen verpackt. Die niedrigstwertigen Bits des nächsten Zeichens werden verwendet, um linksbündig auf 8 Bit zu ergänzen. Sind keine nachfolgenden Zeichen mehr vorhanden, muss das letzte Zeichen mit Nullen auf 8 Bit ergänzt werden.

Die folgende *Tabelle 31* versucht am Beispiel von 3 Zeichen (d, e, f), die 7-Bit-Codierung zu veranschaulichen. Die drei 7-Bit-Zeichen d, e und f sollen in Oktette verpackt werden. Die Zeichen sind in allgemeingültiger Form dargestellt, um das Verschieben der Position sichtbar zu machen.

Tabelle 31: Drei Zeichen als Septette (allgemeine Form)

Zeichen	Bit 8 (leer)	Bit 7 (b7)	Bit 6 (b6)	Bit 5 (b5)	Bit 4 (b4)	Bit 3 (b3)	Bit 2 (b2)	Bit 1 (b1)
d		d_7	d_6	d_5	d_4	d_3	d_2	d_1
e		e_7	e_6	e_5	e_4	e_3	e_2	e_1
f		f_7	f_6	f_5	f_4	f_3	f_2	f_1

Nach der Verschiebung in Richtung der niedrigstwertigen Bits und Ergänzung mit Nullen ist die Oktettdarstellung abgeschlossen *(Tabelle 32)*.

Tabelle 32: Drei Zeichen als Oktette verpackt

Bit 8 (b8)	Bit 7 (b7)	Bit 6 (b6)	Bit 5 (b5)	Bit 4 (b4)	Bit 3 (b3)	Bit 2 (b2)	Bit 1 (b1)
e_1	d_7	d_6	d_5	d_4	d_3	d_2	d_1
f_2	f_1	e_7	e_6	e_5	e_4	e_3	e_2
0	0	0	f_7	f_6	f_5	f_4	f_3

Beispiel zum Packen der 7-Bit-Zeichen (Septette) in Oktette

Das Wort "test" soll mit dem 7-Bit-Standard-Alphabet dargestellt und in Oktette verpackt werden.

1. Zeichen in 7-Bit-Form darstellen:

Zeichen	Bit 8 (leer)	Bit 7 (b7)	Bit 6 (b6)	Bit 5 (b5)	Bit 4 (b4)	Bit 3 (b3)	Bit 2 (b2)	Bit 1 (b1)
t		1	1	1	0	1	0	0
e		1	1	0	0	1	0	1
s		1	1	1	0	0	1	1
t		1	1	1	0	1	0	0

2. Verschiebung der niedrigstwertigen Bit und Ergänzung mit 0_B

Bit 8 (b8)	Bit 7 (b7)	Bit 6 (b6)	Bit 5 (b5)	Bit 4 (b4)	Bit 3 (b3)	Bit 2 (b2)	Bit 1 (b1)
1	1	1	1	0	1	0	0
1	1	1	1	0	0	1	0
1	0	0	1	1	1	0	0
0	0	0	0	1	1	1	0

Das 7-Bit-Standard-Alphabet

Dieses 7-Bit-Alphabet *(Tabelle 33)* muss von jeder SME unterstützt werden. Weitere Alphabete sind optional.

Tabelle 33: Das 7-Bit-Standard-Alphabet

				b7	0	0	0	0	1	1	1	1
				b6	0	0	1	1	0	0	1	1
				b5	0	1	0	1	0	1	0	1
b4	b3	b2	b1		0	1	2	3	4	5	6	7
0	0	0	0	0	@	Δ	SP	0	¡	P	¿	p
0	0	0	1	1	£	_	!	1	A	Q	a	q
0	0	1	0	2	$	Φ	"	2	B	R	b	r
0	0	1	1	3	¥	Γ	#	3	C	S	c	s
0	1	0	0	4	è	Λ	¤	4	D	T	d	t
0	1	0	1	5	é	Ω	%	5	E	U	e	u
0	1	1	0	6	ù	Π	&	6	F	V	f	v
0	1	1	1	7	ì	Ψ	'	7	G	W	g	w
1	0	0	0	8	ò	Σ	(	8	H	X	h	x
1	0	0	1	9	Ç	Θ	)	9	I	Y	i	y
1	0	1	0	10	LF	Ξ	*	:	J	Z	j	z
1	0	1	1	11	Ø	1)	+	;	K	Ä	k	ä
1	1	0	0	12	Ø	Æ	,	<	L	Ö	l	ö
1	1	0	1	13	CR	æ	-	=	M	Ñ	m	ñ
1	1	1	0	14	Å	ß	.	>	N	Ü	n	ü
1	1	1	1	15	å	É	/	?	O	§	o	à

1) (bei 0011011_B) bedeutet, dass mit dieser Bit-Kombination zu einem anderen Alphabet umgeschaltet werden kann (optional). Ist diese Funktion in der empfangenden Mobilstation nicht eingebaut, muss sie ein Leerzeichen (SP) anzeigen.

Die sieben Bits sind gemäß *Abb. 52* verteilt. Gezeigt wird das Beispiel h ($1101000_B = 68_H$).

b7	b6	b5	b4	b3	b2	b1
1	1	0	1	0	0	0

Abb. 52: Darstellung von "h" im SMS-Standard-Alphabet

Soll das Septett (7 Bit) als Oktett dargestellt werden, muss das achte Bit linksbündig ergänzt werden.

b8	b7	b6	b5	b4	b3	b2	b1
0	1	1	0	1	0	0	0

Abb. 53: Darstellung mit 8 Bit

TPDU-Beispiel

Beispiel zu SMS-DELIVER

Bevor eine TPDU empfangen und an einem Terminal TE angezeigt werden kann, muss die MS gemäß *Tabelle 34* konfiguriert werden (Die AT-Befehle werden ausführlich in Kapitel 9 vorgestellt).

Tabelle 34: Grundeinstellung zum Anzeigen einer Kurznachricht an einem Terminal

Befehl	Bedeutung
AT&F	Rückstellung des GSM-Modems in den Grundzustand (Initialisierung)
AT+CPIN="uxyz"	PIN eingeben (wird mit OK quittiert)
AT+CMGF=0	In PDU-Modus setzen (wird mit OK quittiert)
AT+CNMI=2,2,0,1,0	Empfangene Nachrichten an Terminal weiterleiten

Folgende TPDU wurde an einem Terminal empfangen:
+CMT: ,23
07911497949900F0240B911497725437F300001011224102250004F4F29C0E$_H$

Zerlegung in einzelne Felder:

+CMT: ,23	Eingang einer Kurznachricht bestehend aus 23 Oktetten (SCA-Feld wird nicht mitgezählt!)
07 91 1497949900F0$_H$	SCA-Feld (Länge=7, Nummerierungstyp=91, Adresse)
24$_H$	FO
0B 91 1497725437F3$_H$	OA (Länge, Nummerierungstyp, Adresse)
00$_H$	PID
00$_H$	DCS
10112241022500$_H$	SCTS
04$_H$	UDL
F4F29C0E$_H$	UD

Bedeutung der einzelnen TPDU-Felder:

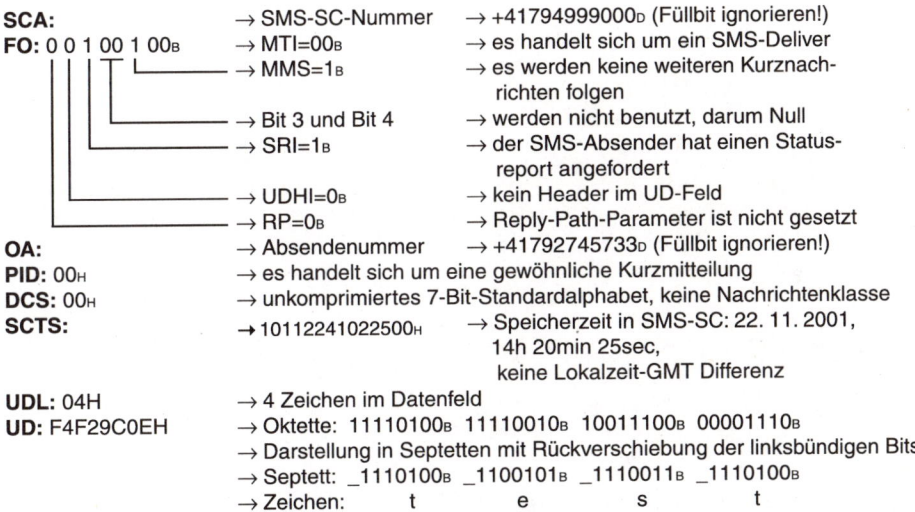

SCA: → SMS-SC-Nummer → +41794999000$_D$ (Füllbit ignorieren!)
FO: 0 0 1 00 1 00$_B$ → MTI=00$_B$ → es handelt sich um ein SMS-Deliver
→ MMS=1$_B$ → es werden keine weiteren Kurznachrichten folgen
→ Bit 3 und Bit 4 → werden nicht benutzt, darum Null
→ SRI=1$_B$ → der SMS-Absender hat einen Statusreport angefordert
→ UDHI=0$_B$ → kein Header im UD-Feld
→ RP=0$_B$ → Reply-Path-Parameter ist nicht gesetzt
OA: → Absendenummer → +41792745733$_D$ (Füllbit ignorieren!)
PID: 00$_H$ → es handelt sich um eine gewöhnliche Kurzmitteilung
DCS: 00$_H$ → unkomprimiertes 7-Bit-Standardalphabet, keine Nachrichtenklasse
SCTS: → 10112241022500$_H$ → Speicherzeit in SMS-SC: 22. 11. 2001, 14h 20min 25sec, keine Lokalzeit-GMT Differenz

UDL: 04H → 4 Zeichen im Datenfeld
UD: F4F29C0EH → Oktette: 11110100$_B$ 11110010$_B$ 10011100$_B$ 00001110$_B$
→ Darstellung in Septetten mit Rückverschiebung der linksbündigen Bits
→ Septett: _1110100$_B$ _1100101$_B$ _1110011$_B$ _1110100$_B$
→ Zeichen: t   e   s   t

Es wurde die Kurznachricht "test" übermittelt.

Beispiel zu SMS-SUBMIT

Bevor eine TPDU mit aus einem Terminal über eine MT gesendet werden kann, muss die MS gemäß *Tabelle 35* konfiguriert werden.

Tabelle 35: Grundeinstellung zum Aussenden einer Kurznachricht aus einem Terminal

Befehl	Bedeutung
AT&F	Rückstellung des GSM-Modems im Grundzustand (Initialisierung)
AT+CPIN="uxyz"	PIN eingeben (wird mit OK quittiert)
AT+CMGF=0	Im PDU-Modus setzen (wird mit OK quittiert)
AT+CNMI=2,2,0,1,0	Empfangene Nachrichten an Terminal weiterleiten

1. Beispiel: Nachricht senden im 7-Bit-Standard-Alphabet mit Angabe der SCA in der TPDU

Nachricht (UD):   test

Modus: 7-Bit-Standardalphabet

SMS-SC-Nummer (SCA):   +49794999000

Nummer des Empfängers (DA):   +41797468278

Status-Report: erwünscht

Gültigkeitsdauer: 1h20min

SCA: $\rightarrow$ +49794999000 $\rightarrow$ **07911497949900F0$_H$**

FO: $\rightarrow$ RP: Reply-Path-Parameter wird nicht gesetzt: $\rightarrow$ 0$_B$

$\rightarrow$ UDHI: kein Header im UD-Feld $\rightarrow$ 0$_B$

$\rightarrow$ SRR: Status Report ist angefordert $\rightarrow$ 1$_B$

$\rightarrow$ VPF: Gültigkeitsdauer im relativen Format: $\rightarrow$ 10$_B$

$\rightarrow$ RD: Duplikate verwerfen $\rightarrow$ 1$_B$

$\rightarrow$ MTI: es handelt sich um ein SMS-SUBMIT $\rightarrow$ 01$_B$

$\rightarrow$ vollständiges FO-Feld: 00110101$_B$ $\rightarrow$ **35$_H$**

MR: $\rightarrow$ da die MS automatisch eine Nummer zuweist $\rightarrow$ **00$_H$**

DA: $\rightarrow$ +41797468278 $\rightarrow$ **0B911497478672F8$_H$**

PID: $\rightarrow$ Standard Mobilstation $\rightarrow$ **00$_H$**

DCS: $\rightarrow$ unkomprimiertes 7-Bit-Standardalphabet $\rightarrow 00_H$

VP: $\rightarrow$ Gültigkeitsdauer: 1h20min = 80min

   $\rightarrow$ 80min = 16 x 5min

   $\rightarrow$ VP-Wert = 16 - 1 = 15_D $\rightarrow 0F_H$

UDL: $\rightarrow$ 4 Zeichen im Datenfeld $\rightarrow 04_H$

UD: $\rightarrow$ Zeichen: t   e   s   t

   $\rightarrow$ Septett: $\_1110100_B$ $\_1100101_B$ $\_1110011_B$ $\_1110100_B$

   $\rightarrow$ Darstellung in Oktetten mit Verschiebung der rechtsbündigen Bits

   $\rightarrow$ Oktette: 11110100_B 11110010_B 10011100_B 00001110_B

   $\rightarrow$ Hex.: $F4_H$ $F2_H$ $9C_H$ $0E_H$

   $\rightarrow$ vollständiges UD $\rightarrow \mathbf{F4F29C0E_H}$

Vollständige TPDU bestehend aus 18 Oktetten (das SCA-Feld wird nicht mitgezählt!).

07911497949900F035000B911497478672F800000F04F4F29C0EH

Absenden der TPDU:

   at+cmgs=18   ($\rightarrow$ die Länge in Oktetten muss eingegeben werden)

   > 07911497949900F035000B911497478672F800000F04F4F29C0E
   <Crtl>+<Z>

   +CMGS: 76   ($\rightarrow$ Die Sendestation quittiert mit Bekanntgabe der aktuellen MR)

Die sendende Mobilstation erhält von der SMS-SC einen Report

   +CDS: 25

   07911497949900F0064C0B911497478672F81011329012940010113290 12150000

2. Beispiel: Nachricht senden im 8-Bit-Format ohne Angabe der SCA in der TPDU

Nachricht (UD):	$00000000010101011111111_B = 0055FF_H$
Modus:	8Bit
SMS-SC-Nummer (SCA):	+49794999000

Nummer des Empfängers (DA):   +41797468278

Status-Report: erwünscht

Gültigkeitsdauer: 1h20min

SCA: → keine Angabe in der TPDU   → **00**$_H$

FO: → RP: Reply-Path-Parameter wird nicht gesetzt: → 0$_B$

         → UDHI: kein Header im UD-Feld   → 0$_B$

         → SRR: Status Report ist angefordert   → 1$_B$

         → VPF: Gültigkeitsdauer im relativen Format: → 10$_B$

         → RD: Verwerfe Duplikate   → 1$_B$

         → MTI: es handelt sich um ein SMS-SUBMIT   → 01$_B$

         → vollständiges FO-Feld: 00110101$_B$ → **35**$_H$

MR: → da die MS automatisch eine Nummer zuweist   → **00**$_H$

DA: → +41797468278   → **0B911497478672F8**$_H$

PID: → Standard-Mobilstation   → **00**$_H$

DCS: → unkomprimierte 8-Bit (class 1, MS specific)   → **F5**$_H$

VP: → Gültigkeitsdauer: 1h20min = 80min

        → 80min = 16 x 5min

        → VP-Wert = 16 - 1 = 15$_D$ → **0F**$_H$

UDL: → 3 Oktette im Datenfeld   → **03**$_H$

UD: → 00000000010101011111111$_B$ → **0055FF**$_H$

Vollständige TPDU bestehend aus 17 Oktetten (das SCA-Feld wird nicht mitgezählt!):

0035000B911497478672F800F50F030055FF$_H$

Absenden der TPDU:

at+csca="+41794999000" (→ Eingabe der SMS-SC Nummer)

at+cmgs=17   (→ die Länge in Oktetten muss eingegeben werden)

0035000B911497478672F800F50F030055FF <Crtl>+<Z>

+CMGS: 79   ($\rightarrow$ Die Sendestation quittiert mit Bekanntgabe
der aktuellen MR)

Die sendende Mobilstation erhält von der SMS-SC einen Report

+CDS: 25

07911497949900F0064F0B911497478672F810113201411200101132014
1220000_H

Die empfangende Mobilstation erhält folgende Nachricht:

+CMT: ,22

07911497949900F0240B911497478672F800F510113201411200030055F
F_H

8 GSM-Modems

Möchten **Sie** . . .

*   wissen, welche Funktionen GSM-Modems übernehmen müssen?

*   verstehen, wie das Blockschema einer Mobilstation zu interpretieren ist?

*   wissen, aus welchen Komponenten ein GSM-Modem besteht?

*   wissen, über welche Schnittstellen ein GSM-Modem verfügt ?

*   wissen, welche GSM-Modems auf dem Markt erhältlich sind?

. . . dann sollten Sie **dieses Kapitel** lesen!

8.1 Einleitung

8.1.1 Aufgabe eines GSM-Modems

Um Daten und Befehle von einem PC bzw. Mikrokontroller drahtlos über das GSM-Netz zu übertragen bedarf es eines GSM-Modems. Ein GSM-Modem dient grundsätzlich dazu, zu einer Gegenstelle (z.B. zur Kurzmitteilungszentrale) eine Verbindung aufzubauen.

Ein GSM-Modem hat folgende Aufgaben:

*   Umsetzen der binären Daten-, Steuer- und Meldesignale in HF-Signale

*   Signalumsetzung für den Verbindungsaufbau und -abbau

*   Bilden der Datenpakete

*   Anpassung der binären Datensignale an den Übertragungsweg

8.1.2 Ausführungen von GSM-Modems

Die meisten handelsüblichen Handys, welche eine Schnittstelle besitzen, können als GSM-Modem eingesetzt werden. Für professionelle Telemetrie werden GSM-Modems (auch bekannt unter folgender Bezeichnung: GSM-Module, GSM-Endgerät, GSM-Datamodul, GSM-Engine, GSM-Card, GSM-Terminal, Cellular Engine und GSM Transmitter Modules) als abgeschlossene Einheiten, d.h. ohne Tastatur und Anzeige und in verschiedenen Bauformen auf dem Markt angeboten, z. B. in Gehäuse, als PC-Card (PCMCIA PC-Card), als PC-Board (Printed Circuit Board), mit und ohne interne Antenne und mit und ohne SIM-Chipkartenleser (*Abb. 54*). Die Betriebsspannung muss von extern zugeführt werden.

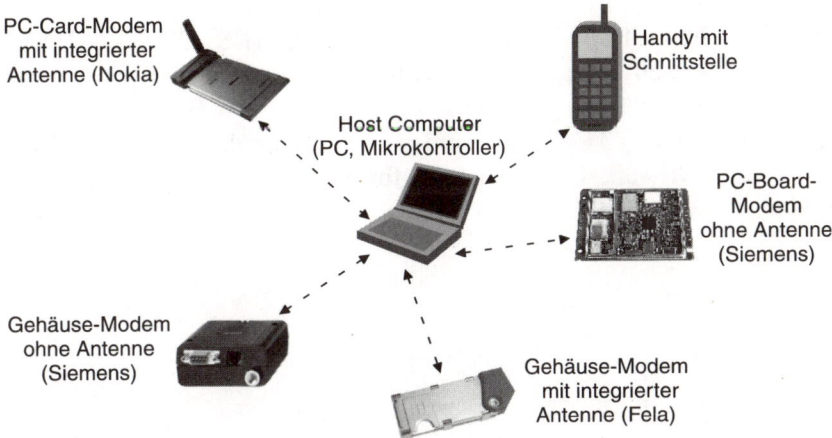

Abb. 54: Ausführungen von GSM-Modems

Auf dem Markt befinden sich GSM-Modems welche nur für den Datenaustausch ausgelegt sind. Andere Modelle können Sprache und Daten übermitteln.

Ein GSM-Modem wird vom Host über sogenannte AT-Befehle gesteuert. Bei der Ansteuerung müssen folgende Parameter abgestimmt werden:

- Übertragungsgeschwindigkeit
- Fehlerkorrektur
- Datenkompression
- Protokolle

In GSM 07.07 wird ein ähnliches Blockschaltbild wie in *Abb. 55* verwendet.

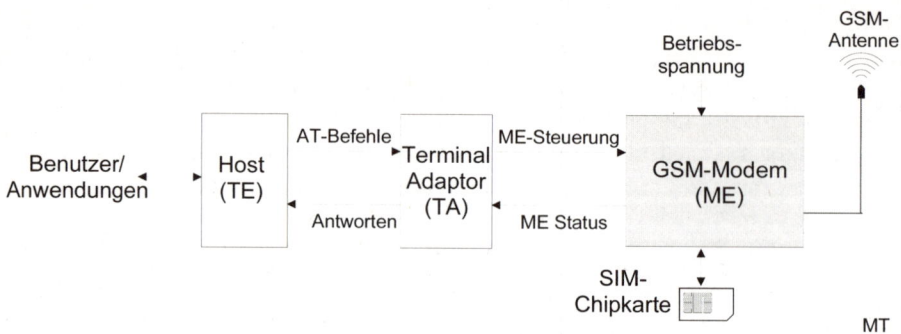

Abb. 55: Blockschema der Mobilstation

Da bei kommerziellen GSM-Modems die Schnittstelle (RS-232, V-24, IrDA
oder PCMCIA) physisch bereits im Endgerät eingebaut ist, kann ein vereinfachtes Blockschema (*Abb. 56*) gezeichnet werden. Schon die Befehle und Antworten auf der Verbindung TE-TA vorhanden sind, steuert das Terminal TE vor
allem das Modem ME an. Die meisten Informationen werden vom GSM-
Modem geliefert.

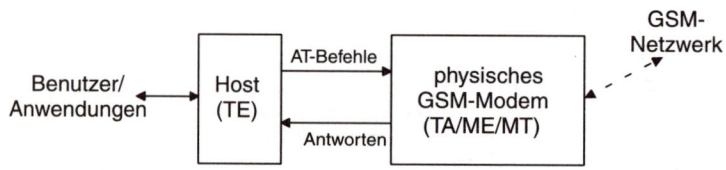

Abb. 56: Vereinfachtes Blockschema der Mobilstation

8.2 Technischer Aufbau

8.2.1 Blockschaltbild

Ein vereinfachtes Blockschema zeigt die Interaktionen zwischen den einzelnen
Stufen. Je nach Modell und Verwendungszweck des GSM-Modems können
noch einzelne Stufen dazu kommen (z.B. Sprachmodul). Bezüglich Belegung
des Interfaceadapters sind große Unterschiede vorhanden. Einzelne Modems
verfügen nur über die Signalleitungen RxD und TxD, andere Modems verfügen
über zusätzliche Steuerfunktionen, z.B. eine Power On Reset-Leitung, CTS,

DTS, etc. Die genaue Belegung des Interfacesteckers ist dem Handbuch zu entnehmen. Je nach Belegung der Interfacefunktionen ändern sich die Ansteuerbefehle. GSM 07.05 erklärt nur folgende drei Anschlüsse als obligatorisch für das Versenden von Kurznachrichten im Text- und im PDU-Modus:

- GND (Signal Ground)

- RxD (Receiving Data)

- TxD (Transmitting Data)

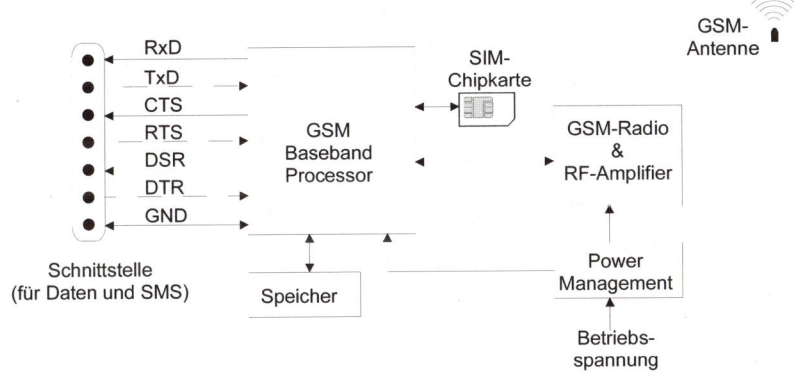

Abb. 57: Blockschema eines GSM-Modems

- **GSM Baseband Processor**: Der Prozessor steuert sämtliche benötigten Funktionen für den Audioteil (wenn vorhanden) und die Aufbereitung der Signale und Daten. In der Regel wird diese Funktion von einer Integrierten Schaltung übernommen.

- **Speicher**: Teilnehmerdaten, Kurznachrichten und Geräteinformationen werden in diesem Speicher (z.B. ein Flash-Speicher) abgelegt. Je nach Wahl werden ähnliche Daten ebenfalls in der SIM-Chipkarte abgespeichert.

- **Schnittstelle**: Je nach Modem-Typ werden an der Schnittstelle folgende Steuersignale, Speiseleitungen und Datenleitungen angeschlossen:

  - Betriebsspannung

  - Back-Up Spannungsversorgung

  - Ladekontrolle

  - Dateninterface (wie eingezeichnet)

- Audiointerface

- SIM-Interface

- Kontroll- und Synchronisationssignale

- **GSM-Radio & RF-Amplifier:** Die Erzeugung der Hochfrequenz (900/ 1800/1900 MHz) wird in diesem Block durchgeführt. Diese Single-IC-Stufe wirkt sowohl als Empfänger wie als Sender. Der Empfängerteil stellt folgende Funktionen zur Verfügung:

  - Low Noise Verstärker (LNA)

  - Mischstufen

  - Verstärkungsregelung

  - Demodulator

Der Sendeteil besteht aus folgenden Blöcken:

  - Mischstufen und Oszillatoren

  - ZF-Filter

  - Modulator

  - Leistungsverstärker

- **Power Management:** Die interne Betriebsspannung wird von dieser Stufe kontrolliert, geregelt und begrenzt.

- **SIM-Chipkarte:** Folgende Funktionen werden von der SIM-Chipkarte durchgeführt (Siehe Abschnitt 4)

  - Identifizierung des Teilnehmers (Abonnent)

  - Speicherung von teilnehmerrelevanten Daten und Algorithmen, z.B. Internationale Teilnehmerkennung IMSI, persönliche Identifikationsnummer CHV oder der Authentifizierungsschlüssel (Ki) und einige weitere Daten.

- **GSM-Antenne:** einige GSM-Modems verfügen über eine integrierte Antenne.

8.2.2 Hardwareschnittstelle (serielle Schnittstelle)

Für den Anschluss des GSM-Modems an ein externes Gerät ist eine definierte Schnittstelle erforderlich. Um Daten zu übermitteln wird meistens eine RS-232 Schnittstelle verwendet. Wenn auch die Anschlussform des Steckers nicht mit der Norm übereinstimmt, so wenigstens die Signalbelegung.

Die V.24-Schnittstelle, der die amerikanische Schnittstelle RS-232 weitgehend entspricht ist eine asynchrone, serielle Schnittstelle. Sie dient in der Regel der Verbindung von Host zu GSM-Modem. Neben der Masseleitung und den Datenleitungen gibt es noch eine ganze Reihe von Leitungen, die den Verkehr zwischen Rechner und Modem steuern. Die Pegel bei der V.24-Schnittstelle sind -3 bis -15 V für logisch 1 und +3 bis +15 V für logisch 0 bei den Datenleitungen und +3 bis +15 V für logisch 1 und -3 bis -15 V für logisch 0 bei den Steuerleitungen. Allerdings findet man anstelle von den angegebenen Spannungen im Bereich von – 3 bis –15V oft einen Pegel von ca. 0V bis 0,5V.

Tabelle 36 beschreibt die maximale Beschaltung einer seriellen Schnittstelle. Modems verwenden nicht sämtliche Leitungen, z. B. sind im sogenannten Commandmodus (inkl. SMS-Ansteuerung nur TxD, RxD und GND (minimale Konfiguration) notwendig.

Tabelle 36: Signalverbindung vom 9poligen Steckverbinder

Name	Pin (Sub D9)	Bezeichnung (E)	Bezeichnung (D)	RS 232	V.24	Signal-richtung Host ∥ Modem
TxD	3	Transmit Data	gesendete Daten	BA	CT103	H → M
RxD	2	Receive Data	empfangene Daten	BB	CT104	H ← M
RTS	7	Request to send	Sendeteil einschalten	CA	CT105	H → M
CTS	8	Clear to send	Sendebereit-schaft	CB	CT106	H ← M
DSR	6	Data Set Ready	Betriebsbereit-schaft	CC	CT107	H ← M
GND	5	Signal Ground	Betriebserde	AB	CT102	H ←→ M
DCD	1	Data Carrier Detect	Trägersignal Erkennung	CF	CT109	H ← M
RI	9	Ring Indicator	Ruf Anzeige	CE	CT125	H ← M
DTR	4	Data Terminal Ready	Modem ist bereit	CD	CT108.2	H → M

- GND bildet das gemeinsame Massepotential für die Datenleitungen.

- TxD führt die Sendedaten des Host-Computers zum GSM-Modem.

- RxD liefert die Daten vom Modem zum Host.

- RTS zeigt dem GSM-Modem die Übertragungsbereitschaft des Host an.

- CTS signalisiert die Bereitschaft des Modems, Daten zu empfangen.

- DTR teilt dem GSM-Modem mit, dass der Host-Computer eingeschaltet ist und Verbindungen annehmen kann

- DSR Meldung des GSM-Modems an Host-Computer, dass das Modem eingeschaltet ist.

- DCD Empfangssignalpegel (teilt dem Host-Computer mit, dass GSM-Modem Verbindung mit einem anderen Modem aufgenommen hat).

- RI zeigt an, dass ein Anruf im Gang ist

RTS und CTS sind Handshakeleitungen die den Datenaustausch steuern und beim Überlauf des Empfängers die Aussendung auf der Sendeseite bremst. Zu solchen Überlauf kann es wegen der unterschiedlichen Datenraten vom Host zum Modem und vom Modem zu BTS kommen.

Beispiel einer Hardware-Handshakes-Sequenz

1. DTR   (Modem ← Host)   Anfrage: ist das GSM-Modem eingeschaltet?

2. DSR   (Modem → Host)   Antwort: GSM-Modem eingeschaltet!

3. DCD   (Modem → Host)   GSM-Modem empfängt Trägersignal der Gegenstelle.

4. RTS   (Modem ← Host)   Anfrage: ist das GSM-Modem bereit, Daten zu senden?

5. CTS   (Modem → Host)   Antwort: GSM-Modem ist bereit Daten zu senden!

8.2.3   Softwareschnittstelle (Ansteuerung mit AT-Befehlen)

GSM-Modems werden mit AT-Befehlen angesteuert. Die Befehle beginnen, abgesehen von einer Ausnahme, immer mit den beiden Buchstaben "AT" (AT steht für "Attention"). Dann folgen die Befehlscodes für bestimmte Funktionen.

Beispiel 1: Befehl zur Abfrage des Modemherstellers:

- Befehlseingabe: AT+CGMI (oder AT+GMI)

- Antwort des GSM-Modems: Nokia Mobile Phones

Beispiel 2: Befehl zur Abfrage Typs des GSM-Modems:

- Befehlseingabe: AT+CGMM (oder AT+GMM)

- Antwort des GSM-Modems: Nokia Card Phone RPM-1 GSM900/1800

Beispiel 3: Befehl zum Rücksetzen auf die Herstellergrundeinstellungen

- AT&F

Einzelne Befehle stammen noch aus dem früheren De-Facto-Standard, der von der amerikanischen Firma Hayes entwickelt und dann von anderen Herstellern übernommen wurde. Ein Teil dieser Befehle wurde dann von der ITU-T V.25 er Vorschrift übernommen. Der ganze Befehlssatz ist von verschiedenen Normeninstituten bzw. von Herstellern definiert:

- ITU-T V.25 ter (Grundbefehle)

- GSM 07.07

- GSM 07.05 (SMS-Steuerbefehle)

- proprietäre (d.h. dem Hersteller eigen)

Nicht alle V.25 er und GSM 07.07 bzw. 07.05 AT-Befehle sind von allen Herstellern implementiert.

Im Abschnitt 9 werden die wichtigsten zur Kurznachrichtübertragung benötigten AT-Befehle detailliert besprochen.

8.3 GSM-Modem Produktübersicht

Auf dem Markt werden viele verschiedene GSM-Modems angeboten. Unter GSM-Modems werden hier nur solche vorgestellt, welche für professionelle Telemetrie entwickelt worden sind *(Tabelle 37)*. Nicht vorgestellt werden Handys mit Schnittstellen oder Adaptern zu Handys . Es ist zu beachten, dass nicht alle Eigenschaften des Modems erwähnt werden, z.B. ist der Umfang der unterstützten AT-Befehle ausgeklammert.

Tabelle 37: GSM-Modem Produktübersicht

GSM-Modem		Frequenz/ Leistung	Antenne	GSM-Dienste	Bauform
Hersteller	Typ	Frequenz (MHz) / Leistung (W)	Antenne integriert?	SMS/**D**ata/ **F**ax/**V**oice	Form/Bild
Digicom	GSM01	900/2, 1800/1	Nein	S/D	Gehäuse
Digicom	Pokket GSM	900/2, 1800/1	Nein	S/D/F/V	Gehäuse/ [27]
Ericsson	GM22	900/2, 1800/1	Nein	S/F/V	Gehäuse
Ericsson	GM25	900/2, 1800/1	Nein	S/D/F/V	Gehäuse/ [28]
Falcom	A2D	900/2, 1800/1	Nein	S/D/F/V	Gehäuse/ [29]
Falcom	A2D-1	900/2, 1800/1	Nein	S/D/F/V	Gehäuse
Fela	NM-1i	900/2	Ja	S,/D	Gehäuse/ [30]
Motorola	D15	900/2, 1800/1 und 1900/1	Nein	S/D/F/V	Gehäuse/ PC-Board
Motorola	G18	900/2, 1800/1 und 1900/1	Nein	S/D/V	Gehäuse/ PC-Board
Nokia	Card Phone 2	900/2, 1800/1	Ja	S/D/F/V	PC-Card/ [31]
Option	FirstFone	900/2	Ja	S/D/F/V	PC-Card
Option	Globe-Trotter	900/2, 1800/1 und 1900/1	Ja	S/D/V	PC-Card
Siemens	TC35	900/2, 1800/1	Nein	S/D/F/V	PC-Board/ [32]
Siemens	TC35 Terminal	900/2, 1800/1	Nein	S/D/F/V	Gehäuse/ [33]
Wavecom	WISM02C	900/2, 1800/1 oder 1900/1	Nein	S/D/F/V	PC-Board
Wavecom	WMOi3	900/2, 1800/1 oder 1900/1	Nein	S/D/F/V	Gehäuse/ [34]

GSM-Modem		Masse	Schnittstelle	Betriebsspannung	SIM Chipkarte
Hersteller	Typ	Gramm (g)	Norm	(V)	Leser integriert?
Digicom	GSM01	230	RS232	9... 28	Nein
Digicom	Pokket GSM	145	RS232	9... 28	Nein
Ericsson	GM22	60	V24	5	Ja

GSM-Modem		Masse	Schnitt-stelle	Betriebs-spannung	SIM Chipkarte
Ericsson	GM25	60	V24	5	Ja
Falcom	A2D	52	RS232	4… 7	Ja
Falcom	A2D-1	160	RS232, DB9	10,8…31	Ja
Fela	NM-1i	18	RS232	3,1… 5,2	Ja
Motorola	D15	22… 39	RS232	3,0… 6	Ja
Motorola	G18	22... 35,5	RS232	3,0 … 6	Ja
Nokia	Card Phone 2	58	PCMCIA Type II	4,7… 5,3	Ja
Option	FirstFone	65	PCMCIA Type II	4,7… 5	Ja
Option	Globe Trotter	45	PCMCIA Type II	4,7… 5	Ja
Siemens	TC35	18	RS232	3,3… 5	Nein
Siemens	TC35 Terminal	130	RS232	8… 30	Ja
Wavecom	WISM02C	20	RS232	3,6	Nein
Wavecom	WMOi3	80g	RS232	5	Ja

Hinweis:

- Einige GSM-Modems verfügen über verschiedene Optionen (z.B. integriertes GPS-Modul bei Motorola und Falcom) die nicht erwähnt werden.

- Es wurde bewusst eine Auswahl getroffen um die Anzahl der vorgestellten Modems zu reduzieren. Pro Hersteller werden im Maximum zwei Ausführungen präsentiert.

- Produkte, welche oben erwähnte GSM-Modems verwenden und sie mit Sonderfunktionen ergänzen (z. B: Versenden vordefinierter SMS über nur einen Befehl, Abfrage der Uhrzeit, etc) wurden nicht in die Tabelle aufgenommen.

Einige GSM-Modems werden mit einem Draht als Antennenersatz ausgeliefert. In der Tabelle wurde definiert, dass dieser Zustand nicht als integrierte Antenne zu betrachten ist.

Abb. 58: Fela NM-1i
(Foto: Fela Management AG)

Abb. 59: Ericsson GM25 (Foto: Sony Ericsson)

Abb. 60: Siemens TC35 Terminal
(Foto: mobile solutions ag)

Abb. 61: Siemens TC35
(Foto: mobile solutions ag)

Abb. 62: Digicom Pocket GSM
(Foto: digicom s.p.a)

Abb. 63: Wavecom WMOi3
(Foto: Wavecom S.A.)

Abb. 64: Nokia Card Phone 2 (Foto: Nokia)

Abb. 65: Falcom A2D (Foto: Falcom GMBH)

9 AT-Befehle zur Ansteuerung von GSM-Modems

Möchten **Sie** . . .

* wissen, welchen Zweck AT-Befehle erfüllen?

* verstehen, nach welcher Syntax AT-Befehle aufgebaut sind?

* wissen, welche Formen AT-Befehle annehmen können?

* wissen, welche Standards die AT-Befehle beschreiben?

* wissen, was die wichtigsten AT-Befehle bedeuten?

* wissen, wie Kurznachrichten mittels AT-Befehlen zu generieren sind?

. . . dann sollten Sie **dieses Kapitel** lesen!

9.1 Einleitung

GSM-Modems werden mit AT-Befehle angesteuert. Der Begriff AT steht für **AT**tention (aufgepasst!) und mit dem Präfix AT werden die Befehle eingeleitet. Nicht alle AT-Befehle werden hier vorgestellt, sondern nur jene, die zur Übertragung von Kurznachrichten relevant sind. Grundsätzlich existiert folgende Unterscheidung (*Abb. 66*):

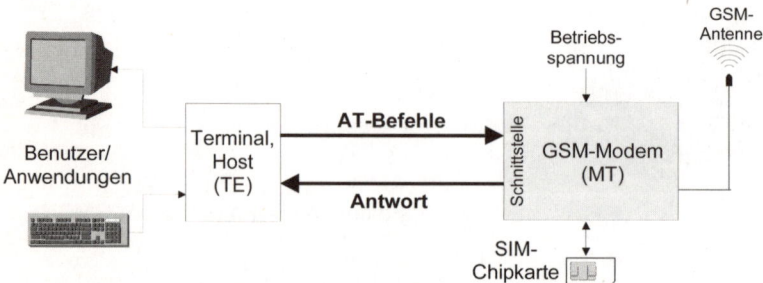

Abb. 66: Unterscheidung zwischen AT-Befehl und Antwort

- Ist es ein Befehl vom Terminal (TE, Host) zum GSM-Modem?

- Ist es eine Antwort vom GSM-Modem an das Terminal?

9.1.1 Syntax der AT-Befehle

- Eine Befehlszeile beginnt in der Regel mit dem Präfix AT (Ausnahmen sind der Befehl A/ und der Befehl +++) und wird mit <CR> (Carriage Return 8) abgeschlossen

- Mit A/ kann eine Kommandozeile wiederholt werden

- Zwischen Klein- und Großschreibung wird nicht unterschieden (z. B. AT oder at), einige GSM-Modems erlauben keine Durchmischung beider Formen (verboten: At)

- GSM kennt zwei verschiedene Befehlssyntaxe:

  - Syntax der Grundbefehle (Basic command, beinhalten kein Präfix +, z.B. ATV1 oder AT&F)

  - Syntax der erweiterten Befehle (Extended command, beinhalten ein Präfix +, z.B. AT+CPIN? oder AT+CNMI=2,2,0,1,0

- Aus Gründen der Übersicht können die einzelnen Kommandos durch mehrere Leerzeichen getrennt werden:

  - AT+CPIN?;   +CNMI? <CR>

- Einzelne Befehle benötigen Parameter, die Werte können aber ausgelassen werden:

  - AT+CNMI=2,2,0,1,0 <CR>

  - AT+CNMI=0,,,0 <CR>

- Mehrere Befehle können auf einer Zeile stehen, das Präfix AT darf pro Zeile nur einmal stehen. Nach einem erweiterten Befehl muss ein Trennungszeichen eingefügt werden. Am Ende einer Kommandozeile darf kein Trennungszeichen vorhanden sein. Als Trennungszeichen muss der Strichpunkt (;) stehen. Hinweis: Diese Syntax wird nicht von allen GSM-Modems unterstützt!

  - ATV1 &V <CR>

- AT+CPIN?; +CNMI=2,2,0,1,0 <CR>
- ATV1 &V +CNMI?; &V V1 +CNMI=0,0,0,0,1; &F <CR>

9.1.2 Modemsbetriebsarten

Für die Steuerung des Modems ist die Betriebsart, der Modus, wichtig

- Befehlsmodus (Command Mode): in dieser Betriebsart interpretiert das GSM-Modem alle vom Terminal (TE) gesendeten Daten als Befehle

- Datenmodus (Data Mode): im Datenmodus interpretiert das GSM-Modem alle empfangenen Daten als Daten und nicht als Befehle. In der Regel werden diese Daten weitergeleitet

Ein sich im Datenmodus befindliches Modem kann mit einer Escapesequenz zurück zum Befehlmodus geschaltet werden. Standardmäßig besteht die Escapesequenz aus drei hintereinander gesendeten Pluszeichen (+++).

Ein sich im Befehlsmodus befindliches Modem kann mit dem AT-Befehl ATO in den Datenmodus geschaltet werden.

9.1.3 Die drei Befehlsformen

Drei verschiedene Typen von Befehlen werden verwendet:

- **Ausführungsbefehl:** Parameter oder Einstellungen werden mit diesem Befehl geändert, z. B.

    - AT+CNMI=2,2,0,1,0

    Wird ein ungültiger Parameter eingegeben, wird als Antwort eine ERROR-Meldung zurückgeschickt.

- **Abfrage der Einstellung:** die aktuellen Einstellungen der Parameter werden über einen AT-Befehl, gefolgt von einem Fragezeichen (?) abgefragt, z. B.

    - AT+CNMI?

    Es folgt die Antwort: +CNMI: 0,0,0,0,0

• **Abfrage des Wertebereichs:** Der zulässige Wertebereich der Parameter kann über einen AT-Befehl, gefolgt von einem Gleichheits- und Fragezeichen (=?) abgefragt werden, z.B.

- AT+CNMI=?

Es folgt die Antwort: +CNMI: (0-2),(0-3),(0,2,3),(0-2),(0,1)

Bedeutung; das Modem lässt als ersten Parameter die Werte 0, 1 und 2 zu, als zweiten Parameter die Werte 0, 1, 2 und 3, als dritten Parameter die Werte 0, 2 und 3.

- Kann kein Wertebereich ausgegeben werden, wird die Abfrage des Wertebereichs mit ERROR quittiert.

Beispiel einer Befehlssequenz (in den geschweiften Klammern {} stehen Kommentare):

AT+CNMI=?   {Abfrage des zulässigen Wertebereichs}

+CNMI: (0-2),(0-3),(0,2,3),(0-2),(0,1)

OK

AT+CNMI?   {Abfrage der aktuellen Einstellung}

+CNMI: 0,0,0,0,0

OK

AT+CNMI=2,2,0,1,0   {Ändern der Parameter}

OK

AT+CNMI?   {Abfrage der neuen Einstellung}

+CNMI:2,2,0,1,0

OK

AT+CNMI=0,0,1,0,0   {Eingabe eines unzulässigen Parameters}

ERROR

Die Befehle werden mit "OK" oder "ERROR" quittiert. Ein Befehl, welcher noch in Bearbeitung ist, wird durch jedes weitere ankommende Zeichen unterbrochen. Aus diesem Grund muss der nächste Befehl bis zur Quittierung warten, da sonst der aktuelle Befehl gelöscht wird.

9.1.4 Syntax der Antwort

Wie schon im Abschnitt Die drei Befehlsformen ersichtlich war, ist die Rückmeldung abhängig von der Anfrage.

Im weiteren kann die Darstellung mit dem Befehl ATVn variiert werden (V steht für verbose = wortreich). Mit diesem Befehl kann eingestellt werden, ob die Rückmeldungen, die das Modem an den angeschlossenen Rechner sendet, als Ziffer (Zahlencode) oder in Worten (Klartext) ausgegeben werden

- ATV0 : Rückmeldungen in Kurzform als Ziffer

- ATV1 : Rückmeldungen im Klartext

Beispiele:

- Antwort nach ATV1 (Antwort im Klartext). Ersichtlich ist die Leerzeile zwischen der Angabe der Parameter und die Quittierung mit OK (wegen der Einfügung von <CR><LF> vor und nach der Antwort)

  AT+CNMI=?

  - <CR><LF> +CNMI: (0-2),(0-3),(0,2,3),(0-2),(0,1) <CR><LF>

  - <CR><LF> OK<CR><LF>

  - Am Bildschirm ist folgendes sichtbar:

    - +CNMI: (0-2),(0-3),(0,2,3),(0-2),(0,1)

    - OK

- Antwort nach ATV0 (Antwort in Kurzform). Diesmal ist keine Leerzeile zwischen der Angabe der Parameter und der Quittierung mit 0 eingefügt:

  AT+CNMI=?

  - +CNMI: (0-2),(0-3),(0,2,3),(0-2),(0,1)

  - 0

Neben den Abschlussantworten OK und ERROR gibt es je nach Befehl noch andere Rückmeldungen, z. B. CONNECT, RING, BUSY, NO CARRIER, etc. Auf diese Rückantworten wird bei Besprechung der AT-Befehle eingegangen.

Laut Norm ITU-T V.25ter ist zwischen jeder Kommandobestätigung (OK, ERROR, BUSY, NO CARRIER, etc.) und dem nächsten AT-Befehl eine Pause von mindestens 100ms einzuhalten. Es gibt einige AT-Befehle bei denen länger gewartet werden muss, z. B. bei den Befehlen:

- AT&F (Rückstellung aller Parameter auf Werkseinstellung)

- AT+CPIN="xxxx" (Eingabe der PIN-Nummer)

Einige GSM-Modems sind nicht funktionsfähig, solange die PIN-Nummer nicht eingegeben wurde.

Drei verschiedene Antworttypen können auftreten:

- Unmittelbare Antworten: sie werden als direkte und endgültige Quittierung auf einen Befehl ausgegeben, z. B. OK, ERROR, NO CARRIER oder BUSY

- Process-Anzeige: sie informieren über einen Prozess welcher noch im Gang ist, z. B. CONNECT

- Unerwartete Antworten: sie stehen in keinem Zusammenhang mit einem unmittelbar vorgängig eingegebenen Befehl, sondern melden einen extern eingeleiteten Prozess, z. B. RING

9.2 Relevante Standards und Befehlsgruppierungen

9.2.1 Einleitung

AT-Befehle ermöglichen es, GSM-Modems (ME) mit serieller Schnittstelle mittels Terminal (TE) zu steuern. Diese Befehle bewerkstelligen den Wechsel vom Befehl- in den Datenmodus und lassen sich nach verschiedenen Kriterien unterteilen:

- Unterteilung nach Herkunft des Befehls.

  - Von einem Normeninstitut definiert (ITU oder ETSI)

  - Vom Hersteller definierter Befehl (proprietärer Befehl)

- Unterteilung nach der Funktion des Befehls

  - Befehle zur Initialisierung und Steuerung des GSM-Modems

  - Befehle für die Sprachkommunikation

  - Befehle für SMS

  - Befehle für Daten/Fax

  - Befehle zur Abfrage von Statusinformationen

  - Befehle zum Setzen und Ansteuern der Schnittstelle

  - Befehle für die SIM-Chipkarte

  - Befehle zum Abfragen von Geräteinformationen

9.2.2 Relevante Standards

ITU-T V.25ter

- Die **Generellen AT-Befehle**, definiert im Standard ITU-T V.25ter [35] werden zum Beispiel benutzt um:

  - Die Funktionen des Interfaces zu definieren (z. B. die Funktion der Leitungen DTR, DCD und CTS)

  - Das Format der Rückantwort des Modems zu setzen (ATV0 oder ATV1)

  - Den Hersteller des Modems zu identifizieren (AT+GMI)

  - Das GSM-Modem in den Ursprungszustand zurückzusetzen (AT&F)

  - Die Serie-Nummer des Modems abzufragen (AT+GSN)

  - Eine Verbindung aufzubauen (ATD)

  - Die Beantwortung eines Anrufs einzuleiten (ATA)

  - Daten zu komprimieren (AT+DS)

- Ein Teil dieser Befehle wurde in leicht veränderter Form im GSM 07.07 wieder aufgenommen. Nach dem +Zeichen wurde der Buchstabe C eingeführt, Beispiel:

  - Aus dem V.25ter-Befehl „AT+GMI" wird in GSM07.07 „AT+CGMI"

  - Aus dem V.25ter-Befehl „AT+GSN" wird in GSM07.07 „AT+CGSN"

GSM 07.07

- Die **GSM AT-Befehle**, definiert im Standard GSM 07.07 [36], werden verwendet um spezifische Einstellungen am Modem vorzunehmen zum Beispiel um:

  - Die PIN-Nummer einzugeben (AT+CPIN="xxxx")

  - Das Modem zu identifizieren (AT+CGMI und AT+CGSN)

  - Den Trägerdienst zu selektieren (AT+CBST)

  - Den Dienstanbieter auszuwählen (AT+COPS)

  - Die Qualität des Empfangssignals abzufragen (AT+CSQ)

  - Den Ladezustand des Betriebsakkumulators abzufragen (AT+CBC)

  - Einträge im Telefonbuch vorzunehmen (AT+CPBW)

  - Die Syntax von Fehlermeldungen zu definieren (AT+CMEE)

  - Den TE-Zeichensatz auszuwählen (AT+CSCS)

GSM 07.05

- Die **SMS AT-Befehle**, definiert im Standard GSM 07.05.[37] werden verwendet um die speziellen Einstellungen an den GSM-Modems für den Betrieb mit Kurznachrichten vorzunehmen, zum Beispiel um:

  - Eine SMS-Nachricht zu löschen (AT+CMGD)

  - Das SMS-Nachrichtenformat auszuwählen (AT+CMGF)

  - Kurznachrichten in ausgewähltem Speicher aufzulisten (AT+CMGL)

  - Eine SMS-Nachricht zu lesen (AT+CMGR)

  - Eine SMS-Nachricht zu senden (AT+CMGS)

  - Eine SMS-Nachricht im SMS-Speicher zu schreiben (AT+CMGW)

  - SMS-Nachricht aus dem SMS-Speicher senden (AT+CMSS)

  - Neu eingegangene SMS-Nachrichten anzuzeigen (AT+CNMI)

  - Den SMS-Nachrichtenspeicher auszuwählen (AT+CPMS)

  - Die SMS-Einstellungen wiederherzustellen (AT+CRES)

  - Die SMS-Einstellungen zu speichern (AT+CSAS)

- Die Adresse des SMS-Service-Centre einzustellen (AT+CSCA)

- Den SMS-Textmodusparameter anzuzeigen (AT+CSDH)

- Die SMS-Textmodusparameter zu setzen (AT+CSMP)

- Den Short Message Service auzuswählen (AT+CSMS)

Wichtig: nicht alle von den Standards spezifizierten AT-Befehle sind in allen GSM-Modems implementiert. Einige der spezifizierten Befehle sind optional.

9.2.3 Proprietäre Befehle

Sämtliche Hersteller von GSM-Modems haben eigene Befehle zum Ansteuern ihrer GSM-Modems. Einerseits können diese Befehle die Leistungsfähigkeit und die Möglichkeiten des betreffenden Modems steigern, andererseits kann eine für diese Modems geschriebene Software nicht für ein fremdes Modem verwendet werden.

Beispiel eines proprietären Befehls (Siemens TC35)

- AT^SACM: mit diesem proprietären Befehl kann bei einer Prepaid-SIM-Chipkarte der aktuelle und der maximale Stand des Gebührenzählers abgefragt werden.

    Befehl: AT^SACM

    Antwort: ^SACM: 0,"00018A","000320"

9.3 Beschreibung der AT-Befehle

9.3.1 Allgemeine Befehle (aus GSM 07.07 oder ITU-T V.25ter)

A/ ⇨ Letzte Befehlszeile wiederholen

Der vorherige Befehl wird noch einmal gesendet. Der Befehl A/ wird nicht mit <CR> abgeschlossen.

+++ ⇨ Von Datenmodus in Befehlsmodus umschalten

Empfängt das GSM-Modem (TA/ME) +++, unterbricht es den Datenfluss auf der Schnittstelle und schaltet in den Befehlsmodus um. Hinweis: Der Befehl ist nur im Datenmodus verfügbar.

ATO ⇨ Von Befehlsmodus in Datenmodus umschalten

TA/ME nimmt die Verbindung wieder auf und kehrt vom Befehls- in den Datenmodus zurück.

ATA ⇨ Anruf annehmen

TA/ME sendet das Beginnzeichen an die Gegenstelle. Weitere Befehle auf der gleichen Befehlszeile werden ignoriert. Dieser Befehl kann im Allgemeinen dadurch abgebrochen werden, dass während der Ausführung ein Zeichen empfangen wird.

ATD ⇨ Wählen einer Rufnummer vom Modem aus

Das GSM-Modem baut eine Verbindung zu der angegebenen Nummer auf. Mit dem Semikolon nach der Nummer wird eine Sprachverbindung aufgebaut.

Mögliche Antworten sind:

* NO DIALTONE wenn kein Wählton möglich ist
* BUSY   wenn die Gegenstelle besetzt ist
* OK   bei einer erfolgreichen Verbindung und Sprechverbindung
* NO CARRIER   falls ein Verbindungsaufbau nicht möglich ist

Beispiel einer Datenverbindung (d.h. ohne Semikolon am Ende der Nummer)

Befehl: ATD +41792941632

Antwort: NO CARRIER

9.3.2 Initialisierungsbefehle (aus GSM 07.07 oder ITU-T V.25ter)

AT&F ⇨**Alle aktuellen Parameter auf Werkseinstellungen setzen**

Das GSM-Modem setzt alle aktuellen Parameter auf das vom Hersteller festgelegte Profil. Besteht eine Verbindung, wird sie abgebaut.

Beispiel:

Befehl: AT&F

Antwort: OK

AT+CPIN ⇨ **PIN eingeben**

Das GSM-Modem kontrolliert und speichert die PIN-Nummer, die für den Betrieb notwendig ist.

Befehlsform	Syntax des Befehls	Erklärung und mögliche Antwort
Ausführungs-befehl	AT+CPIN="xxxx"	Beispiel: Befehl: AT+CPIN="1234" Antworten: OK → richtige Eingabe ERROR → Fehler oder falsche Eingabe
Abfrage der Einstellung	AT+CPIN?	Beispiel: Befehl: AT+CPIN? Antwort: +CPIN: READY → keine weitere Eingabe erforderlich da PIN bereits gespeichert ist +CPIN: SIM PIN → Modem wartet auf PIN-Eingabe
Abfrage des Wertebereichs	AT+CPIN=?	Beispiel: Befehl: AT+CPIN=? Antwort: OK

Hinweis:

1. Die PIN muss in doppelten Anführungszeichen eingegeben werden (d.h."7834").

2. Nach Eingabe der PIN 10 Sekunden warten, bevor SMS-bezogene Befehle verwendet werden.

AT+COPS ⇨ Netzbetreiber auswählen

Dieser Befehl wird verwendet um den Netzbetreiber (Operator) auszuwählen bzw. in alle erreichbare Netze zu wechseln.

Befehls-form	Syntax des Befehls	Erklärung und mögliche Antwort
Ausführungsbefehl	AT+COPS= mode, format, operator	Bedeutung von **mode**: 0 → automatische Netzwahl 1 → manuelle Netzwahl, format und operator müssen angegeben werden. **format** gibt an, in welchem Format der Paramter operator eingegeben wird und kann die folgenden Werte annehmen: 0 → Zeichenkette, lange Form, etwa "SWISS GSM" 2 → numerisches Format, etwa 22803 Beispiele: Befehl 1: AT+COPS – 0 → Heimnetz wird gewählt Befehl 2: AT+COPS = 1,2,22803 →.Betreiber Orange ausgewählt
Abfrage der Einstellung	AT+COPS?	Zeigt den Wert von mode, format und das gerade gewählte Netz an Beispiel: Befehl: AT+COPS? Antwort: +COPS: 0,0,"SWISS GSM" ----------- OK
Abfrage des Wertebereichs	AT+COPS=?	Zeigt eine Liste der aktuell verfügbaren Netze an, wobei die Zahl vor dem Betreibernamen den Verfügbarkeitsstatus angibt (0: unbekannt, 1: verfügbar, 2: eingebucht, 3: verboten). Die Betreiber werden im Klartext und als numerisches Format ausgegeben. Beispiel: Befehl: AT+COPS=? Antwort: +COPS: (2,"SWISS GSM",,"22801") ,(1,"diAx Swiss",,"22802"),(1,"Orange",,"22803"),, (0-4),(0,2) ---------------- OK

AT+CREG ⇨ Registrierungszustand anzeigen (Netzzustand)

Abfrage des aktuellen Netzwerkstatus' und der Registrierung (Einbuchung) des ME. Standortinformationselemente werden zurückgegeben, wenn das ME im Netz eingebucht ist.

Befehlsform	Syntax des Befehls	Erklärung und mögliche Antwort
Ausführungs-befehl	AT+CREG=u	TA/ME steuert die Darstellung des Ergebniscodes. Bedeutung von u: 0 →keine Meldungen bei Änderung des Netzwerksta-tus' oder der Einbuchung (default) 1 → Meldung bei Änderung des Netzwerkstatus' in der Form +CREG: x 2 → Meldung bei Änderung des Netzwerkstatus' oder der aktuell gewählten Zelle in der Form +CREG: x,y,z Beispiel: Befehl: AT+CREG=2 Antwort: OK
Abfrage der Einstellung	AT+CREG?	+CREG: u,x,y,z TA/ME gibt die aktuelle Einstellung u für die Ergeb-niscodedarstellung sowie eine ganze Zahl x aus, die angibt, ob das Netz gegenwärtig die Registrierung (Einbuchung) des ME anzeigt. Die Standortinformati-onselemente y und z werden nur zurückgegeben, wenn u=2 und wenn das ME im Netz eingebucht ist. Bedeutung von u: siehe oben Werte für x: 0 → nicht eingebucht, keine Netzsuche 1 → eingebucht, Heimatnetz 2 → nicht eingebucht, Netzsuche 3 → nicht eingebucht, Einbuchung abgelehnt 4 → Status unbekannt 5 → eingebucht, Fremdnetz Bedeutung von y: Zeichenfolge (zwei Bytes); Standortkennzahl (Loca-tion Area Code) in hexadezimalem Format (Beispiel: "00C3" entspricht 193 in dezimaler Darstellung) Bedeutung von z: Zeichenfolge (zwei Bytes); Zellenkennung (Cell ID) in hexadezimalem Format Beispiel: Befehl: AT+CREG=? Antwort: +CREG: 2,1,"02C3","11B7" ----------- OK
Abfrage des Wertebe-reichs	AT+CREG=?	Zeigt die Liste der unterstützten Betriebsarten (Wer-tebereich für u) Beispiel: Befehl: AT+CREG? Antwort: +CREG: (0-2) ----------- OK

ATV ⇨ Formatmodus für Ergebniscode einstellen

Dieser Parameter legt den Inhalt des Vor- und Nachspanns fest, der mit Ergebniscodes und Informationsantworten ausgegeben wird.

Beispiele:

Befehle:

    ATV1   (langes Ergebniscodeformat)

    AT+CPIN=x   (Eingabe einer falschen PIN)

    Antwort: ERROR

Befehle:

    ATV0   (kurzes Ergebniscodeformat)

    AT+CPIN=x   (Eingabe einer falschen PIN)

    Antwort: 4

AT+CMEE ⇨ Erweiterte Fehlermeldung

Mit diesem Befehl kann die Anzeige von Ergebnissen bzw. Fehlermeldungen erweitert werden. Eine detaillierte Fehlermeldung ist bei Fehlersuche wünschenswert.

Beispiel: (Eingabe einer falschen PIN)

Befehl: AT+CMEE=0   (ohne erweiterte Fehlermeldung)

    Eingabe: AT+CPIN="1234"

    Antwort: ERROR

Befehl: AT+CMEE=2   (mit erweiterte Fehlermeldung)

    Eingabe: AT+CPIN"1234"

    Antwort: +CME ERROR: unknown

Befehlsform	Syntax des Befehls	Erklärung und mögliche Antwort
Ausführungs-befehl	AT+CMEE= n	Bedeutung von n: 0 → Ergebniscode unterdrücken 1 → Ergebniscode aktivieren und Fehlermel-dung als Zahl 2 → Ergebniscode aktivieren und Fehlermel-dung als Text Beispiele: Siehe oben
Abfrage der Einstellung	AT+CMEE?	Zeigt die aktuelle Einstellung Beispiel: Befehl: AT+CMEE? Antwort: +CMEE: 2 ----------- OK
Abfrage des Wertebereichs	AT+CMEE=?	zeigt eine Liste der unterstützten Parameter für n Beispiel: Befehl: AT+CMEE=? Antwort: +CMEE: (0-2): ---------------- OK

AT&W ⇨ Aktuelle Parameter im Benutzerprofil abspeichern

TA/ME speichert die aktuellen Parameterwerte im Benutzerprofil x ab. Der Befehl lautet AT&Wx.

x: Nummer des Profils, in dem die Parameter zu speichern sind. Die Speicherung erfolgt in einem nichtflüchtigen Speicher. Der Bereich von x hängt vom GSM-Modem ab.

Beispiel:

Befehl: AT&W1 (Speicherung des Benutzerprofils im nichtflüchtigen Speicher unter der Nummer 1)

Antwort: OK oder ERROR wenn x nicht möglich ist.

ATZ ⇨ Alle aktuellen Parameter auf das Benutzerprofil einstellen

TA/ME stellt alle aktuellen Parameter gemäß dem Benutzerprofil ein. Der Befehl lautet ATZx.

x: Nummer des Profils, in dem die Parameter gespeichert sind. Der Bereich von x hängt vom GSM-Modem ab.

Hinweise:

1. Das Benutzerprofil ist im nichtflüchtigen Speicher abgelegt.

2. Ist das Benutzerprofil ungültig, werden die Werkseinstellungen geladen.

3. Weitere Befehle auf der gleichen Befehlszeile werden ignoriert.

Beispiel:

Befehl: ATZ1

Antwort: OK

AT&V ⇨ Aktuelle Konfiguration anzeigen

TA/ME gibt die aktuellen Parameterwerte aus:

Die Bedeutung der ausgegebenen Parameter ist von Modell zu Modell unterschiedlich.

Beispiel 1:

Befehl: AT&V   (Gerät: Siemens TC35 Terminal)

Antwort:

    ACTIVE PROFILE:

    E1 Q0 V1 X4 &C1 &D2 &S0 \Q0

    S0:000 S3:013 S4:010 S5:008 S6:000 S7:060 S8:000 S10:002 S18:000

    +CBST: 7,0,1

    +CRLP: 61,61,78,6

    +CR: 0

    +FCLASS: 0

    +CRC: 0

    +CMGF: 0

    +CNMI: 0,0,0,0,1

    +ILRR: 0

    +IPR: 19200

    +CMEE: 0

^SMGO: 0,0

+CSMS: 0,1,1,1

^SACM: 0,"0000C4","000320"

^SCKS: 0,1

+CREG: 0,1

+CLIP: 0,2

+CAOC: 0

+COPS: 0,0,"SWISS GSM"

OK

Beispiel 2:

Befehl: AT&V (Gerät: Fela NM-1i)

Antwort:

ACTIVE PROFILE:

&C1, &D2, +IFC:0,0, E1, Q0, V1, X0, S00:000, S02:043, S03:013, S04:010, S05:008, S07:060, +CBST:007, 000, 001, +CRLP:061, 061, 048, 006, +CR:000, +CRC:000

STORED PROFILE 0:

&C1, &D1, +IFC:2,2, E1, Q0, V1, X4, S00:000, S02:043, S03:013, S04:010, S05:008, S07:060, +CBST:007, 000, 001, +CRLP:061, 061, 048, 006, +CR:000, +CRC:000

STORED PROFILE 1:

&C1, &D1, +IFC:2,2, E1, Q0, V1, X4, S00:000, S02:043, S03:013, S04:010, S05:008, S07:060, +CBST:007, 000, 001, +CRLP:061, 061, 048, 006, +CR:000, +CRC:000

OK

AT+CSQ ⇨ Signalqualität ausgeben

TA/ME gibt die Stärke des Empfangssignals (rssi, received signal strength indicator) und Kanal-Bitfehlerrate (ber, bit error rate) aus.

Befehlsform	Syntax des Befehls	Erklärung und mögliche Antwort
Ausführungs-befehl	AT+CSQ	Antwort: +CSQ: rssi (received signal strength indicator), ber (bit error rate) Parameter Rssi: Empfangspegel: 0 → -113 dBm oder schwächer 1 → -111 dBm 2 ...30 → -109 ... -53 dBm 31 → -51 dBm oder stärker 99 → unbekannt ber Bitfehlerrate: 0...7 → entsprechend den RXQUAL-Werten in GSM 05.08 99 → unbekannt oder nicht detektierbar Beispiel: Befehl: AT+CSQ Antwort: +CSQ: 29,99 ------------------- OK
Abfrage des Wertebereichs	AT+CSQ=?	Gibt folgende Antwort: +CSQ (Liste der unterstützten Empfangspegel rssi), (Liste der unterstützten Bitfehlerraten ber) Beispiel: Befehl: AT+CSQ=? Antwort: +CSQ: (0-31,99),(0-7,99) ------------ OK

9.3.3 Schnittstellenkonfigurationsbefehle (aus GSM 07.07 oder ITU-T V.25ter)

AT&C ⇨ **Funktionsart der Steuerleitung DCD einstellen**

Dieser Parameter legt fest, wie der Zustand der Steuerleitung DCD (siehe 8.2.2) mit der Erkennung des Empfangsleitungssignals von der Gegenstelle verknüpft ist.

AT&C0 → DCD-Leitung ist immer auf ON gesetzt.

AT&C1 → DCD wird nur auf ON gesetzt, wenn Datenträger vorhanden ist.

Beispiel:

Befehl: AT&C1

Antwort: OK

AT&D ⇨ Funktionsart der Steuerleitung DTR einstellen

Dieser Parameter legt fest, wie der TA/ME reagiert, wenn die Leitung DTR im Datenmodus vom Zustand ON in den Zustand OFF umschaltet.

AT&D0 → TA/ME ignoriert den Zustand von DTR.

AT&D1 → Bei der Umschaltung von ON zu OFF schaltet TA/ME in den Befehlsmodus um.

AT&D2 → Bei der Umschaltung von ON zu OFF baut der TA/ME die Verbindung ab.

Beispiel:

Befehl: AT&D0

Antwort: OK

AT&S ⇨ Funktionsart der Steuerleitung DSR einstellen

Dieser Parameter legt fest, wie der TA die Steuerleitung 107 (DSR), je nach dem Kommunikationszustand des mit dem TA verbundenen TE, setzt.

AT&S0 → DSR ist immer gesetzt (ON).

AT&S1 → TA/ME ist im Befehlsmodus → DSR ist OFF

AT&S1 → TA/ME ist im Datenmodus → DSR ist ON

Beispiel:

Befehl: AT&S1

Antwort: OK

AT+IPR ⇨ Feste lokale Übertragungsrate einstellen

Dieser Parameter legt die Datenübertragungsgeschwindigkeit des TA/ME auf der seriellen Schnittstelle fest.

Befehls-form	Syntax des Befehls	Erklärung und mögliche Antwort
Ausführungsbefehl	AT+IPR=rate	Rate fixiert die Datenübertragungsgeschwindigkeit des TA/ME auf der seriellen Schnittstelle (Baudrate). Werte: 0 → automatische Baudratenerkennung (Autobauding) 19200 → Baudrate (hier 19200). Es können nur Normwerte stehen wie z.B. 9600, 14400, 19200, etc. Beispiel: Befehl: AT+IPR=19200 Antwort: OK
Abfrage der Einstellung	AT+IPR?	Zeigt die eingestellte Baudrate an Beispiel: Befehl: AT+IPR? Antwort: +IPR: 19200 ----------------- OK
Abfrage des Wertebereichs	AT+IPR=?	Antwort: +IRP:(rate1),(rate2) rate1 ➤ Liste der unterstützten automatisch erkennbaren Raten rate2 → Liste der unterstützten festen Raten Beispiel: Befehl: AT+IPR=? Antwort: +IPR: (1200,2400,4800,9600,19200,38400,57600, 115200),(0,300,600,1200,2400,4800,9600,14400,1920 0,28800, 38400, 57600,115200) -------------------------- OK

AT+CSCS ⇨ TE-Zeichensatz auswählen

Standardmäßig ist das GSM-Alphabet im Modem implementiert (AT+CSCS="GSM"). Mit diesem Befehl können weitere Alphabete ausgewählt werden.

Befehlsform	Syntax des Befehls	Erklärung und mögliche Antwort
Ausführungsbefehl	AT+CSCS=alpha	alpha legt fest welches Alphabet verwendet werden soll: Beispiel. Befehl: AT+CSCS="GSM" Antwort: OK

Befehlsform	Syntax des Befehls	Erklärung und mögliche Antwort
Abfrage der Einstellung	AT+CSCS?	Zeigt das aktive Alphabet an Beispiel: Befehl: AT+CSCS? Antwort: +CSCS: "GSM" ---------------- OK
Abfrage des Wertebereichs	AT+CSCS=?	Antwort: Zeigt die im Modem implementierten Alphabete an Beispiel: Befehl: AT+CSCS=? Antwort: +CSCS: ("GSM","UCS2") --------------------- OK

9.3.4 Gerätestatusbefehle (aus GSM 07.07 oder ITU-T V.25ter)

ATI ⇨ Produktdaten ausgeben

Das GSM-Modem gibt einen Informationstext zum Produkt aus:

Beispiel:

Befehl: ATI

Antwort:

NM-1i

GSM Data Module

CE0682

Revision: 1.00

Fela

Switzerland

OK

AT+CGMI bzw. AT+GMI ⇨ Herstellerdaten abfragen

Das GSM-Modem gibt einen Text mit Angabe des Herstellers aus.

Beispiel:

Befehl: AT+CGMI

Antwort: Nokia Mobile Phones ------------- OK

AT+CGMM bzw. AT+GMM ⇨ Modellkenndaten abfragen

Das GSM-Modem gibt einen Text mit Angabe des spezifischen Produktmodells aus.

Beispiel:

Befehl: AT+CGMM

Antwort: Nokia Card Phone RPM-1 GSM900/1800 ------------- OK

AT+CGMR bzw. AT+GMR ⇨ SW-Version abfragen

Das GSM-Modem gibt einen Text mit Angabe der Softwareversion aus.

Beispiel:

Befehl: AT+CGMR

Antwort: SW5.11 ------------- OK

AT+CGSN ⇨ IMEI des Produkts abfragen

Das GSM-Modem gibt einen Text aus, durch den das vorliegende ME eindeutig identifiziert wird (IMEI, International Mobile Equipment Identity).

Beispiel:

Befehl: AT+CGSN

Antwort: 350347210000109 ------------- OK

AT+CBC ⇨ Batterieladung abfragen

TA/ME gibt die aktuelle Energiequelle und den Batterieladezustand an

Energiequelle:

0 → ME wird durch eine Batterie bzw. einen Akkumulator gespeist.

1 → ME ist an Batterie angeschlossen, wird aber nicht dadurch gespeist.

Batterieladezustand (0... 100)

0 → Batterie ist leer.

100 → Batterie verfügt noch über volle Kapazität.

Beispiel:

Befehl: AT+CBC

Antwort: +CBC: 0,57 ------------- OK

(Modem wird von einer Batterie gespeist und der Ladezustand beträgt 57%)

9.3.5 SIM-Chipkartenbefehle (aus GSM 07.07)

AT+CPBS ⇨ **Telefonbuchspeicher auswählen und verändern**

Der aktuelle Telefonbuchspeicher wird ausgewählt. Dieser Telefonbuchspeicher wird von verschiedenen Befehlen verwendet.

Befehls-form	Syntax des Befehls	Erklärung und mögliche Antwort
Ausfüh-rungsbefehl	AT+CPBS=x	x ist einer der unten angegebenen Telefonbuchspeicher, der als neu zu benutzender Telefonbuchspeicher ausge-wählt wird. "DC" → Liste der gewählten Rufnummern (Dialled Calls) "EN" → Liste Notnummern (Emergency Number) "FD" → feste Rufnummer im SIM-Telefonbuch (Fixed Dialling) "LD" → SIM-Wahlwiederholspeicher (Last Dialling) "MC" → Liste der abgewiesenen Rufnummern (Missed Calls) "ME" → Rufnummernspeicher im Modem (ME) "MT" → Kombination aus "ME" und "SM" "ON" → Liste der eigenen Rufnummern (Own Number) "RC" → Liste der angenommenen Rufnummern (Received Calls) "SM" → SIM -Telefonbuch "TA" → Rufnummernspeicher im TA Beispiel: Befehl: AT+CPBS="SM" Antwort: OK

Befehls-form	Syntax des Befehls	Erklärung und mögliche Antwort
Abfrage der Einstellung	AT+CPBS?	Fragt den aktuellen Zustand ab. +CPBS: "x",y,z x ist der ausgewählte Telefonbuchspeicher, y die Anzahl der benutzten Einträge und z die Gesamtanzahl der Speicherplätze im ausgewählten Speicher. Beispiel: Befehl: AT+CPBS? Antwort: +CPBS: "SM",2,150 ------------- OK
Abfrage des Wertebe-reichs	AT+CPBS=?	Abfrage der möglichen Telefonbuchspeicher. Beispiel: Befehl: AT+CPBS=? Antwort: +CPBS: ("SM","LD","FD") ------------- OK

AT+CPBW ⇨ **Telefonbucheinträge schreiben und löschen**

Schreibt oder löscht einen Telefonbucheintrag im gewählten Telefonbuchspeicher und gibt die möglichen Parameter und damit auch die Konfiguration des gewählten Telefonbuchs aus.

Befehls-form	Syntax des Befehls	Erklärung und mögliche Antwort
Ausfüh-rungsbefehl	AT+CPBW =u,"x",y,"z"	**Schreibt** einen Telefonbucheintrag im unten angegebe-nen Format u → Speicherplatznummer x → Rufnummer (in Hochkommas eingebettet) y → Art der Rufnummer; 145, wenn sie das internatio-nale Zugangskennzeichen "+" enthält, andernfalls 129. z → Text zur Rufnummer (in Hochkommas eingebettet) Beispiel: Befehl: AT+CPBW=11,"+41799241367",145,"Meier P." Antwort: OK Zum **löschen** eines Eintrages werden x, y und z ausgelas-sen Beispiel: (löschen der Speicherplatznummer 11) Befehl: AT+CPBW=11 Antwort: OK

Befehls-form	Syntax des Befehls	Erklärung und mögliche Antwort
Abfrage des Wertebe-reichs	AT+CPBW =?	Gibt die möglichen Parameter und damit auch die Konfiguration des gewählten Telefonbuchs aus: +CPBW: (u_Bereich),x_max,(y_Bereich),z_max u_Bereich → Mögliche Speicherplätze x_max → Maximale Länge der Rufnummer y_Bereich → Bereich der zulässigen Rufnummerart z_max → Maximale Länge des Textes Beispiel: Befehl: AT+CPBW=? Antwort: +CPBW: (1-150),20,(128-255),16 ------------- OK

AT+CPBR ⇨ Aktuelle Telefonbucheinträge lesen

Gibt den gewünschten gespeicherten Telefonbucheintrag mit der Nummer u aus und gibt die möglichen Parameter und damit auch die Konfiguration des gewählten Telefonbuchs aus.

Befehls-form	Syntax des Befehls	Erklärung und mögliche Antwort
Ausfüh-rungsbefehl	AT+CPBR =u AT+CPBR =u1,u2	gibt den Telefonbucheintrag aus dem Speicherplatz u oder von u1 bis u2 aus. +CPBR: u,"x",y,"z" u → Speicherplatznummer x → Rufnummer (in Hochkommas eingebettet) y → Art der Rufnummer; 145, wenn sie das internationale Zugangskennzeichen "+" enthält, andernfalls 129. z → Text zur Rufnummer (in Hochkommas eingebettet) Beispiel 1: Befehl: AT+CPBR=1 Antwort: +CPBR: 1,"0800556464",129,"Hotline CH" ---------- OK Beispiel 2: Befehl: AT+CPBR=1,150 Antwort:+CPBR: 1,"0800556464",129,"Hotline CH" +CPBR: 2,"+41622861212",145,"Hotline INT" +CPBR: 11,"+41799241367",145,"Meier P." OK

Befehls-form	Syntax des Befehls	Erklärung und mögliche Antwort
Abfrage des Wertebe-reichs	AT+CPBR =?	Gibt die möglichen Parameter und damit auch die Konfiguration des gewählten Telefonbuchs aus: +CPBR: (u_Bereich),x_max, z_max u_Bereich → Mögliche Speicherplätze x_max → Maximale Länge der Rufnummer z_max → Maximale Länge des Textes Beispiel: Befehl: AT+CPBR=? Antwort: +CPBR: (1-150),20,16 ------------- OK

9.3.6 SMS-Befehle (aus GSM 07.05)

AT+CPMS ⇨ **SMS-Speicher auswählen**

Die Speicher für verschiedene Leseoperationen, Schreiboperationen etc. werden ausgewählt. Drei Speicherfunktionen können definiert werden:

1. Speicher, aus dem Nachrichten gelesen und gelöscht werden (mem1)

2. Speicher in dem Nachrichten geschrieben und gesendet werden(mem2).

3. Speicher in den empfangene Nachrichten abgelegt werden (mem3), wenn keine Umleitung zum Host gesetzt ist (siehe Befehl AT+CNMI).

Befehls-form	Syntax des Befehls	Erklärung und mögliche Antwort
Ausfüh-rungsbefehl	AT+CPMS=m em1,mem2,me m3	TA/ME wählt die Speicher mem1, mem2, mem3 aus, die für Leseoperationen, Schreiboperationen etc. verwendet werden. Als Antwort wird die aktuelle Anzahl a der Nachrichten im Speicher memx und die Anzahl b der speicherbaren Nachrichten im Speicher memx zurückgegeben (Siehe wegen Benennung der Speicher). Beispiel: Befehl: AT+CPMS="SM","SM","SM" Antwort: +CPMS: 2,10,2,10,2,10 --------------- OK

| Abfrage der Einstellung | AT+CPMS? | TA/ME gibt das aktuell ausgewählte Telefonbuch aus in der Form: mem,a,b
Beispiel.
Befehl: AT+CPMS?
Antwort: +CPMS: "SM",2,10,"SM",2,10,"SM",2,10 --------- OK |
| Abfrage des Wertebe-reichs | AT+CPMS=? | Abfrage der Liste der unterstützten Rufnummernspeicher
Beispiel:
Befehl: AT+CPMS=?
Antwort: +CPMS:
("ME","SM"),("ME","SM"),("SM") -------- OK |

AT+CSMS ⇨ Short Message Service auswählen

Dieser Befehl fragt die unterstützten Dienste ab (Mobile Terminated, Mobile Originated und Broadcast) und gemäß welcher Befehlssyntax die Eingabe der Befehle erfolgen muss (gemäß GSM 07.07 Phase 2 oder Phase 2+).

Befehls-form	Syntax des Befehls	Erklärung und mögliche Antwort
Ausfüh-rungsbefehl	AT+CSMS=syn	Dieser Befehl legt fest, gemäß welcher Syntax die Eingabe der Befehle erfolgen muss: 0 → gemäß GSM 07.05 Phase 2 1 → gemäß GSM 07.05 Phase 2+ Als Antwort werden drei Parameter zurückgegeben: +CSMS: mt,mo,bm (Mobile Terminated, Mobile Originated und Broadcast). Mögliche Werte sind 0 und 1: 0 → Dienst wird nicht unterstützt 1 → Dienst wird unterstützt Beispiel: Befehl: AT+CSMS=0 Antwort: +CSMS: 1,1,1 --------------- OK
Abfrage der Einstellung	AT+CSMS?	Die aktuelle unterstützte Syntax und Dienste werden ausgegeben. +CSMS: syn,mt,mo,bm Beispiel: Befehl: AT+CSMS? Antwort: +CSMS: 0,1,1,1 --------- OK

Befehls-form	Syntax des Befehls	Erklärung und mögliche Antwort
Abfrage des Wertebe-reichs	AT+CSMS=?	Abfrage der Liste der unterstützten Syntaxen Beispiel: Befehl: AT+CSMS=? Antwort: +CSMS: (0,1) -------- OK

AT+CMGF ⇨ SMS-Format auswählen

Zwei unterschiedliche Verfahren werden verwendet, um Kurznachrichten zu senden bzw. zu empfangen: Textmodus und PDU-Modus (siehe 7.3.5). Dieser Befehl setzt den gewünschten Modus und fragt die implementierten Möglichkeiten ab.

Befehls-form	Syntax des Befehls	Erklärung und mögliche Antwort
Ausführungsbefehl	AT+CMGF=mod	Dieser Befehl legt fest, welcher Modus gelten soll: 0 → PDU-Modus 1 → Text-Modus Beispiel Befehl: AT+CMGF=1 Antwort: OK
Abfrage der Einstellung	AT+CMGF?	Der eingestellte Modus wird ausgegeben. Beispiel Befehl: AT+CMGF? Antwort: +CMGF: 0 --------- OK
Abfrage des Wertebe-reichs	AT+CMGF=?	Abfrage der Liste der unterstützten Modi Beispiel Befehl: AT+CMGF=? Antwort: +CMGF: (0,1) ------------ OK

AT+CSCA ⇨ Adresse des SMS-Service Centre

Mit diesem Befehl wird die SMS-SC-Adresse (SCA) eingegeben bzw. aktualisiert. Die Kurzmitteilungszentrale speichert und übermittelt die von der Mobilstation abgehenden Kurznachrichten.

Befehls-form	Syntax des Befehls	Erklärung und mögliche Antwort
Ausführungsbefehl	AT+CSCA=sca, tosca	Die Nummer der Kurzmitteilungszentrale wird eingegeben. sca → Nummer (in Hochkomma) tosca → Typ der Nummer (national oder international) 129_D bzw. 81_H bei nationaler Nummerdarstellung (079 ....) 145_D bzw. 91_H bei internationaler Nummerdarstellung (+4179 ....) Beispiel: Befehl: AT+CSCA="+41794999000", 145 Antwort: OK
Abfrage der Einstellung	AT+CSCA?	Die aktuelle Nummer wird ausgegeben. Beispiel: Befehl: AT+CSCA? Antwort: +CSCA: "+41794999000",145 --------- OK

AT+CMGL ⇨ SMS aus ausgewähltem Speicher auflisten

Sämtliche gespeicherten Kurznachrichten können mit diesem Befehl aufgelistet werden. Es können entweder einzelne Typen von Kurznachrichten wie:

- empfangene ungelesene Nachrichten

- empfangene gelesene Nachrichten

- gespeicherte ungesendete Nachrichten

- gespeicherte gesendete Nachrichten

oder alle Nachrichten aufgelistet werden.

Die Nachricht wird je nach eingestelltem SMS-Format (Text- oder PDU-Modus, siehe AT+CMGF) im Klartext oder als PDU angezeigt.

Beispiele:

Befehl: AT+CMGL   (eingestelltes SMS-Format: Textmodus)

Antwort:

    +CMGL: 1,"REC READ","+41791234567",,"01/12/15,11:40:23+00"

    test

Befehl: AT+CMGL   (eingestelltes SMS-Format: PDU-Modus)

Antwort:

+CMGL: 1,1,,23

07911497949900F0240B911497921436F20000102151110432 0004F4F29 C0E

Befehls-form	Syntax des Befehls	Erklärung und mögliche Antwort
Ausführungsbefehl	AT+CMGL =typ	Mit typ wird festgelegt welcher Typ von Kurznachrichten ausgelesen werden soll. Die Eingabe ist abhängig vom eingestellten Modus (PDU-oder Textmodus). Bedeutung von typ:

PDU-Modus   Textmodus   Bedeutung

0   "REC UNREAD"   empfangene ungelesene Nachrichten

1   "REC READ"   empfangene gelesene Nachrichten

2   "STO UNSENT"   gespeicherte ungesendete Nachrichten

3   "STO SENT"   gespeicherte gesendete Nachrichten

4   "ALL"   alle Nachrichten

Als Antwort werden die ausgewählten Kurznachrichten in folgender Form ausgegeben: Speicherplatz, Typ, Nummer des Senders bzw. Empfängers, Datum, Zeit, Inhalt der Nachricht.

Hat eine Nachricht den Typ 'empfangen ungelesen', so ändert sich ihr Typ im Nachrichtenspeicher in 'empfangen gelesen'.

Beispiele:

Befehl: AT+CMGL="ALL"   (Modem ist im Textmodus)

Antwort:

+CMGL: 1,"REC READ","+41791234567",, "01/12/ 15,11:40:23+00" test

+CMGL: 2,"REC READ","+41791234567",, "01/12/ 15,11:41:35+00" test ------------------ OK

Befehls-form	Syntax des Befehls	Erklärung und mögliche Antwort
Ausfüh-rungsbefehl	AT+CMGL =typ	Befehl: AT+CMGL=4 (Modem ist im PDU-Modus) Antwort: +CMGL: 1,1,,23 07911497949900F0240B911497921436F20000102151 1104320004F4F29C0E +CMGL: 2,1,,23 07911497949900F0240B911497921436F20000102151 1114530004F4F29C0E -----------------------.OK
Abfrage des Wertebe-reichs	AT+CMGL =?	Zeigt an, welche Typen von Kurznachrichten ausgelesen werden können. Die Form der Antwort ist vom einge-stellten Modus abhängig. Beispiel: Befehl: AT+CMGL=? (Modem ist im PDU-Modus) Antwort: +CMGL: (0-4)) ------------ OK Befehl: AT+CMGL=? (Modem ist im Textmodus) Antwort: +CMGL: ("REC UNREAD","REC READ","STO UNSENT","STO SENT","ALL")

AT+CMGR ⇨ Einzelne SMS lesen

Das GSM-Modem gibt die Kurznachricht welche am Speicherplatz n des Nach-richtenspeichers mem (siehe Befehl AT+CPMS) gespeichert ist, aus. Hatte die Nachricht den Typ 'empfangen ungelesen', so ändert sich ihr Typ im Nachrich-tenspeicher in 'empfangen gelesen'.

Da die Syntax und die Bedeutung des Befehls gleich ist wie beim Befehl AT+CMGL, wird zum Verständnis auf diesen Befehl hingewiesen.

Befehls-form	Syntax des Befehls	Erklärung und mögliche Antwort
Ausfüh-rungsbefehl	AT+CMGR=n	Mit n wird festgelegt, welcher Speicherplatz ausgege-ben wird. Die Ausgabe ist abhängig vom eingestellten Modus (PDU-oder Textmodus) Als Antworten werden die gleichen Angaben heraus-gegeben wie beim Befehl AT+CMGL: Speicherplatz, Typ, Nummer des Sender bzw. Empfängers, Datum, Zeit, Inhalt der Nachricht. Hat eine Nachricht den Typ 'empfangen ungelesen', so ändert sich ihr Typ im Nachrichtenspeicher in 'emp-fangen gelesen'.

Befehls-form	Syntax des Befehls	Erklärung und mögliche Antwort
Ausfüh-rungsbefehl	AT+CMGR=n	Beispiele: Befehl: AT+CMGR=1 (Modem ist im Textmodus) Antwort: +CMGR: "REC READ","+41791234567",, "01/12/ 15,11:40:23+00" test ------------------- OK Befehl: AT+CMGR=1 (Modem ist im PDU-Modus) Antwort: +CMGR: 1,,23 07911497949900F0240B911497921436F200001021 511104320004F4F29C0E ---------------------- OK

AT+CMGW ⇨ SMS in SMS-Speicher schreiben

Kurznachrichten können im ausgewählten Speicher gespeichert werden bevor sie abgeschickt werden. Aus diesem Speicher können sie dann später gesendet werden. Wiederum ist zwischen Text- und PDU-Modus zu unterscheiden.

Wichtig:

Bevor eine Nachricht im Speicher eingegeben wird muss sichergestellt werden, dass noch freie Speicherplätze zur Verfügung stehen (oft ist die Anzahl der Speicherplätze auf 10 limitiert).

Die Empfängeradresse kann entweder im nationalen (Typ 129) oder im internationalen Format (Typ 145) stehen.

Textmodus (AT+CMGF=1)

Befehl:

   AT+CMGW=Adresse,Adressen-Typ<CR>   (Abschluss mit <CR>)

   Kurznachrichtentext <Ctrl>+<Z>   (Abschluss mit Ctrl und Z)

Antwort:

   +CMGW: n   (n ist der zugewiesene Speicherplatz)

Beispiel:

Befehl:

   AT+CMGW="+41797468278",145 <CR>

   > Testversuch <Ctrl> + <Z>

Antwort:

+CMGW: 9   (die Kurznachricht wurde dem Speicherplatz 9 zugewiesen)

OK

PDU-Modus (AT+CMGF=0), siehe auch 7.3.5

Befehl:

AT+CMGW=Länge<CR>   (Abschluss mit <CR>)

TPDU<Ctrl>+<Z>   (Abschluss mit Ctrl und Z)

Antwort:

+CMGW: n   (n ist der zugewiesene Speicherplatz)

Beispiel:

Befehl:

AT+CMGW=18 <CR>

>07911497949900F035000B911497478672F800000F04F4F29C0E<Ctrl>
+<Z>

Antwort:

+CMGW: 2   (die Kurznachricht wurde dem Speicherplatz 2 zugewiesen)

OK

AT+CMGD ➪ **SMS löschen**

Ist der Kurznachrichtenspeicher voll oder müssen einzelne Nachrichten gelöscht werden, kann dies mit diesem Befehl erfolgen. Der vollständige Inhalt des Speichers kann mit AT+CMGL gelesen werden. Der Befehl funktioniert im Text- und PDU-Modus.

Befehl:

AT+CMGD=n   (n ist der Speicherplatz der gelöscht werden soll)

Beispiel:

Befehl: AT+CMGD=2   (Nachricht auf Speicherplatz 2 wird gelöscht)

Antwort: OK

AT+CMGS ⇨ **SMS direkt senden**

Kurznachrichten werden mit diesem Befehl direkt versendet. Die Adresse der Kurzmitteilungszentrale muss entweder vorgängig eingegeben werden (z.B. im Textmodus mit AT+CSCA) oder muss in die PDU gepackt sein.

Die Empfängeradresse kann entweder im nationalen (Typ 129) oder im internationalen Format (Typ 145) stehen.

Textmodus (AT+CMGF=1)

Befehl:

  AT+CMGS=Adresse,Adressentyp<CR>   (Abschluss mit <CR>)

  Kurznachrichtentext <Ctrl>+<Z>   (Abschluss mit Ctrl und Z)

Antwort:

  +CMGS: m (m ist eine Laufnummer, die aktuelle MR(Message Reference))

Beispiel:

Befehl:

  AT+CMGS="+41797468278",145 <CR>

  > Testversuch <Ctrl> + <Z>

Antwort:

  +CMGS: 29   (dies ist die Kurznachricht mit der Nummer 29)

  OK

PDU-Modus (AT+CMGF=0), bezgl. Aufbau einer TPDU und Definitionen

Befehl:

  AT+CMGS=Länge der TPDU <CR>   (Abschluss mit <CR>)

  TPDU<Ctrl>+<Z>   (Abschluss mit Ctrl und Z)

Antwort:

  +CMGS: m (m ist eine Laufnummer, die aktuelle MR (Message Reference))

Beispiel:

Befehl:

  AT+CMGS=18 <CR>

>07911497949900F035000B911497478672F800000F04F4F29C0E<Ctrl> +<Z>

Antwort:

+CMGS: 30   (dies ist die Kurznachricht mit der Nummer 30)

OK

AT+CMSS ⇨ SMS aus dem SMS-Speicher senden

Kurznachrichten welche z. B. mit dem Befehl AT+CMGW im Speicher geschrieben wurden, können mit dem Befehl AT+CMSS gesendet werden. Die Adresse der Kurzmitteilungszentrale muss entweder vorgängig eingegeben werden (z.B. im Textmodus) oder muss in der PDU vorhanden sein.

Die Empfängeradresse kann entweder im (Typ 129) oder im internationalen Format (Typ 145) stehen.

Befehl:

AT+CMSS=n,Adresse, Adressentyp(n=Speicherplatz der Kurznachricht)

Wird keine Adresse angegeben, dann wird die mit der Kurznachricht gespeicherte Adresse verwendet

Beispiel 1: (Im Textmodus wird die Kurznachricht vom Speicher 2 an diejenige Adresse gesendet, welche beim Speichern der Kurznachricht (AT+CMGW) mit eingegeben wurde)

Befehl:

AT+CMSS=2

Antwort:

+CMSS: 31

OK

Beispiel 2: (Im Textmodus wird die in Speicherplatz 2 gespeicherte Kurznachricht an Nummer +41791234567 gesendet)

Befehl:

AT+CMSS=2,"+41791234567",145

Antwort:

+CMSS: 32

OK

Beispiel 3: (Im PDU-Modus wird die in Speicherplatz 3 gespeicherte Kurz-nachricht an Nummer +41791234567 gesendet).

Befehl:

AT+CMSS=3,"+41791234567",145

Antwort:

+CMSS: 33

OK

Beispiel 4: (Im PDU-Modus wird die in Speicherplatz 3 gespeicherte Kurz-nachricht an diejenige Nummer, welche in der PDU gespeichert ist, gesendet)

Befehl:

AT+CMSS=3

Antwort:

+CMSS: 34

OK

AT+CNMI ⇨ **Anzeige neu eingegangener SMS**

Mit diesem Befehl wird die Anzeige neuer angekommener Kurznachrichten konfiguriert. Z. B. können neue Nachrichten direkt in das GSM-Modem (MT) gespeichert oder an das TE (Host) weitergegeben werden.

Befehls-form	Syntax des Befehls	Erklärung und mögliche Antwort
Ausfüh-rungsbefehl	AT+CNMI= mode,mt,bm ,ds,bfr	**mode:** gibt an, wie unverlangt eintreffende Benachrich-tigungen über Nachrichtenereignisse behandelt werden sollen: 0 → immer im MT puffern 1 → zum TE senden, wenn die MT-TE-Verbindung frei ist, andernfalls verwerfen

Befehls-form	Syntax des Befehls	Erklärung und mögliche Antwort
Ausfüh-rungsbefehl	AT+CNMI= mode,mt,bm ,ds,bfr	2 → im MT puffern, wenn die MT-TE-Verbindung gerade benutzt wird, nach Freiwerden der Verbindung zum TE senden 3 → immer zum TE senden **mt:** gibt an, wie beim Empfang von Kurznachrichten verfahren werden soll. Hierbei ist zu beachten, dass das SM-Handling wesentlich von der verwendeten Kodierung abhängt. Die Einstellungen 2 und 3 für die Speicherung eingegangener SMS-Nachrichten sind nur möglich, wenn die Phase 2+-Kompatibilität durch AT+CMS=1 aktiviert worden ist. Die Konfiguration selbst kann durch eintreffende Nachrichten verändert werden (siehe Befehl AT+CNMA, Abschnitt) 0 → versuchen, die Nachricht zu speichern, aber keine Empfangshinweise erzeugen 1 → versuchen, die Nachricht zu speichern und Empfangshinweise bei erfolgreicher Speicherung zu erzeugen 2 → alle 'Class 2'-Nachrichten werden wie bei 1 behandelt, alle anderen Nachrichten werden direkt zum TE geschickt 3 → alle 'Class 3'-Nachrichten werden direkt zum TE geschickt, alle anderen werden wie bei 1 behandelt **bm:** gibt an, wie bei eintreffenden Cell-Broadcast-Nachrichten (CBM) reagiert werden soll: 0 → keine Empfangshinweise erzeugen 1 → versuchen, die CBM zu speichern, Empfangshinweise bei erfolgreicher Speicherung erzeugen 2 → neue Nachrichten werden direkt zum TE geschickt 3 → neue 'Class 3'-Nachrichten werden direkt zum TE geschickt, alle anderen Nachrichten werden wie bei 1 behandelt. **ds:** gibt an, was mit eintreffenden SMS-Statusnachrichten geschehen soll: 0 → es werden keine Statusnachrichten zum TE geschickt 1 → SMS-Statusnachrichten werden zum TE geschickt 2 → SMS-Statusnachrichten werden im MT gespeichert, im Erfolgsfall wird eine Nachricht zum TE geschickt

Befehls-form	Syntax des Befehls	Erklärung und mögliche Antwort
Ausführungsbefehl	AT+CNMI= mode,mt,bm ,ds,bfr	**bfr**: gibt an, was mit den im MT gepufferten Nachrichten geschehen soll, wenn mode auf 1,2 oder 3 gesetzt wird: 0 → alle Nachrichten im Puffer zum TE senden 1 → den Puffer löschen Beispiel: Befehl: AT+CNMI=2,2,0,1,1 Antwort: OK
Abfrage der Einstellung	AT+CNMI?	Die eingestellte Konfiguration wird ausgegeben. Beispiel: Befehl: AT+CNMI? Antwort: +CNMI: 0,0,0,0,1 -------------- OK
Abfrage des Wertebereichs	AT+CNMI= ?	Abfrage der Liste der unterstützten Konfigurationen Beispiel: Befehl: AT+CNMI=? Antwort: +CNMI: (0-3),(0-3),(0,2,3),(0-2),(1) ------------ OK

AT+CNMA ⇨ **Quittierung neuer Nachrichten an ME/TA**

Mit diesem Befehl wird der erfolgreiche Empfang einer neuen Nachricht (SMS-DELIVER), welche direkt an das TE weitergeleitet wurde, bestätigt. Falls das GSM-Modem keine Bestätigung des erfolgten Empfangs innerhalb einer gewissen Zeit erhält (in der Regel 1 Sekunde), schaltet das GSM-Modem selbständig die Parameter von AT+CNMI wieder um. Dies erfolgt aus Sicherheitsgründen. Denn sollte der Host eine Kurznachricht welche nur weitergeleitet wurde, nicht sofort annehmen, könnte sie verloren gehen.

Wichtig: Das Kommando darf nur dann verwendet werden, falls die Phase 2+ Kompatibilität durch AT+CSMS=1 aktiviert ist.

Befehl: AT+CNMA

Beispiel: Wurde der Empfang einer Kurznachricht nicht bestätigt, ändern sich die Parameter von AT+CNMI nach dem Empfang. Dies soll folgende Sequenz veranschaulichen:

Initialisierung:

AT&D1

AT+CSMS=1

+CSMS: 1,1,1

AT+CMGF=1

AT+CNMI=2,2,0,1,1

OK

AT+CNMI?

+CNMI: 2,2,0,1,1

Kontrolle:

AT+CNMI?

+CNMI: 2,2,0,1,1

Empfang einer Kurznachricht

+CMT: "+41792941632",,"01/12/23,15:46:14+00"

Test Sonntag 23.12.2001

Reaktion: ohne und mit Bestätigung durch AT+CNMA

ohne Bestätigung	mit Bestätigung
	Befehl: AT+CNMA
	Antwort: OK
Befehl: AT+CNMI?	Befehl: AT+CNMI?
Antwort: +CNMI:2,0,0,0,1	Antwort: +CNMI=2,2,0,1,1

Feststellung: wird der Empfang der Kurznachricht nicht bestätigt, ändern sich die CNMI-Parameter <mt> und <ds>.

AT+CSMP ⇨ **SMS-Textmodusparameter setzen**

Mit diesem Befehl (nur gültig im Textmodus, AT+CMGF=1) werden Werte für zusätzliche Parameter ausgewählt, die benötigt werden, wenn Kurznachrichten gesendet oder in einem Speicher abgelegt werden. Es ist möglich, die Gültigkeitsdauer ab dem Empfang der Kurznachricht durch das SMS-SC einzustellen. Alle benötigten Parameter FO, VP, PID und DCS wurden schon eingehend im Abschnitt 7.3.5, Beschreibung der TPDU Parameter, besprochen.

Befehls-form	Syntax des Befehls	Erklärung und mögliche Antwort
Ausfüh-rungsbefehl	AT+CSMP=FO,VP,PID,DCS	Erklärung der Parameter: **FO (First Octet):** je nach Befehl oder Ergebniscode: erstes Oktett von SMS-DELIVER, SMS-SUBMIT (Standardwert 17_D). **VP (Validity Period):** abhängig vom FO-Wert für SMS-SUBMIT: muss als ganze Zahl eingegeben weden (Standardwert 167_D). **PID (Protocol-Identifier):** in ganzzahligem Format (Standardwert 0) **DCS (Data Coding Scheme):** (Standardwert 0), oder Cell Broadcast Data Coding Scheme in ganzzahligem Format je nach Befehl oder Ergebniscode Beispiel: Befehl: AT+CSMP=17,167,0,0 Antwort: OK
Abfrage der Einstellung	AT+CSMP?	Die eingestellte Konfiguration wird ausgegeben. Beispiel: Befehl: AT+CSMP? Antwort: +CSMP: 17,167,0,0 -------------- OK
Abfrage des Wertebe-reichs	AT+CSMP=?	Antwort: OK

9.4 Kurznachrichten schreiben

Kurznachrichten können auf viele verschiedene Arten entstehen. Dieser Abschnitt will eine Übersicht über die verschiedenen Methoden geben. Folgende Eigenschaften beeinflussen die Form einer Kurznachricht:

* Textmodus oder PDU-Modus?

* Wird die Kurznachricht direkt oder aus einem Speicher versendet?

* Ist im PDU-Modus die Nummer der Kurzmitteilungszentrale in der Nachricht implementiert oder muss sie separat definiert werden?

* Bei gespeicherten Nachrichten kann die Empfängeradresse beim Versenden neu eingegeben werden.

Die nachfolgende Übersicht (*Abb. 67*) soll das Auswählen des richtigen Verfahrens erleichtern.

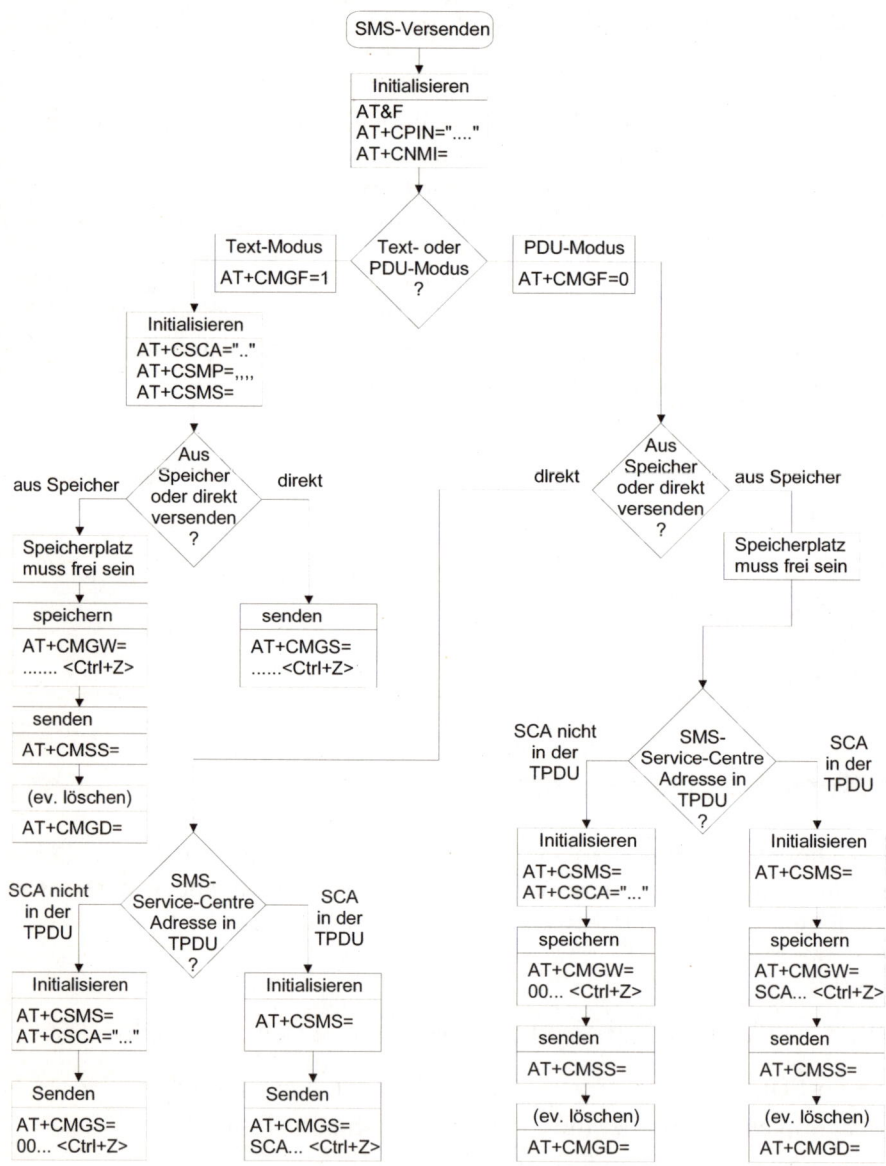

Abb. 67: Übersicht zum Versenden von Kurznachrichten

10 Anleitung und Beispiele zur Ansteuerung von GSM-Modems

Möchten **Sie** . . .

* wissen, was Terminalprogramme sind?

* verstehen, wie GSM-Modems über Terminalprogramme angesteuert werden?

* wissen, welche Terminalprogramme für SMS-Telemetrie geeignet sind?

* wissen, wie Abläufe mittels Skripten automatisiert werden?

* wissen, wie ein Skript programmiert wird?

. . . dann sollten Sie **dieses Kapitel** lesen!

10.1 Einleitung zu Terminalprogrammen

Ein Terminal, z. B. ein Mikrokontroller, ein Mikroprozessor oder ein Host-Computer steuert das GSM-Modem mittels AT-Befehlen an und erhält Antworten zurück. Bevor die Ansteuerungs-Software zur Befehlsausgabe und Auswertung der Antworten erstellt wird ist es sinnvoll, während der Entwicklungsphase die Funktionen des GSM-Modems mittels sogenannten Terminalprogrammen zu entwerfen und zu testen. In diesem Abschnitt werden zwei verschiedene Typen von Terminalprogrammen (*Abb. 68*) vorgestellt:

* HyperTerminal, ein zeilenorientiertes Terminalprogramm

* ZOC Terminal, ein Programm geeignet zum Erstellen von Skripten

Ein Terminalprogramm ist eine Kommunikationssoftware und hat die Aufgabe, die von der Tastatur kommenden Zeichen an das GSM-Modem weiterzuleiten, sowie empfangene Zeichen auf dem Bildschirm darzustellen. Für die Bewältigung dieser Aufgaben haben sich einige zusätzliche Funktionen als nützlich erwiesen. So sind Terminalprogramme vielfältig konfigurierbar und können Dateien direkt übertragen. Im folgenden sollen einige der Grundfunktionen erläutert werden.

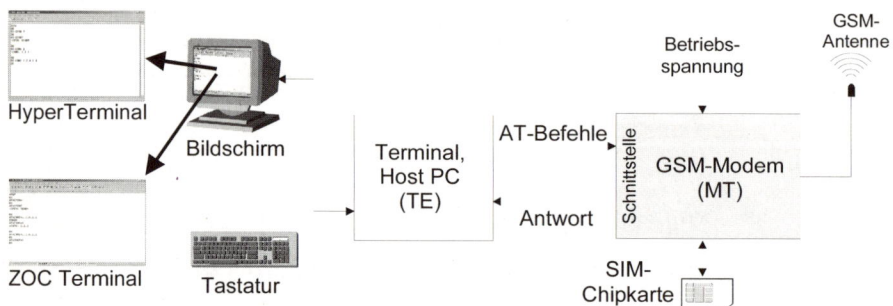

Abb. 68: Terminalprogramme

Eine Skriptsprache dient dem Automatisieren von immer wiederkehrenden Aufgaben. Kommandos (AT-Befehle) werden abgespeichert und die Antworten ausgewertet. Mit einer Skriptsprache können Strukturen, welche aus Hochsprachen bekannt sind, verwendet werden, z.B.

- Wiederholungen
- Entscheidungen
- Verzweigungen
- Vergleiche
- Schleifen
- Verwendung von Unterprogrammen
- Funktionsaufrufe
- Zeichenketten-Verarbeitung
- Reagieren auf bestimmte Zeichen
- Sprünge und Prozeduren
- Abfragen von Dateien
- Etc.

10.2 Aufgaben von Terminalprogrammen

Die erwähnten Terminalprogramme realisieren die Softwareschnittstelle zwischen GSM-Modem und Host. Sie haben vielfältige Aufgaben, von denen die wichtigsten etwas näher betrachtet werden sollen [38]:

- **Terminalemulation:** Sie ermöglicht die Kommunikation TE zu GSM-Modem über Tastatur und Bildschirm. Die wichtigsten Terminalemulationen sind ANSI, TTY, VT52, VT100, VT102, VT220 und VT320 (*Abb. 69* und *Abb. 70*). Unterschiedliche Terminals haben verschiedene Steuerzeichen für die gleiche Funktion.

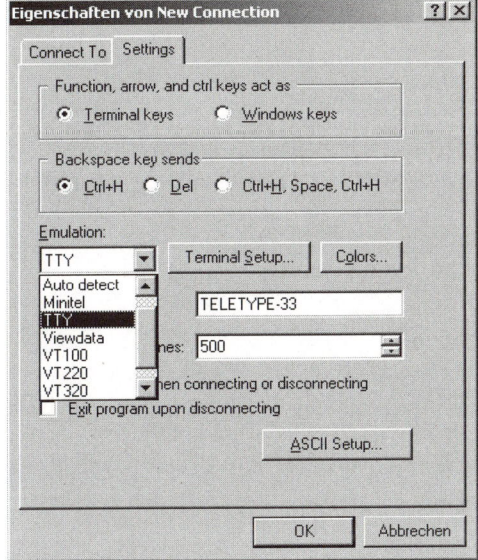

Abb. 69: Bildschirm zur Einstellung der Terminalemulation beim HyperTerminal

- **Konfiguration von Modem und Software:** Über das Konfigurationsmenü lassen sich Schnittstellen- und Modemparameter einstellen (*Abb. 71*), z. B.

    - Physikalische Schnittstelle (z. B. COM 1, COM2, etc)

    - Interrupt-Adresse (z.B. 3F8, 2F8 etc)

    - Datenformat (Datenwortlänge, Parität und Zahl der Stoppbits). Die meisten Systeme arbeiten mit 8N1 = 8 Datenbits, keine Parität (No Parity), 1 Stoppbit

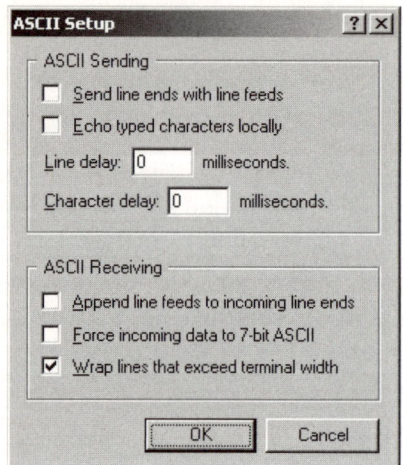

Abb. 70: Einstellung der ASCII-Werte beim HyperTerminal

- Flusssteuerung bzw. Handshake-Modus z.B. RTS/CTS-Handshake (Hardware-Flow-Control), Xon/Xoff (Software-Handshaking) oder keine Flussteuerung

- Baudrate (z.B. feste Werte oder Autobaud)

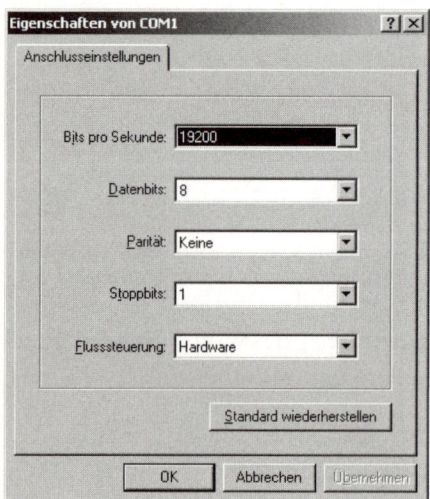

Abb. 71: Konfiguration der Schnittstelle beim HyperTerminal

- Verwalten einer Nummernliste

- Steuerung des Modems

* Dateiübertragung

* Statusmeldungen

* Protokollierung des Ablaufs einer Sitzung

* Bildschirmkopien (Capture)

* Zurückblättern in der Ausgabe (Backscroll)

* Automatisierung von Abläufen (Skriptsprache),

Beispiel eines Skripts im ZOC Terminal zum Verschicken von SMS im Textmodus mit Eingabefenster für Text (*Abb. 72*) und Zieladresse (*Abb. 73*)

```
Call ZocSend "AT+CSCA=""+417949990000""^M"
Call ZocWait "OK"
Call ZocSend "AT+CMGF=1^M"
Call ZocWait "OK"
Call ZocSend "AT+CSMP=17,167,0,0^M"
Call ZocWait "OK"
SMS_Text=ZocAsk("Geben Sie bitte den SMS-Text ein:")
Anzahl_Zeichen= LENGTH(SMS_Text)
CALL ZocWriteln "Laenge des SMS-Textes:" Anzahl_Zeichen
Tel_Nr=ZocAsk("Ziel-Nummer? Beispiel: +41792941632")
Call ZocSend "AT+CMGS="""Tel_Nr"""^M"
Call ZocWait ">"
Call ZocSend SMS_Text"^Z"
Call ZocWait "OK"
```

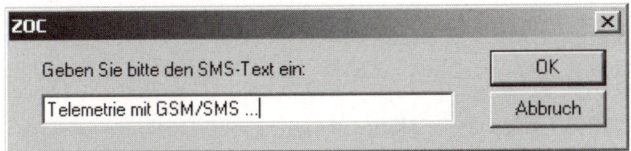

Abb. 72: Eingabefenster für den SMS-Text

Abb. 73: Eingabefenster für die Ziel-Nummer

- **Initialisierung des GSM-Modems (Init-String):** Der Init-String wird nach dem Start des Terminalprogramms automatisch an das GSM-Modem gesendet, und er sorgt für eine definierte Initialisierung gemäß Anleitungen des Modemherstellers.

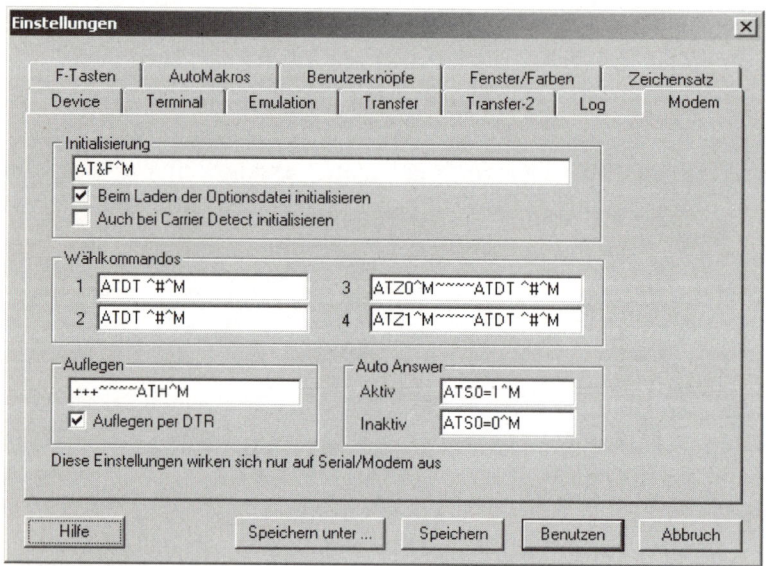

Abb. 74: Bildschirm zum Initialisieren des GSM-Modems beim ZOC-Terminal

10.3 Terminalprogramme zur Ansteuerung von GSM-Modems

10.3.1 Terminalprogramm HyperTerminal mit Zeileneditierung

HyperTerminal gehört zum Lieferumfang aller Windowsprogramme (Windows 95, Windows 98, Windows Me, Windows NT 4.0, Windows 2000 und Windows XP). Eine aktuellere und leicht erweiterte Version, HyperTerminal Private Edition, kann direkt über das WWW bezogen werden [39]. Für private Zwecke ist die Nutzung des Programms kostenlos.

Beim Starten des Programms HyperTerminal erscheint das Fenster zum Definieren einer neuen Verbindung zwischen PC und GSM-Modem. Im folgenden Beispiel (*Abb. 75*) wird diese neu zu erstellende Verbindung „GSM-Modem 900-1800MHz" genannt.

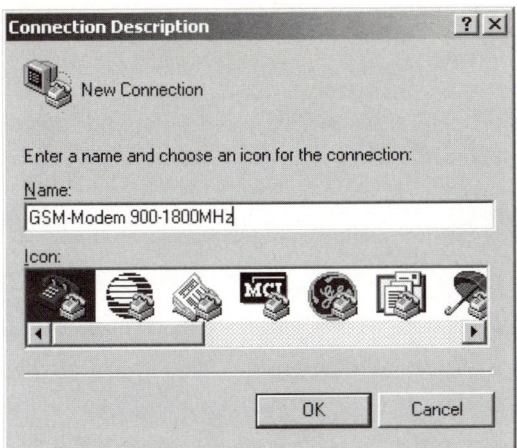

Abb. 75: Benennen einer neuen Verbindung

Als nächstes wird die physikalische Verbindung definiert. Da das GSM-Modem in diesem Beispiel an der RS-232-Schnittstelle „COM1" angeschlossen ist, wird diese Verbindung gewählt (*Abb. 76*):

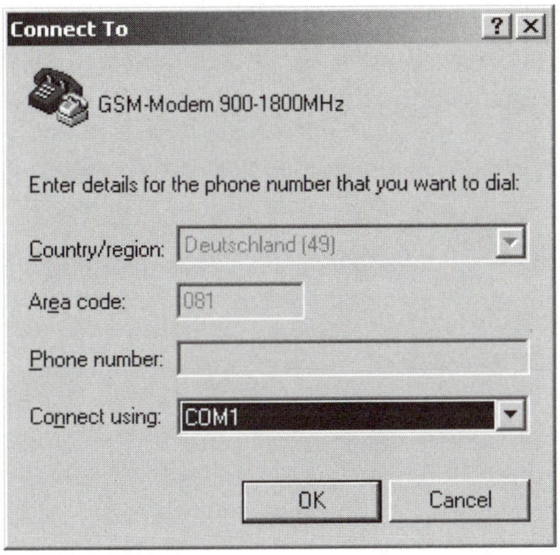

Abb. 76: Auswahl der Schnittstelle PC zum GSM-Modem

Die Kommunikationsparameter werden im folgenden automatisch erscheinenden Fenster eingestellt. Wenn das Datenformat des GSM-Modems nicht bekannt ist, können die eingegebenen Parameter nachträglich noch variiert werden.

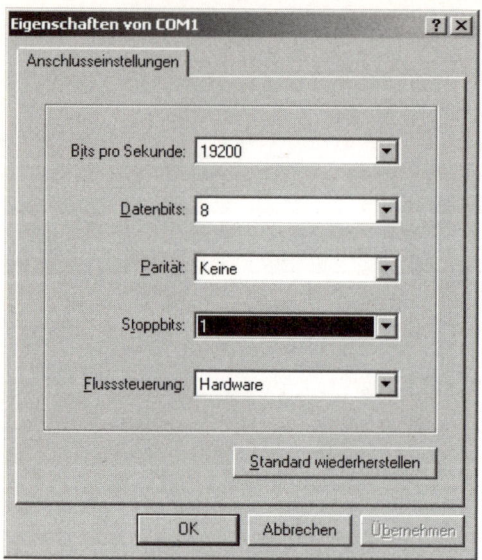

Abb. 77: Einstellung der Kommunikationsparameter

Sind alle Parameter definiert, erscheint nach Aktivieren des Button „OK", das leere Fenster von Hyperterminal. Ist das GSM-Modem korrekt angeschlossen und sind die Kommunikationsparameter richtig eingestellt, sollte nach Eingabe des Textes AT und anschließender Betätigung von 8 die Antwort „OK" erfolgen (*Abb. 78*).

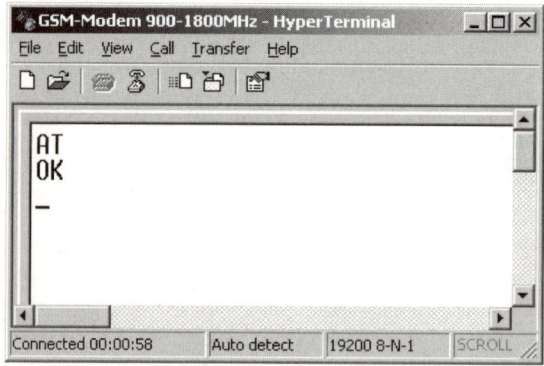

Abb. 78: Startbildschirm mit Kontrolle einer erfolgreichen Verbindung

Funktioniert die Verbindung zum GSM-Modem noch nicht, können die Eigenschaften der Verbindung im Menü *„File" „Properties"* geändert werden. Um Änderungen durchzuführen, muss die Verbindung zum GSM-Modem mit dem Button *„Disconnect"* deaktiviert werden (*Abb. 79*).

Abb. 79:Button Disconnect

Nach einer erfolgreich hergestellten Verbindung können AT-Befehle eingegeben und die Antworten vom GSM-Modem kontrolliert werden. Im folgenden
Beispiel (*Abb. 80*) ist das Versenden und der Empfang einer Kurznachricht
dokumentiert.

```
GSM-Modem 900-1800MHz - HyperTerminal                    _|□|×|
File  Edit  View  Call  Transfer  Help

AT
OK
AT+CPIN=?
OK
AT+CNMI=?
+CNMI: (0-3),(0,1),(0,2,3),(0,2),(1)

OK
AT+CSCA?
+CSCA: "+417949990000",145

OK
AT+CMGS="+41792941632",145
> Franzis Verlag GmbH→
+CMGS: 48

OK

Connected 00:02:32   Auto detect   19200 8-N-1   SCROLL   CAPS   NUM   Capture   Print echo
```

Abb. 80: Folge von AT-Befehlen und Antworten

HyperTerminal verfügt über ein umfangreiches Hilfemenü, das mit dem Menü-
punkt „*Help*" aufgerufen werden kann.

10.3.2 Terminalprogramm ZOC mit Skript-Editierung

Einstellung des Terminalprogramms

ZOC, eine Terminalemulation, ist konfigurierbar und bietet außer den üblichen
Funktionen wie Tastaturdefinition und Zurückblättern auch Möglichkeiten wie
eine mächtige Skriptsprache, automatische Aktionen bei bestimmten empfangenen oder getippten Texten oder Verbindungsprotokolle zur Fehlersuche. Die
Testversion von ZOC kann beim Entwickler des Programms vom WWW her-
untergeladen werden [40]. Die Testversion ist voll funktionsfähig.

Neben weit verbreiteten Terminalemulationen wie VT102, VT220 und verschiedenen ANSI-Varianten dient ZOC auch als Terminalemulation für Linux,
TN3270 oder Sun CDE. Daneben bietet ZOC auch Dateiübertragung per X-, Y-
und Z-Modem und andere.

Nach dem Starten des Programms erscheint das folgende Fenster (*Abb. 81*). Im Rollfeld „Device" sollte das Gerät „Serial/Modem" aktiviert sein, wenn nicht, kann es gewählt werden. Nach der erfolgten Auswahl muss der Button „*OK*" betätigt werden.

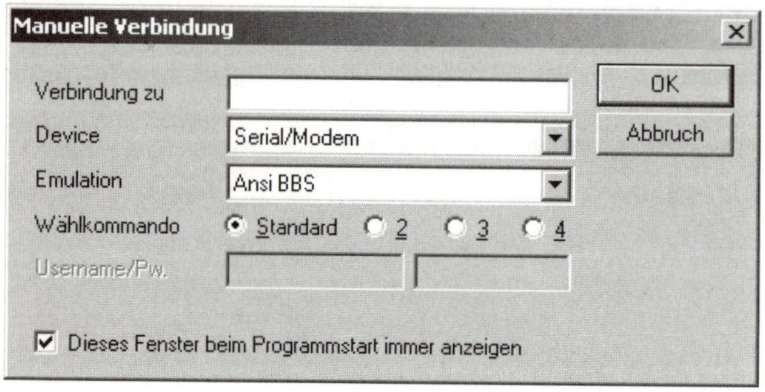

Abb. 81: Wahl der Verbindung

Nach Betätigung des Buttons „OK" erscheint ein leeres Fenster (*Abb. 82*):

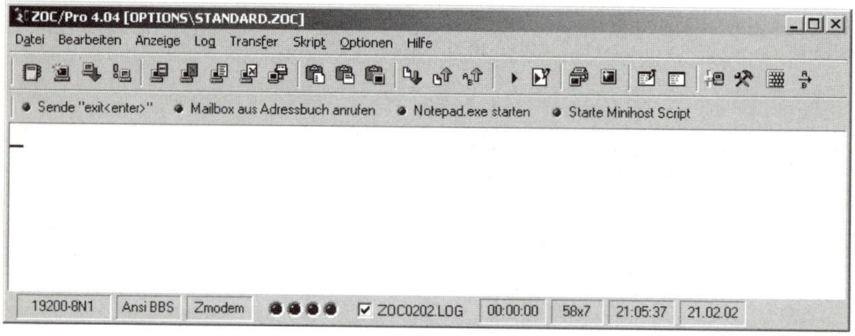

Abb. 82: Startfenster

Um eine Verbindung zum GSM-Modem herzustellen, muss als erstes die verwendete COM-Schnittstelle ausgewählt werden. Hierzu wird im Menü „*Optionen*" „*Einstellungen*" gewählt und die Lasche „*Device*" ausgewählt (*Abb. 83*). Nach Anpassen der entsprechenden Einstellungen wird in der Lasche 'Emulation' noch die gewünschte Bildschirmemulation gewählt und dann auf 'Speichern' geklickt.

Wichtig: der verwendete Com-Port (z.B. COM1) muss selbst eingegeben werden, es steht kein Auswahlbalken zur Verfügung!

Definiert werden:

- I/O-Device: Serial/Modem

- Com-Port

- Baud-Rate

- Handshakes

Für das Aussenden und Empfangen von Kurznachrichten sollte die vorgeschlagene Einstellung genügen (*Abb. 83*).

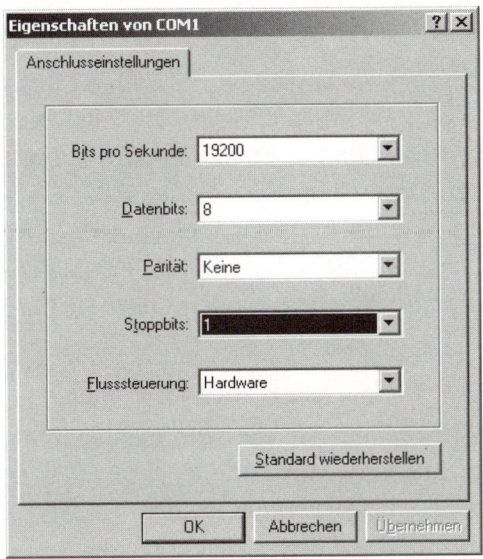

Abb. 83: Eintellungen des Verbindungsparameters

Die nachfolgende Liste beschreibt alle möglichen Optionen des Serial/Modem Device.

- **Com-Port:** in diesem Feld wird der Name des Com-Ports eingegeben, z.B. COM1 (kein Leerzeichen zwischen COM und 1!).

- **Übertragung:** hier kann eingestellt werden, in welcher Weise Daten zwischen Computer und GSM-Modem ausgetauscht werden. Die Übertragungsgeschwindigkeit (Bits pro Sekunde), die Anzahl der Datenbits, die Parität (N, E, O, M, S) und die Anzahl der Stoppbits müssen eingestellt werden. Diese Einstellungen hängen vom verwendeten GSM-Modem ab und werden in abgekürzter Version angegeben. 38400-8N1 bedeutet also 38400 Bits pro Sekunde, 8 Datenbits, keine Parität und ein Stoppbit.

- **RTS/CTS Steuerung:** wenn aktiv, erfolgt die Modemsteuerung über 7 Leitungen. RTS/CTS wird verwendet, um den Datenfluss zwischen Computer und Modem zu steuern und ermöglicht beiden Seiten, sich gegenseitig beim Senden zu unterbrechen. Diese Funktion ist unerlässlich für schnelle Übertragungen, wenn die Geschwindigkeit zwischen Host-Computer und GSM-Modem sich von der Geschwindigkeit zwischen GSM-Modem und Mobilfunknetz unterscheidet. Das GSM-Modem muss diese RTS/CTS Steuerung unterstützen, deshalb muss bei der Modemkonfiguration darauf geachtet werden, dass RTS/CTS aktiviert ist. Das entsprechende Modemkommando kann auch beim Init-Kommando des Modems mitübergeben werden.

- **DSR Steuerung:** die DSR/DTR Steuerung ist ähnlich der RTS/CTS Steuerung eine Hardwaresteuerung. Allerdings wird hier nicht der Datenfluss kontrolliert, sondern die Verfügbarkeit von Computer und Modem überprüft (z.B. ob das Modem gerade ein- oder ausgeschaltet ist). Wenn aktiv, überprüft ZOC das DSR-Signal vom GSM-Modem. Diese Option sollte nur aktiv sein, wenn Modem und Verbindungskabel DSR/DTR unterstützen. Ansonsten findet keine Übertragung zwischen Rechner und Modem statt und ZOC wird blockiert.

- **XOn/XOff Steuerung:** wenn aktiv, verwendet ZOC das XON/XOFF Steuerungsprotokoll (eine weitere Methode, um den Datenstrom zu kontrollieren). Hierbei werden spezielle Zeichen verwendet, um den Sender anzuhalten. Diese Methode ist schlechter als die Steuerung mit dem RTS/CTS Protokoll und sollte deshalb nur in Sonderfällen eingeschaltet werden.

- **CD Prüfung:** diese Option sollte aktiv sein, wenn das Modem das Carrier Detect (CD) Signal unterstützt (bei den meisten Modems geschieht dies mit dem Kommando AT&C1.

Der Init-String kann in der Lasche „Modem" eingestellt werden. Im Feld Initialisierung wird der gewünschte Init-String eingegeben. Für <CR> wird „^M" geschrieben. Beispiel: beim Starten soll das GSM-Modem mit AT&F <CR> initialisiert werden, geschrieben wird im Initialisierungsfeld „AT&F^M" (*Abb. 84*).

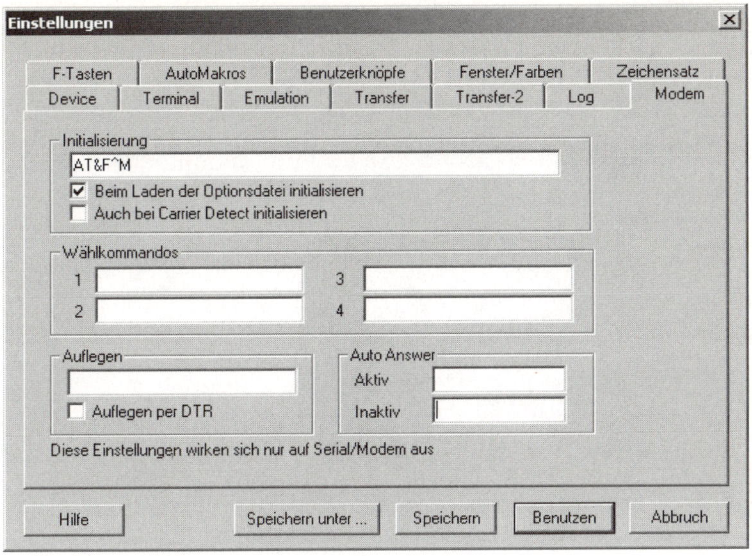

Abb. 84: Initialisierung des GSM-Modems

Da das Standard-GSM-Alphabet nicht mit der Tastaturkodierung übereinstimmt (dies ist vor allem bemerkbar bei den Zeichen ö, ä und ü), muss in der
Lasche Terminal der Eintrag „*Zeichen übersetzen*" aktiviert sein (*Abb. 85*):

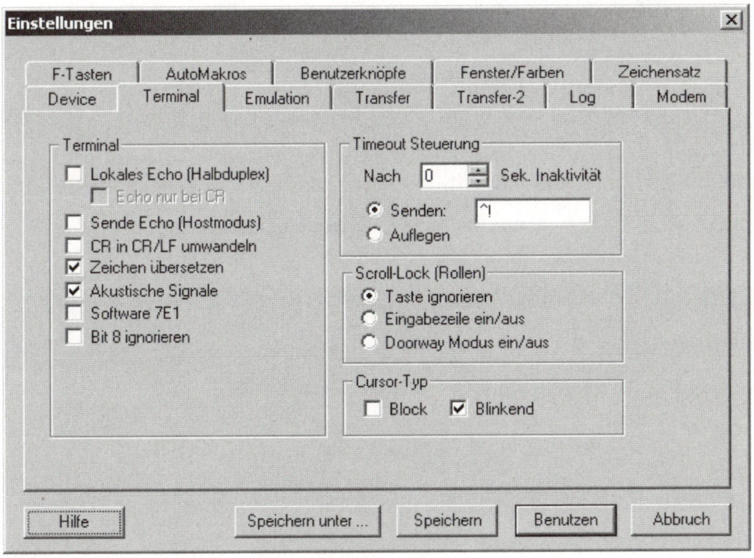

Abb. 85: Aktivierung der Zeichenübersetzung

Im Menü „*Optionen*" sollte, wenn spezielle Zeichen wie ä, ö und ü verwendet werden, im Fenster „*Zeichensatz-Tabellen...*" eine Zeichenumsetzungstabelle definiert werden (*Abb. 86*).

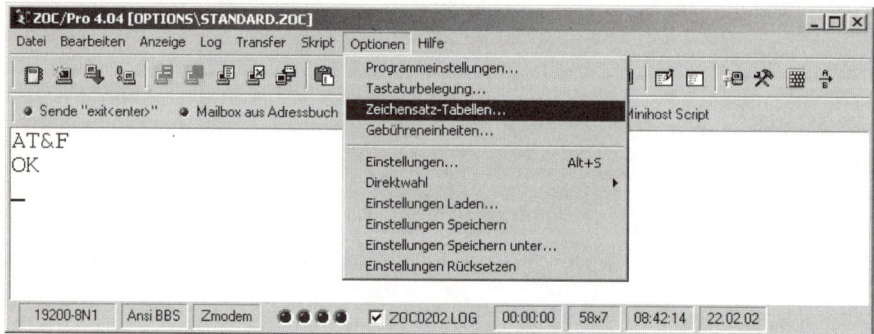

Abb. 86: Definieren eines neuen Zeichens

Dies bedeutet z. B. dass der Tastaturcode für „ä" = 228_D im GSM-Format = 123_D umgesetzt werden muss (*Abb. 87*). In der Hilfestellung des Programms ist dieser Vorgang eingehend erklärt.

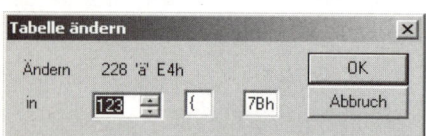

Abb. 87: Umsetzung des Tastatur-Zeichens „ä" im GSM-Code

Sind alle Einstellungen gespeichert und wurden die richtigen Kommunikations-parameter gewählt, wird beim Starten vom Terminalprogramm ZOC folgendes Fenster erscheinen (*Abb. 88*), sofern das GSM-Modem betriebsbereit ist.

Abb. 88: Startfenster von Terminalprogramm ZOC

Skript-Editierung

Das Terminalprogramm ZOC verwendet die Skriptsprache REXX, eine Sprache die auf vielen Plattformen verfügbar ist. Nachfolgend wird eine rudimentäre Einführung in die Grundlagen von ZOC/REXX gegeben. Dem Programm selbst ist eine umfangreiche Hilfestellung und ein vollständiger Lehrgang der Skriptsprache ZOC/REXX beigefügt.

Grundsätzliches zur Skriptsprache ZOC/REXX

Alle ZOC/REXX-Programme müssen prinzipiell mit einem Kommentar beginnen. ZOC/REXX sieht jeden Text, der zwischen /* und */ steht, als Kommentar an. Folglich muss die erste Zeile eines ZOC/REXX-Programms in etwa so aussehen:

```
/* GSM-Programm */
```

ZOC/REXX kennt Standard- und Zoc-Befehle.

Standardbefehle werden durch Namen und Argumente angegeben:

```
/* GSM-Programm */
IF rc=640 THEN DO
SAY "ANRUF FEHLGESCHLAGEN"
END
```

ZOC-Befehle werden als eine Art REXX-Unterfunktion aufgerufen und ausgeführt. Befehle, die keinen Rückgabewert liefern werden durch CALL, zusammen mit dem ZOC-Befehl und den benötigten, durch Kommas getrennten, Argumenten aufgerufen. Befehle, die Rückgabewerte liefern, übergeben die Liste aller Argumente, in Klammern eingeschlossen, hinter dem Befehlsnamen:

```
/* GSM-Programm */
/* Zwei Befehle ohne Rückgabewert: */
CALL ZocBeep 2
CALL ZocConnect "555 6542"
/* Ein Befehl mit Rückgabewert: */
answer= ZocAsk("Wie ist Ihr Name")
```

Programmformatierung:

Üblicherweise wird in ZOC/REXX-Programmen jeder Befehl in eine eigene Zeile geschrieben. Mehrere Befehle können auch in einer Zeile stehen, müssen aber durch Strichpunkt voneinander getrennt werden. Ein Befehl kann in der nächsten Zeile fortgesetzt werden, wenn das letzte Zeichen der Zeile ein zusätzliches Komma ist:

```
/* REXX */
SAY "Hello "; SAY "World"
SAY 4*5 + ,    3*6
```

Diese Formatierung funktioniert bei Standard- und bei ZOC-Befehlen.

Bildschirm Ein-/Ausgabe:

ZOC verwendet die REXX-Befehlen PULL und SAY. Der auszugebende Text wird von SAY nicht auf Sonderzeichen (wie ^M) untersucht, diese Interpretation wird nur von den ZOC-Befehlen ZocWrite und ZocWriteln durchgeführt.

Skripte schreiben und starten

Im Menü „*Skript*" können Skripte editiert und gestartet werden (*Abb. 89*).

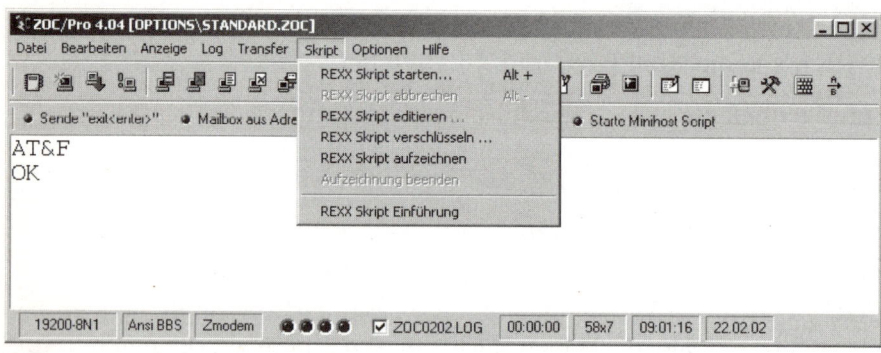

Abb. 89: Menü zum Skripte schreiben und starten

Anstelle des Menüs „*Skript*" können die Funktionen „Starten" und „Editieren" mit folgenden Buttons aktiviert werden (*Abb. 90*):

   Abb. 90: Buttons zum Starten (links) und Editieren (rechts) von Skripten

Einführungsbeispiel: Initialisierung eines GSM-Modems

Beschreibung des Skriptes Einfuehrung.ZRX:

Folgende drei Funktionen werden automatisch ausgeführt (*Abb. 91*):

• Initialisierung des Modems

• Ausgabe des verwendeten Modells

- Eruierung der Softwareversion

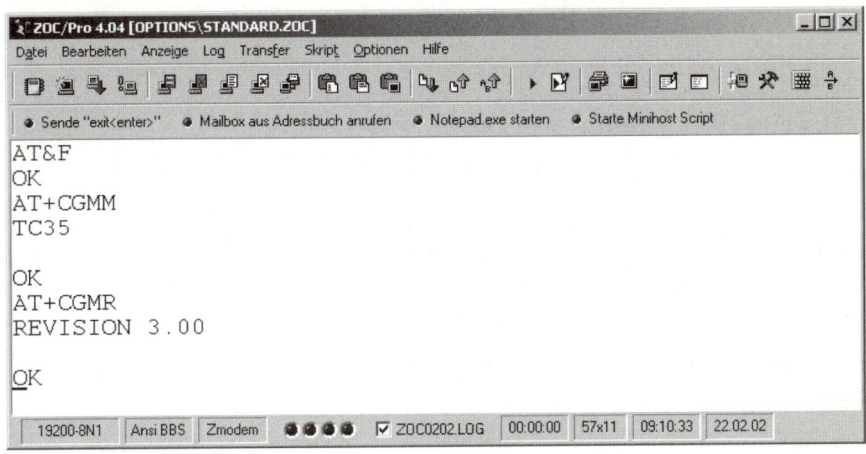

Abb. 91: Ausgabe des Modells und der Softwareversion

Skript: Einfuehrung.ZRX

```
/* Skript zum Einführen in die Skript-Sprache, Programm
Einfuehrung.ZRX */

/* GSM-Modem muss bereits startbereit sein, d.h. PIN muss
eingegeben sein */

/* Löschen des Bildschirmes */
CALL ZocCls

/* Setzen der TimeOut-Zeit in Sekunden, d.h. die Zeit,
welche maximal auf eine Antwort gewartet wird */
CALL ZocTimeout 2

/* Initialisierung des Modems, Abschluss mit <CR> (^M),
erst weiterfahren nach der Antwort OK */
CALL ZocSend "AT&F^M"
CALL ZocWait "OK"
/* Abfrage des angeschlossenen Modells, Abschluss mit <CR>
(^M) */
CALL ZocSend "AT+CGMM^M"
/* Warten bis Antwort "OK" vom GSM-Modem zurückkommt */
CALL ZocWait "OK"
```

```
/* Abfrage der Software-Version, Abschluss mit <CR> (^M) */
CALL ZocSend "AT+CGMR^M"
/* Warten bis Antwort "OK" vom GSM-Modem zurückkommt */
CALL ZocWait "OK"
```

Erklärung einzelner Befehle

- **ZocCls:** Löscht den Bildschirm. Beispiel:

```
CALL ZocCls
```

- **ZocTimeout <sek>:** Setzt die Timeout-Zeit für ZocWait. Mit Timeout kann eine Aktion festgelegt werden die ausgeführt wird, wenn während einer bestimmten Zeit weder Zeichen gesendet noch empfangen wurden. Beispiel:

```
CALL ZocTimeout 60
```

- **ZocSend <text>:** Sendet Text zur seriellen Schnittstelle. Steuerzeichen (wie ^M für <CR>) werden automatisch in die entsprechenden echten Werte umgewandelt. Beispiel:

```
CALL ZocSend "AT&F^M"
```

- **ZocWait(<text>):** Wartet auf den angegebenen Text. Bei Timeoutüberschreitung wird der Wert 640 zurückgeliefert. Beispiel:

```
timeout= ZocWait("Passwort")IF timeout=640 THEN SAY "Zu
spät"
```

- **Weitere Befehle:** weitere Befehle werden jeweils bei der Besprechung der Beispielsskripten (siehe Abschnitt Beispiele von Skripten) vorgestellt

10.4 Beispiele von Skripten

10.4.1 Eingabe und Überprüfung der PIN

Beschreibung des Skriptes Eingabe_PIN.ZRX:

Beim Starten wird zuerst das GSM-Modem initialisiert und überprüft, ob es betriebsbereit ist. Wurde bereits eine gültige PIN eingegeben, erscheint folgendes Fenster (*Abb. 92*):

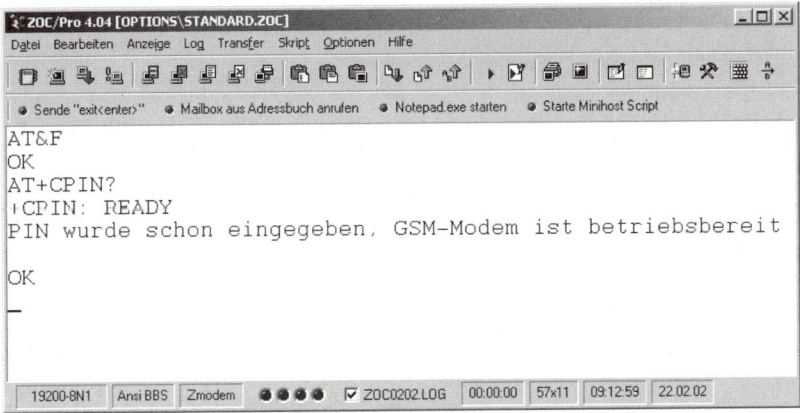

Abb. 92: Fenster, wenn PIN nicht mehr eingegeben werden muss

Ist keine PIN eingegeben, wird nach der gültigen PIN abgefragt (*Abb. 93*).

Abb. 93: Fenster zur Eingabe der PIN

Ist eine gültige PIN eingegeben, erscheint folgendes Fenster (*Abb. 94*):

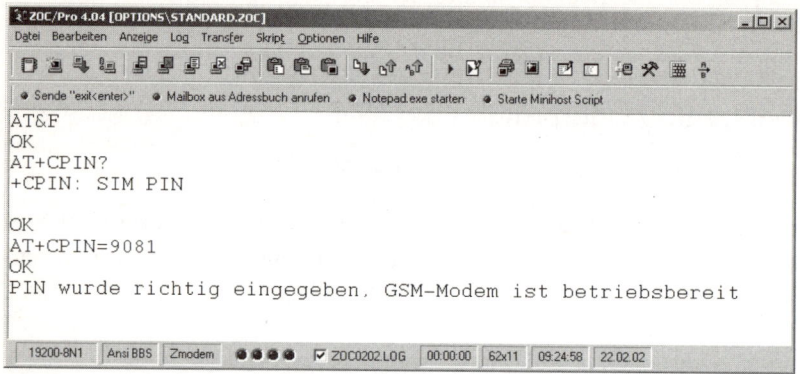

Abb. 94:   Fenster nach Eingabe einer gültigen PIN

Wurde eine falsche PIN eingegeben, wird dies dem Anwender mitgeteilt.

Skript: Eingabe_PIN.ZRX

```
/* Skript zum Eingeben der PIN: Programm Eingabe_PIN.ZRX */

/* Eingegeben wird die PIN in einem Eingabe-Fenster */

/* Löschen des Bildschirmes */
CALL ZocCls

/* Setzen der TimeOut-Zeit in Sekunden, d.h. die Zeit
welche maximal auf eine Antwort gewartet wird */
CALL ZocTimeout 10

/* Initialisierung des Modems, Abschluss mit <CR> (^M),
erst weiterfahren nach der Antwort OK */
CALL ZocSend "AT&F^M"
CALL ZocWait "OK"

/* Abfrage der PIN-Einstellung, Abschluss mit <CR> (^M) */
CALL ZocSend "AT+CPIN?^M"
/* Die Antwort des GSM-Modems auf die Abfrage wird
abgewartet und einer Laufnummer(0,1) zugeordnet */
Antwort= ZocWaitMux("+CPIN: READY","+CPIN: SIM PIN")
/* Bei Timeout-Überschreitung wird der Wert 640
zurückgeliefert */
/* Bei Zeit-Überschreitung wird die Meldung "GSM-Modem
antwortet nicht" ausgegeben */
```

```
IF Antwort=640 THEN DO
  SAY "GSM-Modem antwortet nicht"

END
/* Wenn keine TimeOut-Überschreitung stattfand: */
ELSE DO

  /* Wenn die Antwort "+CPIN: READY" war, soll der Text
ausgegeben
  werden*/
  IF Antwort=0 THEN DO
    SAY "PIN wurde schon eingegeben, GSM-Modem ist
    betriebsbereit"
  END
  /* Wenn die Antwort "+CPIN: SIM PIN" war, soll eine PIN
eingegeben
  werden*/
  ELSE DO
    /* Ein Fenster wird geöffnet um die PIN einzugeben */
    /* Dem eingegeben Wert wird dem Namen PIN zugeordnet*/
     PIN=ZocAsk("Geben Sie bitte die PIN ein!")
    /* Die eingegebene PIN wird an das GSM-Modem gesendet*/
    CALL ZocSend "AT+CPIN="PIN"^M"
    /* Die Antwort des GSM-Modems wird abgewartet und einer
    Laufnummer zugeordnet */
    Meldung=ZocWaitMux("OK","ERROR")
      /* Bei Timeout-Überschreitung wird der Wert 640
      zurückgeliefert */
      /* Bei Überschreitung wird die Meldung "GSM-Modem
      antwortet nicht" ausgegeben */
      IF Meldung=640 THEN DO
      SAY "GSM-Modem antwortet nicht"
      END
      /* Wenn keine TimeOut-Überschreitung stattfand: */
      ELSE DO
      /* Wenn die Antwort des GSM-Modems "OK"
      war: */
      IF Meldung=0 THEN DO
      SAY "PIN wurde richtig eingegeben, GSM-
      Modem ist betriebsbereit"
      END
      /* Wenn die Antwort des GSM-Modems "ERROR"
      war: */
      ELSE DO
```

```
        SAY "PIN wurde falsch eingegeben, versu-
        chen Sie es nochmals! "
        END
        END
    END
END /* Ende des Skripts */
```

Erklärung einzelner Befehle

- **ZocWaitMux(<text0> [, <text1> ...]):** Wartet auf einen von mehreren Texten in den Empfangsdaten. Die Bedingung ist erfüllt, wenn einer der Texte
  im Empfang gefunden wurde. Diese Funktion wird deshalb normalerweise
  innerhalb einer Schleife verwendet. Der Rückgabewert gibt Aufschluss darüber, welcher der Texte gefunden wurde (0, 1, 2 ...) bzw. ob ein Timeout auf-
  getreten ist (Rückgabewert: 640). Hinweis: Alle Texte zusammen dürfen
  eine Länge von 2048 Zeichen nicht überschreiten. Beispiel:result= Zoc-
  WaitMux("Mail eingetroffen", "Hauptmenü")

```
SELECT
    WHEN result=0 THEN CALL MAILDOWNLOAD
    WHEN result=1 THEN LEAVE
    WHEN result=640 THEN SIGNAL TIMEOUT
END
```

- **SAY:** Schreibt einen Text auf den Bildschirm und setzt den Cursor auf die
  nächste Zeile.

- **IF, ELSE, THEN DO, END:** Entscheidungen werden in der Syntax IF
  <ausdruck> THEN DO <befehle> END ELSE DO <befehle> END ausgedrückt. Ein typischer IF-Programmteil sieht in etwa so aus:

```
 /* Programm */
IF rc=0 THEN DO
    SAY "OK"
END
ELSE DO
    SAY "FAILED"
END
```

Der ELSE-Zweig kann weggelassen werden, wenn er nicht benötigt wird.
Die Schlüsselwörter DO und END können weggelassen werden, wenn sich
nur ein Befehl zwischen DO und END befindet.

- **ZocAsk([\<titel> [, \<vorgabe>]])**: Öffnet ein Texteingabefenster und liest den Text vom Benutzer ein. Bei Angabe eines zweiten Arguments (\<vorgabe>) wird das Eingabefeld mit diesem Text vorbelegt. Beispiel:

```
answer= ZocAsk("Sind Sie sicher?", "Nein"
)IF answer="Nein" THEN ...
```

- **ZocAskP([\<titel>])**: Ähnlich dem Befehl ZocAsk, allerdings werden alle eingegebenen Zeichen als Stern (*) angezeigt. Ausserdem kann das Feld nicht vorbelegt werden. Beispiel:

```
pw= ZocAskP("Ihr Passwort?")
IF pw="geheim" THEN ...
```

10.4.2 Versenden einer Kurznachricht im Textmodus

Beschreibung des Skriptes Text_Mode mit Eingabe-Fenster.ZRX:

Beim Starten des Skriptes wird die Nummer der Kurzmitteilungszentrale automatisch definiert. Zum Eingeben des zu versendenden Textes wird ein separates Fenster geöffnet (*Abb. 95*). Die Länge des eingegebenen Textes wird im Hauptfenster ausgegeben. Die Zielnummer muss ebenfalls in einem Eingabefenster mitgeteilt werden (*Abb. 96*).

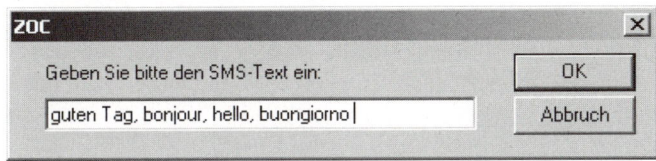

Abb. 95: Eingabefenster für den Text

Abb. 96: Eingabefenster für die Zielnummer

Ist die Kurznachricht erfolgreich versendet, erscheint folgendes Fenster (*Abb. 97*):

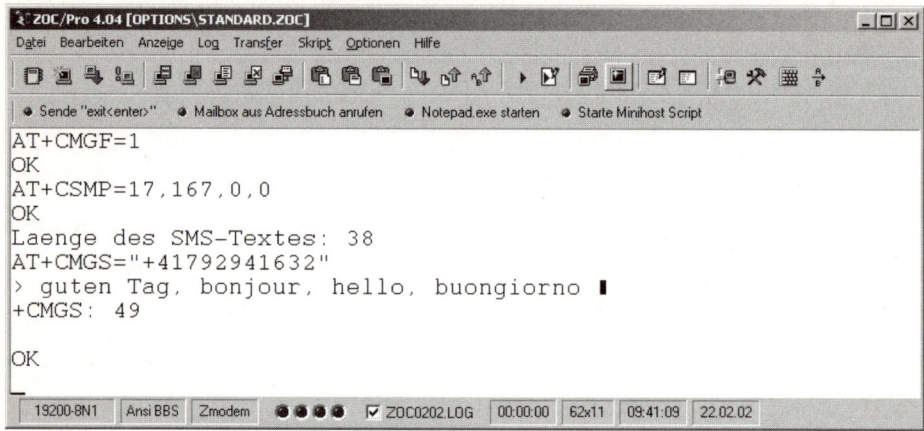

Abb. 97:   Kurznachricht wurde versendet

Skript: Text-Mode mit Eingabe-Fenster.ZRX

```
/* Skript zum Versenden einer Kurznachricht im Text-Modus,
Programm: Text-Mode mit Eingabe-Fenster.ZRX */

/* - Eingegeben wird der Text in einem Eingabe-Fenster
   - Die Empfänger-Nummer wird ebenfalls in einem Eingabe-
Fenster eingegeben*/
 /* Eingabe der Service-Centre-Adresse, Abschluss mit
Return (^M) */
CALL ZocSend "AT+CSCA=""+417949990000""""^M"
CALL ZocWait "OK"

/* Umschalten im Text-Mode, Abschluss mit Return (^M) */
CALL ZocSend "AT+CMGF=1^M"
CALL ZocWait "OK"

/* Text-Mode-Parameter (17=default, 167=1Tag, 0=default,
0=default alphabet), Abschluss mit Return (^M) */
CALL ZocSend "AT+CSMP=17,167,0,0^M"
CALL ZocWait "OK"

/*Öffnen eines Eingabe-Fensters, eingegebener Text erhält
den Namen SMS_Text*/
SMS_Text=ZocAsk("Geben Sie bitte den SMS-Text ein:")

/*Ausgabe der Anzahl-Zeichen des SMS-Testes*/
Anzahl_Zeichen= LENGTH(SMS_Text)
```

```
CALL ZocWriteln "Laenge des SMS-Textes:" Anzahl_Zeichen

/*Öffnen eines Eingabe-Fensters, um Ziel-Tel-Nummer
einzugeben. Nummer erhält den Namen Tel_Nr*/
Tel_Nr=ZocAsk("Ziel-Nummer? Beispiel: +41792941632")


/* SMS an folgende Nummer versenden, Abschluss mit Return
(^M)*/
CALL ZocSend "AT+CMGS="""Tel_Nr"""^M"
CALL ZocWait ">"

/*Nach Empfang des Zeichens > wird der Text eingegeben,
Abschluss mit <Crtl>+<Z> (^Z) */
CALL ZocSend SMS_Text"^Z"
CALL ZocWait "OK"
```

Erklärung einzelnen Befehler

- **ZocWriteln <text>:** Schreibt einen Text auf den Bildschirm und setzt den Cursor auf die nächste Zeile. Dieser Befehl ist mit SAY identisch, löst aber zusätzlich control codes (z.B. ^M) auf.

  Beispiel 1:

  ```
  CALL ZocWriteln "Hello ^M^J World"
  ```

  Beispiel 2:

  ```
  SAY "Hello"||x2c(0D)||x2c(0A)||"World"
  ```

- **LENGTH(<string>):** Gibt die Anzahl Zeichen des Strings zurück.

10.4.3 Versenden einer Kurznachricht mit Positionsangabe

Beschreibung des Skriptes Position_senden.ZRX:

Die Daten eines GPS-Empfängers werden über COM2 eingelesen. Die GPS-Daten sind im NMEA-Format. Nach Filtrierung der Daten wird das Datum, die Zeit und die Position (Breite und Länge) an eine frei wählbare Nummer gesendet (*Abb. 98*). Das GSM-Modem ist an COM1 angeschlossen. Der Anwender kann die Anzahl der zu sendenden Positionsnachrichten (*Abb. 99*) und den Intervall zwischen den Positionsermittlungen selbst bestimmen (*Abb. 100*). Das Terminal-Programm muss zwischen einzelnen Schnittstellen umschalten und Daten extrahieren. Dieser Skript könnte z.B. zur Fernüberwachung eines Fahrzeuges dienen.

```
ZOC                                              [x]
  Ziel-Tel-Nummer? Beispiel: +41792941632        ┌─────────┐
                                                  │   OK    │
  +498121951444                                   └─────────┘
                                                  ┌─────────┐
                                                  │ Abbruch │
                                                  └─────────┘
```

Abb. 98: Eingabe der Zielnummer

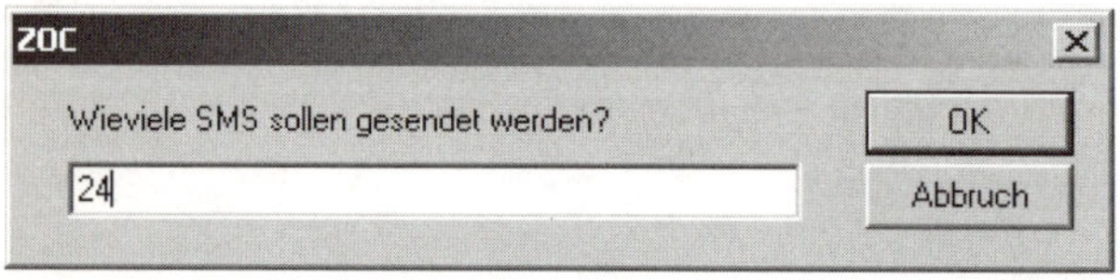

```
ZOC                                              [x]
  Wieviele SMS sollen gesendet werden?            ┌─────────┐
                                                  │   OK    │
  24                                              └─────────┘
                                                  ┌─────────┐
                                                  │ Abbruch │
                                                  └─────────┘
```

Abb. 99: Angabe der Anzahl der zu sendenden Kurznachrichten

```
ZOC                                              [x]
  Zeitlicher Intervall von SMS zu SMS (ganze Sekunden)?  ┌─────────┐
                                                  │   OK    │
  600                                             └─────────┘
                                                  ┌─────────┐
                                                  │ Abbruch │
                                                  └─────────┘
```

Abb. 100: Definition des Zeit-Intervalls

Das folgende Bild zeigt eine Sequenz von drei hintereinanderfolgenden Positionsmeldungen (*Abb. 101*).

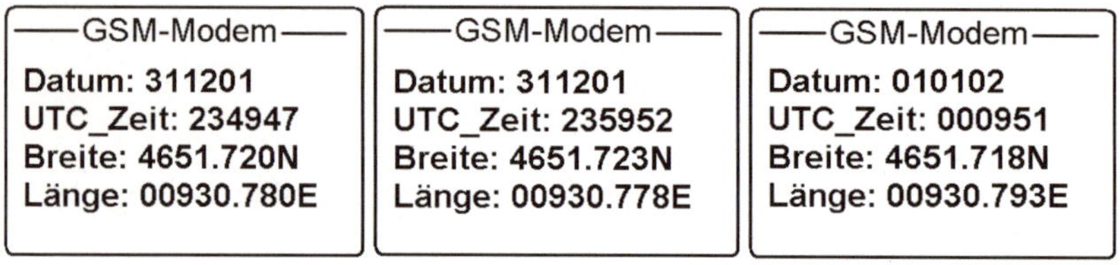

```
┌──GSM-Modem──┐   ┌──GSM-Modem──┐   ┌──GSM-Modem──┐
│ Datum: 311201│   │ Datum: 311201│   │ Datum: 010102│
│ UTC_Zeit: 234947│ │ UTC_Zeit: 235952│ │ UTC_Zeit: 000951│
│ Breite: 4651.720N│ │ Breite: 4651.723N│ │ Breite: 4651.718N│
│ Länge: 00930.780E│ │ Länge: 00930.778E│ │ Länge: 00930.793E│
└─────────────┘   └─────────────┘   └─────────────┘
```

Abb. 101: Drei Positionsmeldungen im Abstand von 10 Minuten

Skript: Position_senden.ZRX

```
/* Skript zum GPS-Daten einlesen und per SMS senden,
Programm: Position_senden.ZRX */

/* Bemerkungen: Um die Struktur übersichtlich zu behalten
wurde dieses Programm absichtlich nicht auf Sicherheit
getrimmt. Z. B. werden Eingaben nicht auf Richtigkeit
überprüft und angeschlossene Geräte werden nicht auf
Funktion überprüft, etc. */
/* Das GSM-Modem muss schon betriebsbereit sein */
```

```
/* Eine Zeichensatz-Tabelle welche das GSM-Alphabet
unterstützt (z. B. GSM.ZTR) muss geladen sein, weil Zeichen
wie ä, ö, ü in den gesendeten Kurznachrichten verwendet
werden. */
/* Das GSM-Modem muss an COM1 angeschlossen sein und  das
GPS-Gerät muss an COM2 angeschlossen sein, die Daten an der
Schnittstelle sollen im NMEA-Format sein und mindestens den
RMC-Datensatz beinhalten*/


/* ------------- BEGINN INITIALISIERUNG -------------- */
/*  Modem initialisieren */
CALL ZocSend "AT&F^M"
CALL ZocWait "OK"


/* Eingabe der Service-Centre-Adresse, Abschluss mit Return
(^M) */
/* Wichtig: die folgende Nummer ist nur für SWISSCOM gültig
*/
CALL ZocSend "AT+CSCA=""+417949990000""^M"
CALL ZocWait "OK"


/* Umschalten im Text-Mode, Abschluss mit Return (^M) */
CALL ZocSend "AT+CMGF=1^M"
CALL ZocWait "OK"
/* SMS-Service gemäss Phase 2+ */
CALL ZocSend "AT+CSMS=1^M"
CALL ZocWait "OK"


/* Text-Mode-Parameter */
/* (17=default, 167=1Tag, 0=default, 0=default alphabet),
Abschluss mit Return (^M) */
CALL ZocSend "AT+CSMP=17,167,0,0^M"
CALL ZocWait "OK"


/* Wohin soll die Kurznachricht (SMS) gesendet werden? */
/* Öffnen eines Eingabe-Fensters, um Ziel-Tel-Nummer
einzugeben. */
/* Die Ziel-Tel-Nummer erhält den Namen ziel_tel_nr */
ziel_tel_nr = ZocAsk("Ziel-Tel-Nummer? Beispiel:
+41792941632")


/* Wie viele Kurznachrichten (SMS) sollen gesendet werden?
*/
/* Öffnen eines Eingabe-Fensters, Anzahl erhält den Namen
```

```
message_anzahl */
message_anzahl = ZocAsk("Wieviele SMS sollen gesendet
werden?")

/* Zeitlicher Abstand von SMS zu SMS? */
/* Öffnen eines Eingabe-Fensters, Anzahl erhält den Namen
message_interval */
message_interval = ZocAsk("Zeitlicher Intervall von SMS zu
SMS (ganze Sekunden)?")
/* ---------- ENDE INITIALISIERUNG ----------------- */

/* ------------ BEGINN HAUPTPROGRAMM --------------- */
DO message_anzahl
  /* ------ GPS-POSITION UND ZEIT AUSLESEN BEGIN ------ */
  /* auf GPS-Gerät (COM2) umschalten und 2 Sekunden
  warten*/
  CALL ZocSetDevParm "[1]COM2:4800-8N1|8|250"
  CALL ZocDelay 2

  /* nmea-Datensatz-Name rückstellen, damit wirklich ein
  neuer RMC-
  Datensatz eingelesen wird */
  nmea = "xxxxxx"

  /* Suchen nach dem ersten NMEA-RMC-Datensatz */
  DO UNTIL nmea = "$GPRMC"
  timeout= ZocGetLine()
    IF timeout \= 640 THEN DO
      zeile = ZocLastLine()
      nmea = LEFT(zeile, 6)
      END
  END /*UNTIL*/
  /* NMEA-RMC-Datensatz zerlegen in den einzelnen
Parameter,
  wie z.B. UTC-Zeit, Breite (N/S) und Länge (W/E) */
  PARSE VALUE zeile WITH
datensatz","utc_zeit","a_v","breite","n_s",
  "laenge","e_w","v","kurs","datum","
  /* -------GPS-POSITION UND ZEIT AUSLESEN ENDE -------- */

  /* ------------ SMS SENDEN BEGINN ------------------ */
  /* auf GSM-Modem (COM1) umschalten und 2 Sekunden warten */
```

```
CALL ZocSetDevParm "[1]COM1:19200-8N1|8|250"
CALL ZocDelay 2

/* Löschen des alten SMS-Textes (zur Sicherheit!) */
SMS_Text = xxxxx

/* Zusammenstellen des neuen SMS-Textes */
SMS_Text = " Datum: "||datum||" UTC_Zeit: "||utc_zeit||"
Breite:"||breite||n_s||" Länge: "||laenge||e_w

/* SMS an Ziel-Tel-Nummer senden, Abschluss mit Return
(^M)  */
CALL ZocSend "AT+CMGS="""ziel_tel_nr"""^M"
CALL ZocWait ">"
/* Nach Empfang des Zeichens > wird der Text eingegeben,
Abschluss
mit <Crtl>+<Z> (^Z) */
CALL ZocSend SMS_Text"^Z"
CALL ZocWait "OK"
/* -------------- SMS SENDEN ENDE ------------------ */


/* ------------- WARTE-ZEIT BEGINN ------------------ */
CALL ZocDelay message_interval
/* --------------WARTE-ZEIT ENDE ------------------ */

END /* Ende von DO message_anzahl */
/* ------------- ENDE HAUPTPROGRAMM ------------------ */
```

Erklärung einzelner Befehle

- **DO-Schleifen (DO, DO UNTIL):** Schleifen werden in REXX folgender-maßen formuliert:

```
DO <zähler> <befehle> END
DO WHILE <bedingung> <befehle> END
DO UNTIL <bedingung> <befehle> END
DO <variable>=<start> TO <ende> <befehle> END
```

Beispiel 1:

```
/* Programm */
DO 5
    SAY "Hello"
END
```

Beispiel 2:

```
N= 100
DO WHILE n>0
    SAY n
    n= n-1
END
```

Beispiel 3:

```
DO i=1 TO 10
    SAY i
END
```

Bemerkung: Schleifen können mit dem Befehl LEAVE abgebrochen werden.

- **ZocSetDevParm <text>**: Diese Funktion erlaubt, deviceabhängige Einstellungen zu ändern. Allerdings ist der Parametertext für Devices nicht standardisiert, d.h. um den entsprechenden Parametertext zu finden, müssen die entsprechenden Optionen manuell eingestellt und der Parametertext dann abgefragt werden.   Angenommen, es soll eine Modemverbindung auf COM3, mit 57600 Baud, RTS/CTS, gültigem Carrier und einer Breakzeit von 350ms gestartet werden.

1. Nach Optionen->Device gehen und unter Modem/Serial diese Option einstellen

2. Optionen-Fenster schließen

3. Shift+Strg+F10 drücken

4. Der Parametertext wird als DEVICE-PARAMETER ausgegeben, nämlich "[1]COM3:57600-8N1|9|350". Dieser Text kann als Parameter für ZocSetDevParm verwendet werden.

Beispiel:

```
/* Serielle Parameters setzen: COM3,
    57600-8N1, RTS/CTS, Valid-CD, 350ms-Break */
CALL ZocSetDevParm "[1]COM3:57600-8N1|9|350"
```

- **ZocDelay [<sek>]**: Wartet die angegebene Zeit in Sekunden oder 0,2 Sekunden, falls kein Parameter angegeben wurde. Bruchteile von Sekunden müssen mit Dezimalpunkt (nicht Komma) angegeben werden. Beispiel:CALL ZocDelay 4.8

- **PARSE VALUE WITH:** Der PARSE Befehl ist ein flexibles REXX Kommando um formatierte Zeichen in Teile zu zerlegen und die Teile Variablen zuzuweisen. Der Syntax hierfür ist PARSE VALUE <zeichenkette> WITH <variable>"<trenner>"... Wenn Sie z.B. eine Zeichenkette coord mit Koordinaten in der Form <index>: <pos-x>/<pos-y> haben, können Sie diese leicht mit PARSE VALUE coord WITH index": "posx"/"posy zerlegen.

```
/* Programmbeispiel, um ein mit Komma getrennte Liste von
Zahlen zu zerlegen */
x= "1, 2, 3, 4"
DO FOREVER
    IF x=="" THEN LEAVE
  PARSE VALUE x WITH zahl", "rest
    SAY zahl
    x= rest
END
```

11 GPS, die Systemarchitektur

Möchten **Sie** . . .

- verstehen, wie GPS grundlegend funktioniert?

- wissen, wie viele Atomuhren sich an Bord eines GPS-Satelliten befinden?

- wissen, wie eine Position in der Ebene bestimmt wird?

- verstehen, warum bei GPS vier Satelliten zur Positionsbestimmung notwendig sind?

- verstehen, warum bei GPS drei verschiedene Segmente benötigt werden?

- wissen, welche Funktionen die einzelnen Segmente ausüben?

- wissen, wie ein GPS-Satellit grundsätzlich aufgebaut ist?

- wissen, welche Informationen zur Erde gesendet werden?

- verstehen, wie das Satellitensignal erzeugt wird?

- verstehen, wie die Laufzeit der GPS-Signale ermittelt wird?

- wissen, wie ein GPS-Empfänger aufgebaut ist?

- wissen, wie ein Empfangsmodul funktioniert?

. . . dann sollten Sie **dieses Kapitel** lesen!

11.1 Einleitung

Mit dem **Global Positioning System** (GPS, Verfahren zur weltumfassenden Bestimmung der Position) werden überall auf der Erde folgende zwei Werte (*Abb. 102*) ermittelt:

1. der genaue Standort (Koordinaten: geographische Länge, Breite und Höhe) mit einer Genauigkeit im Bereich von ca. 13 m bis zu ca. 1mm

2. die genaue Zeit (Weltzeit: Universal Time Coordinated, UTC) mit einer Genauigkeit im Bereich von 60ns bis zu ca. 5ns.

Aus den Koordinaten und der Zeit können Geschwindigkeit und Bewegungsrichtung (Kurs) abgeleitet werden. Koordinaten und Zeit werden mittels 28 Satelliten bestimmt, welche die Erde umkreisen.

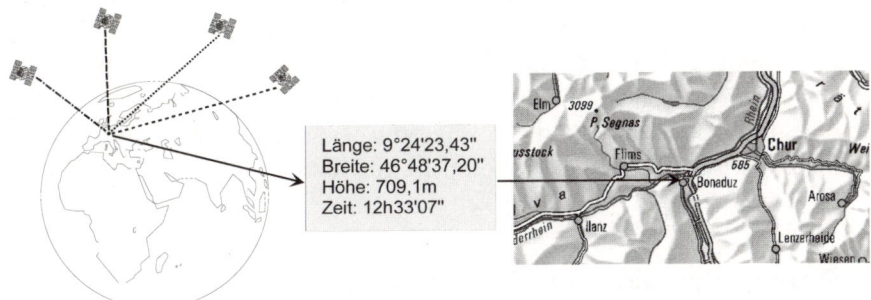

Abb. 102: Die grundlegende Funktion von GPS

GPS-Empfänger werden zum Positionieren, Orten, Navigieren, Vermessen und Bestimmen der Zeit benutzt und werden von Privaten (z.B. für Freizeitbetätigung, Trekking, Ballonflüge, Skitouren, etc.) wie auch von Betrieben (Vermessung, Zeitbestimmung, Navigation, Fahrzeugüberwachung, etc.) eingesetzt.

Das Globale Positionierungssystem GPS (die vollständige Bezeichnung lautet: **NAV**igation **S**ystem with **T**iming **A**nd **R**anging **G**lobal **P**ositioning **S**ystem, NAVSTAR-GPS) wurde vom amerikanischen Verteidigungsministerium (US Department of Defense, DoD) entwickelt und kann von zivilen und militärischen Anwendern genutzt werden. Das zivile Signal SPS (Standard Positioning Service) ist von der Allgemeinheit frei nutzbar, während das militärische Signal PPS (Precise Positioning Service) nur von autorisierten Stellen genutzt werden darf. Der erste Satellit wurde am 22. Februar 1978 in Umlaufbahn gebracht. Zurzeit umkreisen 28 aktive Satelliten in einer Höhe von 20180km auf 6 verschiedenen Bahnen die Erde. Die Bahnen sind um 55° zum Äquator geneigt, womit von jedem Punkt der Erde eine Funkverbindung zu mindestens 4 Satelliten gewährleistet wird. Jeder Satellit umkreist die Erde in ca. 12h und hat vier Atomuhren an Bord.

Bei der Entwicklung des GPS-Systems wurde auf folgende drei Punkte besonderer Wert gelegt:

1. Ortung, Geschwindigkeits- und Zeitbestimmung für Nutzer, die sich in Bewegung oder in Ruhe befinden

2. ständige, weltweite, wetterunabhängige 3-dimensionale Ortung mit hoher Genauigkeit

3. die Möglichkeit der zivilen Nutzung.

Ziel dieses Abschnittes ist es, eine umfassende Übersicht bezüglich Funktionsweise und Anwendungen von GPS zu geben. Der Aufbau wurde so gewählt, dass der Leser ausgehend von einfachen Erkenntnissen zu vertiefter Theorie gelangen kann. Wichtige Teilaspekte von GPS, wie z. B. das Differential-GPS und Geräteschnittstellen bzw. Datenformate, werden in separaten Abschnitten besprochen. Da das Verständnis der verschiedenen existierenden Koordinatensysteme bei der Anwendung von GPS-Geräten oft Mühe bereitet, wird der Einführung der Kartographie eigens Kapitel 14 gewidmet.

11.2 Prinzip der Signallaufzeitmessung

Die Distanz zu einem Blitz lässt sich folgendermaßen bestimmen (*Abb. 103*): Distanz = Zeit von der Wahrnehmung des Blitzes (Startzeit) bis zur Wahrnehmung des Donners (Stoppzeit) multipliziert mit der Schallgeschwindigkeit (ca. 330 m/s). Die Differenz zwischen Startzeit und Stoppzeit wird als Laufzeit des Donners bezeichnet.

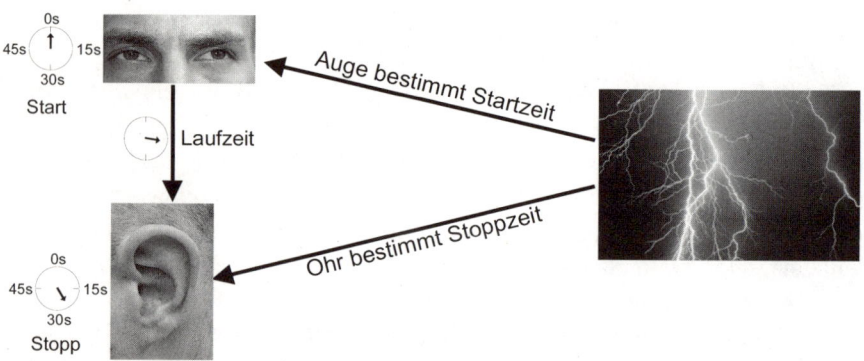

Abb. 103: Bestimmung der Entfernung zu einem Blitz

Entfernung = Laufzeit × Schallgeschwindigkeit

Nach dem genau gleichen Prinzip funktioniert das GPS. Um die genaue Position zu berechnen, muss die Laufzeit zwischen dem Beobachtungsstandort und vier verschiedenen Satelliten mit bekannter Position gemessen werden.

11.2.1 Erzeugung der Laufzeit bei GPS

28 Satelliten kreisen auf einer Höhe von 20'180 km um die Erde (*Abb. 104*). Auf 6 verschiedenen, zum Äquator um 55°geneigten Bahnen, umlaufen diese Satelliten in 11 Stunden und 58 Minuten die Erdkugel.

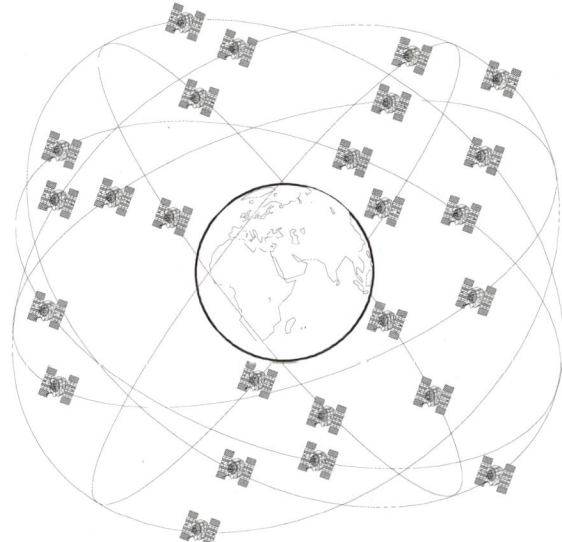

Abb. 104: 28 GPS-Satelliten umkreisen auf 6 Bahnen die Erde

Jeder dieser Satelliten führt bis zu vier Atomuhren mit sich. Atomuhren sind zur Zeit die präzisesten Zeitgeber. Während 30'000 bis 1'000'000 Jahren beträgt ihre Abweichung von der exakten Zeit höchstens 1 Sekunde. Um noch "genauer" zu sein, werden diese Atomuhren regelmäßig von verschiedenen Kontrollstellen auf der Erde überwacht. Jeder Satellit sendet auf einer Frequenz von 1'575,42 MHz seine genau bekannte Position und seine exakte Bordzeit zur Erde. Diese gesendeten Signale bewegen sich mit Lichtgeschwindigkeit (300'000 km/s) zur Erde und benötigen somit ca. 67,3ms bis zum Eintreffen an einem Ort auf der Erdoberfläche, welcher sich senkrecht unter dem befindet. Für jeden Kilometer Mehrdistanz benötigt das Signal zusätzliche 3,33µs. Wenn Sie nun Ihre Position auf der Erde (bzw. auf See oder in der Luft) bestimmen wollen, brauchen Sie nur eine genaue Uhr. Beim Vergleich der Ankunftszeit des Satellitensignals mit der zur Zeit der Abstrahlung herrschender Bordzeit kann die Laufzeit des Signals bestimmt werden (*Abb. 105*).

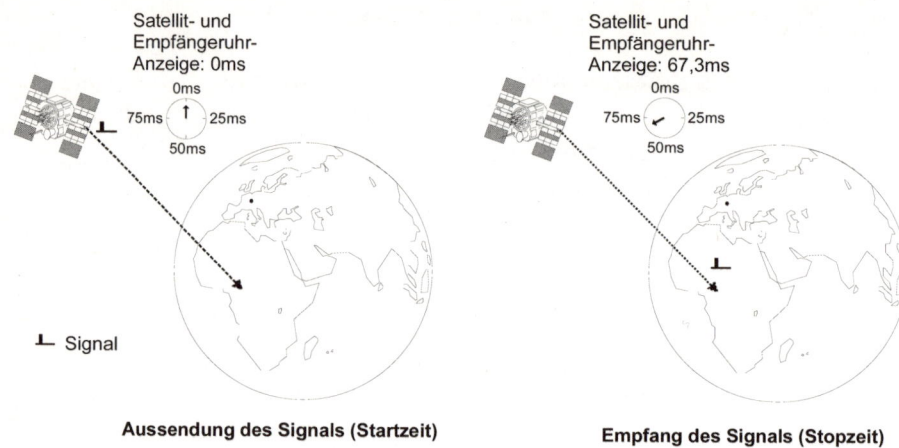

Abb. 105: Bestimmung der Laufzeit

Mit der bekannten Laufzeit τ wird die Entfernung S zum Satelliten berechnet:

Entfernung = Laufzeit × Lichtgeschwindigkeit

$S = τ × c$

Eine Signallaufzeitmessung bzw. die Kenntnis von der Entfernung zu einem Satelliten genügt noch nicht, um die eigene Position im Raum zu berechnen. Dazu braucht es vier voneinander unabhängige Laufzeitmessungen. Aus diesem Grund benötigt man zur Positionierung eine Funkverbindung zu vier verschiedenen Satelliten. Weshalb dies so ist, wird zuerst anhand einer Positionsbestimmung in der Ebene erklärt.

11.2.2 Positionsbestimmung in der Ebene

Angenommen zwei Satelliten bewegen sich in großer Entfernung weit über einer Ebene und senden ihre eigene bekannte Bordzeit bzw. Position. Anhand der Laufzeitmessung zu jedem einzelnen Satelliten können zwei Distanzkreise mit den Radien S1 und S2 um die Satelliten gezeichnet werden. Der Radius entspricht der jeweils berechneten Entfernung zum Satelliten. Auf dem Umfang des Kreises befinden sich sämtliche mögliche Positionen zum entsprechenden Satelliten. Die Position des Empfängers ist genau dort, wo sich die zwei Distanzkreise unterhalb der Satelliten schneiden (*Abb. 106*), wenn die Position oberhalb der Satelliten ausgeschlossen werden kann.

In der X/Y-Ebene genügen zwei Satelliten um die Position zu bestimmen.

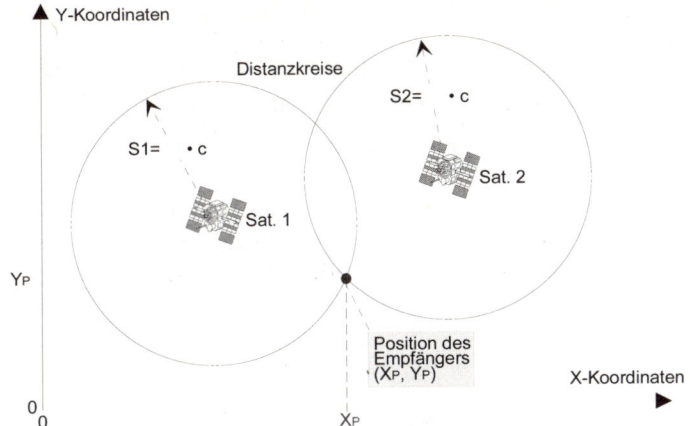

Abb. 106: Die Position des Empfängers im Schnittpunkt aller zwei Distanzkreise

In Wirklichkeit muss die Position nicht in einer Ebene, sondern im dreidimensionalen Raum bestimmt werden können. Da der Unterschied der Ebene zum Raum in einer zusätzlichen Dimension - der Höhe Z - besteht, muss ein zusätzlicher dritter Satellit zur Verfügung stehen, um die wahre Position zu bestimmen. Ist die Entfernung zu den drei Satelliten bekannt, befinden sich sämtliche möglichen Positionen auf der Oberfläche dreier Kugeln mit dem Radius der berechneten Entfernung. Dort wo sich alle drei Kugeloberflächen schneiden, ist die gesuchte Position (*Abb. 107*).

Die bisherigen Ausführungen sind nur gültig, wenn die terrestrische Uhr und die Atomuhren der Satelliten absolut synchron laufen, d.h. die Laufzeiten korrekt ermittelt werden.

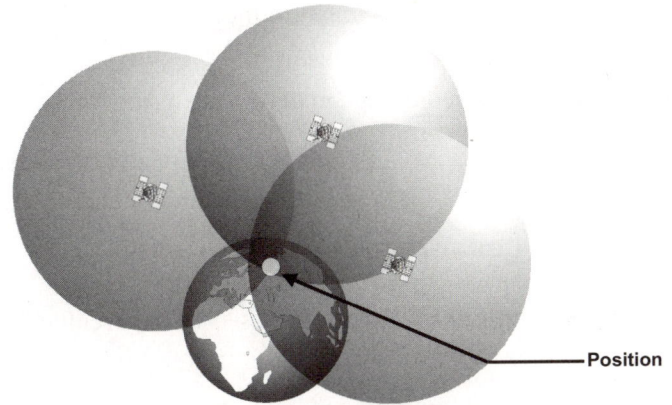

Abb. 107: Der Schnittpunkt dreier Kugeln bestimmt die Position

11.2.3 Einfluss und Korrektur des Zeitfehlers

Bisher wurde angenommen dass die Laufzeitmessung sehr genau war. Dies ist aber nicht der Fall. Eine genaue Zeitmessung beim Empfänger würde bedeuten, dass bei ihm eine hochpräzise und synchronisierte Uhr verwendet wird. Eine Verfälschung der gemessenen Laufzeit von nur 1 µs verursacht z. B. einen Positionsfehler von 300 m. Da die Uhren aller drei Satelliten synchron laufen, ist die Laufzeit bei allen Messungen um den gleichen Betrag verfälscht. Aus der Mathematik ist bekannt: sind bei Berechnungen N Größen unbekannt, müssen N unabhängige Gleichungen aufgestellt werden.

Ist die Zeitmessung mit einem konstanten unbekannten Zeitfehler behaftet, so existieren vier unbekannte Größen:

- geographische Länge (X)

- geographische Breite (Y)

- geographische Höhe (Z)

- Zeitfehler (Δt)

Daraus folgt, dass im dreidimensionalen Raum vier Satelliten nötig sind, um die Position zu bestimmen.

11.2.4 Positionsbestimmung im Raum

Um die vier unbekannten Größen zu bestimmen, bedarf es vier voneinander unabhängiger Gleichungen. Die dazu benötigten vier Laufzeiten werden von vier verschiedenen Satelliten geliefert (Sat. 1 bis Sat. 4). Die 28 GPS-Satelliten wurden deshalb am Himmel so verteilt, dass immer mindestens 4 Satelliten von jedem Punkt der Erde "sichtbar" sein sollten (*Abb. 108*).

Trotz Zeitfehler des Empfängers kann die Lage in der Ebene bis auf ca. 5...13m berechnet werden.

11.3 Beschreibung des gesamten Systems

Das Globale Positionierungs-System GPS besteht aus drei Segmenten (*Abb. 109*):

- dem Weltraumsegment (alle funktionierenden Satelliten)

- dem Benutzersegment (alle zivilen und militärischen Anwender von GPS)

- dem Kontrollsegment (alle zur Überwachung des Systems dienenden Bodenstationen: Hauptquartier, Monitorstationen und Bodenkontrollstationen)

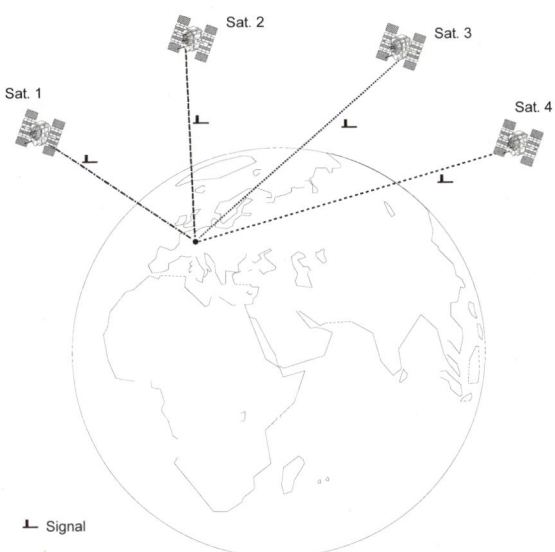

Abb. 108: Vier Satelliten werden für die Positionsbestimmung im Raum benötigt

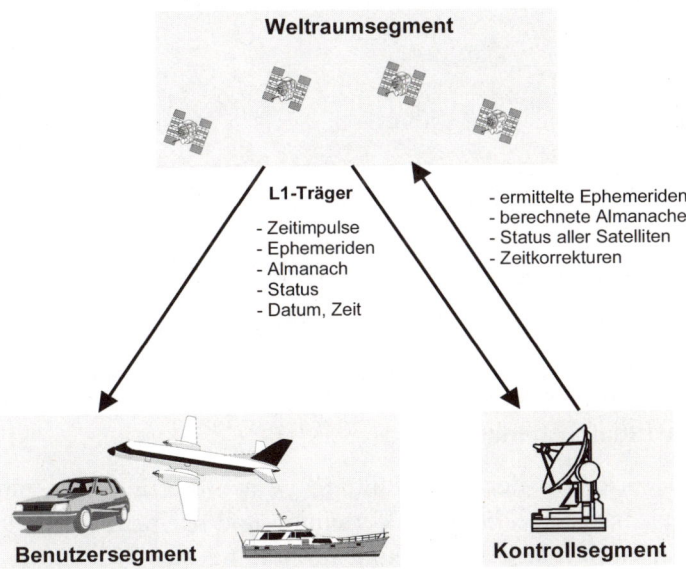

Abb. 109: Die drei Segmente von GPS

Gemäß *Abb. 109* besteht zwischen Weltraumsegment und Benutzersegment eine unidirektionale Kommunikation. Die drei Bodenkontrollstationen sind mit Bodenantennen ausgerüstet, welche eine bidirektionale Kommunikation erlauben.

11.4 Weltraumsegment

11.4.1 Die Bewegung der Satelliten

Das Weltraumsegment besteht zurzeit aus 28 aktiven Satelliten, welche auf sechs verschiedenen Bahnen (vier bis fünf Satelliten pro Bahn) die Erde umkreisen (*Abb. 104*). Die Bahnen sind 20´180km von der Erde entfernt und um 55° zum Äquator geneigt. Ein Satellit umkreist die Erde in rund 12h. Aufgrund der Erdrotation wird sich der gleiche Satellit nach ca. 24h (genau: 23h 56min) wieder über seinem Ausgangspunkt befinden (*Abb. 110*).

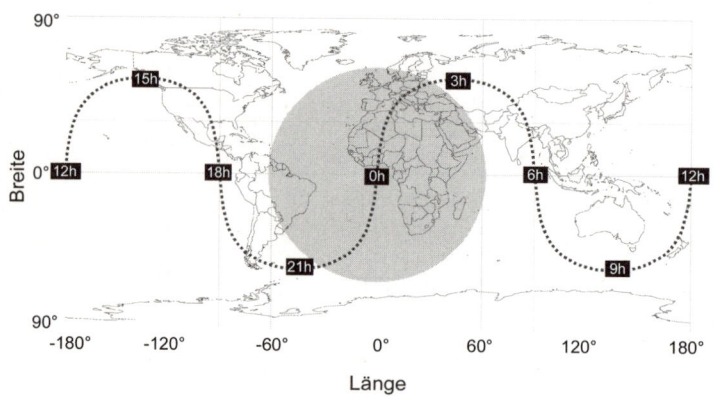

Abb. 110: 24h-Bodenspur eines GPS-Satelliten mit Wirkungsbereich

Aus *Abb. 110* ist der Wirkungsbereich eines Satelliten ersichtlich. Im Wirkungsbereich können die Satellitensignale empfangen werden. Eingezeichnet ist der Wirkungsbereich eines Satelliten, welcher sich genau über dem Schnittpunkt Äquator/Nullmeridian befindet.

Aus *Abb. 111* ist die Verteilung der 28 Satelliten zu einem bestimmten Zeitpunkt ersichtlich. Dank der ausgeklügelten Verteilung und der beträchtlichen Satellitenhöhe wird weltweit jederzeit Funkkontakt zu mindestens 4 Satelliten gewährleistet.

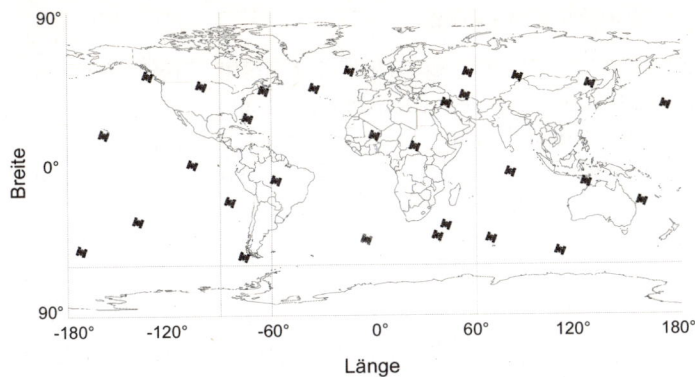

Abb. 111: Position der 28 GPS-Satelliten am 14. April 2001 um 12.00h UTC

11.4.2 Die GPS-Satelliten

Aufbau eines Satelliten

Alle 28 Satelliten senden auf der gleichen Frequenz von 1575,42 MHz Zeitsignale und Daten aus, welche durch an Bord befindliche Atomuhren untereinander synchronisiert sind. Die minimale Leistung der auf der Erde empfangenen Signale liegt bei ca. -158dBW bis -160dBW [41]. Gemäß den Spezifikationen kann die maximale auf der Erde empfangene Leistung ca. -153dBW betragen.

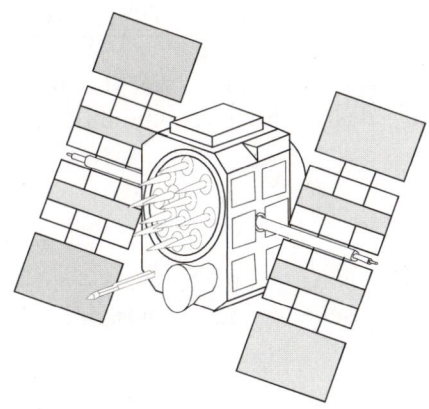

Abb. 112: GPS-Satellit

Leistungsbilanz der Funkverbindung

Die Leistungsbilanz *(Tabelle 38)* zwischen einem Satelliten und einem Nutzer ist geeignet, um die erforderliche Satellitensendeleistung zu eruieren. Gemäß Spezifikationen darf die minimale Empfangsleistung den Wert von –160dBW (-130dBm) nicht unterschreiten. Um diese Empfangsleistung zu gewährleisten, muss beim Satelliten die Sendeleistung des Trägers L1, moduliert mit dem C/A-Code, 21,9W betragen.

Tabelle 38: Leistungsbilanz des L1-Trägers moduliert mit dem C/A-Code

	Gewinn (+) / Verlust (-)	Absoluter Wert
Sendeleistung am Ausgang der Satellitenelektronik		13,4dBW (43,4dBm=21,9W)
Gewinn der Satellitenantenne (wegen Bündelung des Signals auf 14,3°)	+13,4dB	
Strahlungsleistung EIRP (Effective Isotropic Radiated Power)		26,8dBW (56,8dBm)
Verluste durch Polarisationsfehlanpassung	-3,4dB	
Signaldämpfung im Weltall	-184,4dB	
Signaldämpfung in der Atmosphäre	-2,0dB	
Gewinn der Empfängerantenne	+3,0dB	
Leistung am Empfängereingang		-160dBW $(-130dBm=100,0*10^{-18}W)$

Die empfangene Leistung von –160dBW ist unvorstellbar klein: das Maximum der Leistungsdichte liegt 14,9 dB unterhalb des Empfängergrundrauschens [42].

Satellitensignal

Folgende Informationen (Navigationsnachricht, Navigation Message) werden vom Satelliten mit einer Taktrate von 50 Bit pro Sekunde [43] ausgesendet:

- Satellitenzeit und Synchronisationssignale

- Präzise Bahndaten des Satelliten (Ephemeriden)

- Zeitkorrekturinformationen zur Bestimmung der exakten Satellitenzeit

- Ungenauere Bahndaten aller Satelliten (Almanach)

- Korrektursignale zur Berechnung der Laufzeit

- Daten über die Ionosphäre

- Informationen über den technischen Zustand (Status) der Satelliten

Die Übertragungszeit sämtlicher Informationen beträgt 12,5 Minuten. Anhand der Navigationsnachricht (siehe Abschnitt 12) kann der Empfänger die Außendezeit von jedem Satellitensignal und die exakte Position des Satelliten zur Aussendezeit bestimmen.

Jeder der 28 Satelliten sendet ein ihm zugeordnetes und nur einmal vorkommendes Muster. Dieses Muster besteht aus einer scheinbar zufälligen Folge (Pseudo Random Noise Code, PRN) von 1023 Nullen und Einsen (*Abb. 113*).

Abb. 113: Bild 12: Pseudo Random Noise

Das Muster mit einer Länge von einer Millisekunde wird ständig wiederholt und dient dem Empfänger zu zwei Zwecken:

- Identifikation: anhand der einmaligen Struktur des Musters weiß der Empfänger, von welchem Satelliten dieses Signal stammt.

- Laufzeitmessung

11.4.3 Erzeugung des Satellitensignals

Vereinfachtes Blockschema

An Bord der Satelliten befinden sich vier hochpräzise Atomuhren. Aus der Resonanzfrequenz einer der vier Atomuhren werden folgende zum Betrieb benötigte Takte und Frequenzen abgeleitet (*Abb. 114* und *Abb. 115*):

- Der Datentakt von 50 Hz

- Der Takt des C/A-Codes (Coarse/Acquisition-Code, PRN-Code, Grobempfangscode mit einer Frequenz von 1,023 MHz), welcher die Daten mittels EXOR-Verknüpfung moduliert (dies bewirkt eine Bandspreizung der Daten)

- Die Frequenz des zivilen L1-Trägers (1575,42 MHz)

Die mit dem C/A-Code modulierten Daten modulieren wiederum den L1-Träger unter Verwendung des Bi-Phase-Shift-Keying (BPSK). Dabei wechselt die Phase des L1-Trägers bei jedem Wechsel der modulierten Daten um 180°.

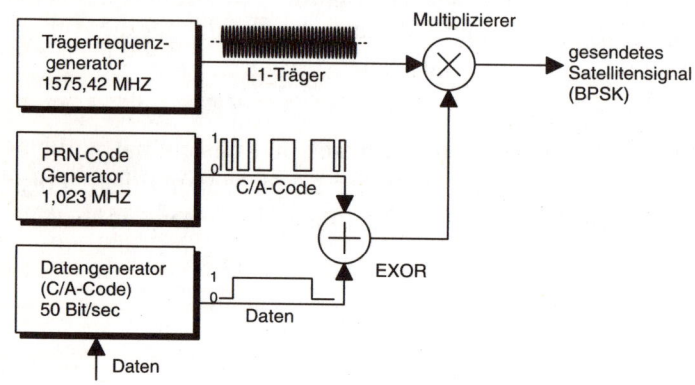

Abb. 114: Vereinfachtes Satellitenblockschema

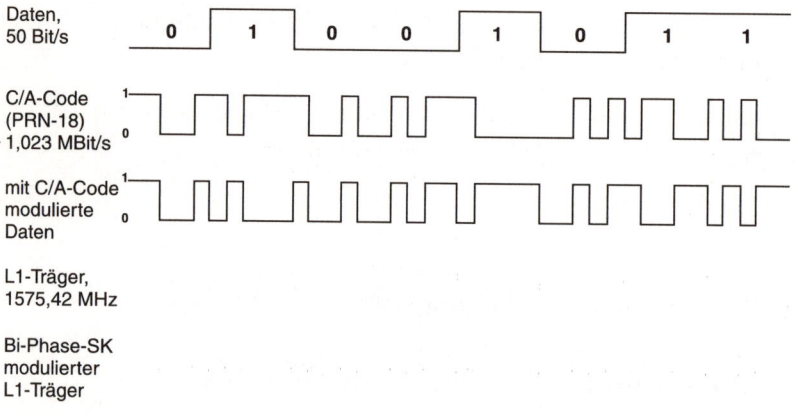

Abb. 115: Datenstruktur eines GPS-Satelliten

Detailliertes Blockschema

Die Atomuhren des Satelliten weisen eine Stabilität von besser als 2.10^{-13} auf [44]. Aus der Resonanzfrequenz einer der vier Atomuhren wird im Satelliten die Grundfrequenz von 10,23MHz abgeleitet, und wiederum aus dieser Grundfrequenz werden die Trägerfrequenz, die Datenfrequenz und der Takt für die Erzeugung einer Pseudozufallsfolge (Pseudo Random Noise, PRN, der C/A-Code (Coarse/ Acquisition-Code)) erzeugt (*Abb. 116*). Da alle 28 Satelliten auf der gleichen Frequenz von 1575,42 MHz senden, wird das sogenannte CDMA-Multiplexverfahren (Code-Division Multiple-Access Verfahren) angewendet. Die Daten werden nach einer DSSS-Modulation (Direct Sequence-Spread-Spectrum-Modulation) gesendet [45]. Der C/A-Code-Generator weist eine Frequenz von 1,023MHz und eine Periode von 1'023 Schritten (Chips) auf, was einer Zeit von einer Millisekunde entspricht. Der verwendete C/A-Code (PRN-Code), welcher einer Gold-Folge entspricht, und somit günstige Korrelationseigenschaften aufweist, wird durch rückgekoppelte Schieberegister erzeugt.

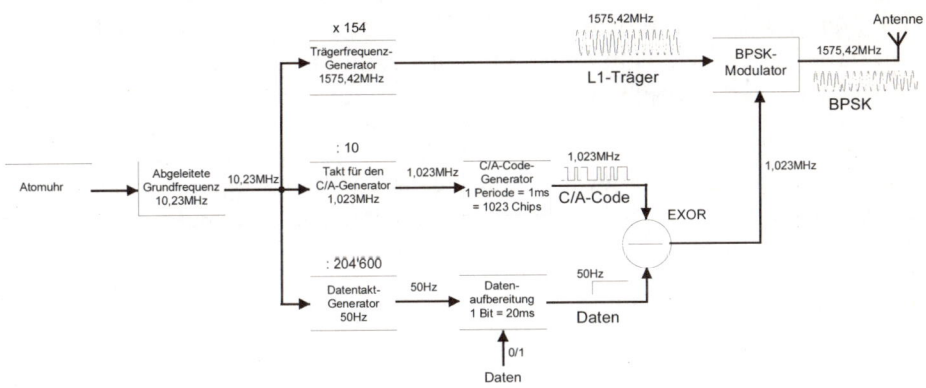

Abb. 116: Detailliertes Blockschema eines GPS-Satelliten

Das vorgängig beschriebene Modulationsverfahren wird DSSS-Modulation (Direct Sequence-Spread-Spectrum-Modulation) genannt. Eine wichtige Rolle spielt dabei der C/A-Code. Im C/A-Code stecken nämlich die Identifikation und die Informationen jedes einzelnen Satelliten, da alle Satelliten auf der gleichen Frequenz von 1575,42 MHz senden. Der C/A-Code ist eine scheinbar zufällige Folge (Englisch: Pseudo Random Noise PRN) von 1023 Bits. Dieses, für jeden Satelliten einmalige Muster mit einer Länge einer Millisekunde, wiederholt sich ständig. Die Identifikation eines Satelliten geschieht immer durch Identifikation des entsprechenden C/A-Codes.

GPS-Zeit und Z-Count

Jeder GPS-Satellit bestimmt die Zeit (GPS-Zeit) mit einem internen 29-Bit-Zähler, dieses Verfahren wird Z-Count genannt. Der Zähler ist aufgeteilt in zwei unterschiedlichen Bereiche (*Abb. 117*):

- GPS Wochennummer (GPS Week Number, WN), 10 Bit-lang und

- Wochenzeit (Time of Week, TOW), 19-Bit-lang

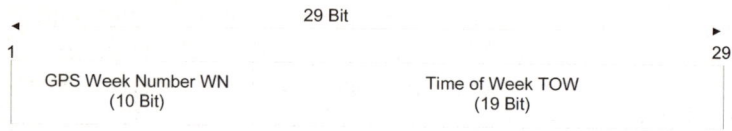

Abb. 117: Z-Count

Die Wochennummer WN mit einer Länge von 10 Bits übermittelt die Laufnummer der aktuellen Woche (mit 10 Bits kann ein Wertebereich von 0 bis 1023 dargestellt werden). Die GPS-Zeit begann am Sonntag 6. Januar 1980 um 00:00:00h. Alle 1024 Wochen beginnt die Wochennummer wieder bei dem Wert 0 (der letzte Neubeginn fand am Sonntag 22. August 1999 um 00:00:00h statt, der nächste Neubeginn wird am Sonntag 7. April 2019 um 00:00:00h stattfinden).

Der TOW-Counter startet jeweils samstags um Mitternacht bzw. sonntags um 00:00:00h und wird in Schritten von 1.5 Sekunden inkrementiert. Da eine Woche 604 800 Sekunden hat, läuft dieser Zähler jeweils bis 403 199, bevor er wieder auf 0 gesetzt wird.

11.5 Kontrollsegment

Das Kontrollsegment (Operational Control System OCS) besteht aus einem Hauptquartier (Master Control Station) im US-Staat Colorado, aus fünf mit Atomuhren ausgerüsteten Monitorstationen, welche weltweit in der Nähe des Äquators verteilt sind und drei Bodenkontrollstationen (Ground Control Station), welche Informationen zu den Satelliten übermitteln.

Die wichtigsten Aufgaben des Kontrollsegments sind:

- Beobachtung der Satellitenbewegungen und Berechnung der Bahndaten (Ephemeriden)

- Überwachung der Satellitenuhren und Vorhersage ihres Verhaltens

- Zeitsynchronisation der Satelliten

- Übermitteln der genauen Bahndaten des im Funkkontakt stehenden Satelliten

- Übermittlung der angenäherten Bahndaten aller Satelliten (Almanach)

- Übermittlung weiterer Informationen, sowie technischer Zustand aller Satelliten (Status), Uhrenfehler, usw.

Das Kontrollsegment steuert ebenfalls die künstliche Verfälschung der Signale (SA, Selective Availability, Selektive Verfügbarkeit) um die Positionierungsgenauigkeit für den zivilen Anwender herabzusetzen. Die Genauigkeit wurde bis zu Mai 2000 vom Satellitenbetreiber DoD (Department of Defence, Verteidigungsministerium der USA) aus politischen und taktischen Gründen absichtlich verschlechtert. Im Mai 2000 wurde die SA ausgeschaltet. Die SA kann jedoch in Krisensituationen global oder regional wieder eingeschaltet werden.

11.6 Benutzersegment

Die von den Satelliten ausgesendeten Signale benötigen eine Laufzeit von ca. 67 Millisekunden, bis sie zu einem Empfänger gelangen. Da sich die Signale mit Lichtgeschwindigkeit ausbreiten, ist diese Laufzeit vom Abstand der Satelliten zum Benutzer abhängig.

Im Empfänger werden 4 verschiedene Signale generiert, welche die gleiche Struktur aufweisen wie diejenigen der empfangenen 4 Satellitensignale. Durch die Synchronisierung der im Empfänger generierten Signale mit den jeweiligen empfangenen Satellitensignalen werden die 4 Zeitverschiebungen Δt der Satellitensignale zu einer Empfängerzeitmarke gemessen (*Abb. 118*). Die gemessenen Zeitverschiebungen Δt von allen 4 Satellitensignalen werden zur Laufzeitbestimmung verwendet.

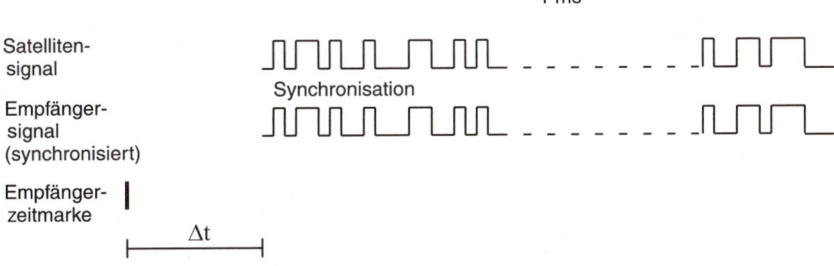

Abb. 118: Messung der Laufzeit

Um die Position eines Anwenders zu bestimmen, braucht es Funkkontakt zu vier verschiedenen Satelliten. Aus der Laufzeit der Signale wird der jeweilige Abstand zu den Satelliten bestimmt. Aus dem Abstand und der bekannten Position der vier Satelliten berechnet der Empfänger des Anwenders seine Breite φ, Länge λ, Höhe h und Zeit t. Mathematisch ausgedrückt heißt dies: aus den vier bekannten Positionen und Entfernungen werden die vier unbekannten Größen φ, λ, h und t bestimmt. Allerdings bedarf es zur Berechnung ziemlich aufwändiger Iterationen, auf die später eingegangen wird.

Wie bereits erwähnt, senden alle 28 Satelliten auf der gleichen Frequenz, jedoch mit unterschiedlichem C/A-Code. Grundsätzlich wird dieses Verfahren Code Division Multiple Access (CDMA) genannt. Die Rückgewinnung des Signals und die Identifikation der Satelliten geschieht durch eine Korrelation. Dem Empfänger sind alle in Gebrauch stehenden C/A-Codes bekannt. Durch systematisches Verschieben und Vergleichen aller Codes mit allen ankommenden Satellitensignalen ergibt sich zu einem bestimmten Zeitpunkt einmal eine vollständige Übereinstimmung bei der Codes (d.h. der Korrelationsfaktor KF ist Eins); der sogenannte Korrelationszeitpunkt ist erreicht (*Abb. 119*). Der Korrelationszeitpunkt wird zur eigentlichen Laufzeitmessung und wie schon erwähnt zur Identifikation des Satelliten verwendet.

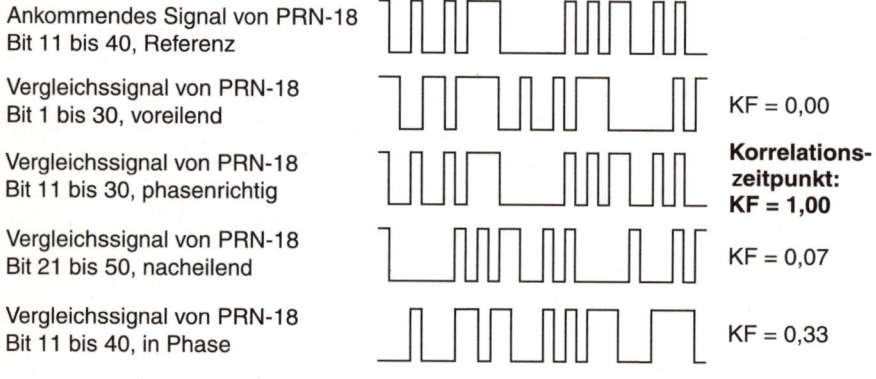

Abb. 119: Demonstration des Korrelationsvorgangs über 30 Bits

Die Güte der Korrelation wird hier mit KF (Korrelationsfaktor) ausgedrückt. Der Wertebereich von KF liegt zwischen minus Eins und plus Eins und ist nur bei vollständiger Übereinstimmung (Bitfolge und Phase) beider Signalen plus Eins.

$$KF = \frac{1}{N} \bullet \sum_{i=1}^{N} \left[\left(\text{üB} \right) - \left(\text{nB} \right) \right]$$

üB: Anzahl aller übereinstimmender Bits

nB: Anzahl aller nichtübereinstimmender Bits

N: Anzahl der betrachteten Bits.

11.7 GPS-Empfänger

11.7.1 Grundprinzip von GPS-Empfängern

Ein GPS-Empfänger lässt sich grundsätzlich in folgende Hauptstufen unterteilen (*Abb. 120*):

- **Antenne**: Die Antenne empfängt die äußerst schwachen Satellitensignale
  auf einer Frequenz von 1572,42MHz. Die Leistung des Signals beträgt rund
  –163dBW (-133dBm). Einige (passive) Antennen haben einen Gewinn von
  3dB.

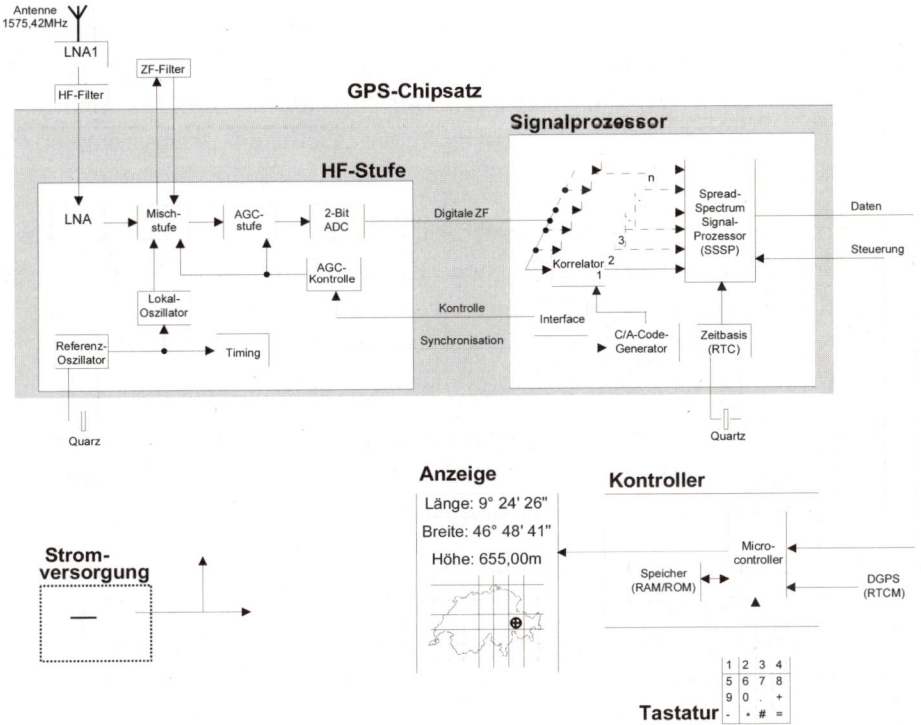

Abb. 120: Vereinfachtes Blockschema eines GPS-Empfängers

- **LNA 1:** Dieser rauscharme Verstärker (LNA: low noise amplifier) verstärkt
  das Signal um ca. 15 ... 20dB.

- **HF-Filter:** Die Bandbreite des GPS-Signals beträgt ca. 2MHZ. Das HF-Filter reduziert den Einfluss störender Signale.

- **Mischstufe:** Das verstärkte GPS-Signal wird mit der Frequenz des Lokaloszillators gemischt. Das gefilterte ZF-Signal wird über eine Verstärkungsregelungsstufe (Amplitude Gain Control, AGC) bezüglich Amplitude konstant gehalten und digitalisiert.

- **ZF-Filter:** Die Zwischenfrequenz wird mit einer Bandbreite von 2MHz herausgefiltert. Die in der Mischstufe entstandenen Spiegelfrequenzen werden auf einen zulässigen Pegel reduziert.

- **Signalprozessor:** Bis zu 16 verschiedenen Satellitensignale können gleichzeitig korreliert und dekodiert werden. Die Korrelation geschieht durch ständigen Vergleich des C/A-Codes. HF-Stufe und Signalprozessor werden über das Taktsignal synchronisiert. Der Signalprozessor hat eine eigene Zeitbasis (Real Time Clock, RTC). Ausgegeben werden sämtliche ermittelten Daten, die sogenannten Rohdaten (vor allem die vom Korrelator ermittelten Laufzeiten zu den jeweiligen Satelliten). Der Signalprozessor lässt sich vom Kontroller über die Steuerungsleitung in verschiedene Betriebsarten versetzen.

- **Kontroller:** Der Kontroller berechnet anhand der Daten Position, Zeit, Geschwindigkeit, Kurs, etc. Er steuert den Signalprozessor und gibt die berechneten Werte zur Anzeige weiter. Wichtige Daten (wie z.B. die Ephemeriden, die letzte Position, etc.) werden im RAM abgespeichert. Das Programm und die Berechnungsalgorithmen sind im ROM abgespeichert.

- **Tastatur:** Der Anwender kann über eine Tastatur wählen, welches Koordinatensystem er verwenden will, und welche Parameter (z.B. Anzahl der sichtbaren Satelliten) angezeigt werden sollen.

- **Anzeige:** Die berechnete Position (Länge, Breite und Höhe) muss dem Benutzer präsentiert werden. Dies kann entweder mit einer 7-Segment-Anzeige oder auf einem Bildschirm mit einer projizierten Karte erfolgen. Die ermittelten Positionen können gespeichert werden, womit sich ganze Routen aufzeichnen lassen.

- **Stromversorgung:** Die Stromversorgung liefert die notwendige Betriebsspannung an sämtliche elektronische Baustufen.

- **GPS-Chipsatz:** HF-Stufe und Signalprozessor sind die eigentlichen Spezialschaltungen in einem GPS-Empfänger. Sie sind aufeinander abgestimmt.

11.7.2 Empfangsmodul für GPS

Grundkonzeption des GPS-Moduls

GPS-Module müssen die schwachen Antennensignale von mindestens vier Satelliten auswerten, um eine korrekte dreidimensionale Position zu bestimmen. Zusätzlich zu den Positionen Länge, Breite und Höhe wird oft noch ein Zeitsignal ausgegeben. Dieses Zeitsignal ist zur Weltzeit UTC (Universal Time Coordinated) synchronisiert. Aus der Positionsbestimmung und der exakten Zeit können weitere physikalische Größen wie z.B. Geschwindigkeit und Beschleunigung berechnet werden. Das GPS-Modul gibt Informationen über die Konstellation, den technischen Zustand, die Anzahl der sichtbaren Satelliten, etc. aus.

Abb. 121 zeigt das typische Blockschema eines GPS-Moduls. Die empfangenen Signale (1575,42 MHz) werden vorverstärkt und auf eine niedrigere Zwischenfrequenz umgesetzt. Der Referenzoszillator liefert die für die Frequenzumsetzung erforderliche Trägerschwingung und die notwendigen Taktfrequenzen für Prozessor und Korrelator. Die analoge Zwischenfrequenz wird mit einem 2Bit-ADC in ein digitales Signal umgesetzt.

Die Signallaufzeit Satelliten zu GPS-Empfänger wird durch Korrelation von PRN-Impulsfolgen gewonnen. Um die Laufzeit zu ermitteln, muss dabei die zum Satelliten gehörende PRN-Folge appliziert werden, sonst ergibt sich kein Korrelationsmaximum. Die Daten werden durch Mischung mit der richtigen PRN-Folge zurückgewonnen. Dabei wird das Nutzsignal über das Rauschen angehoben [46]. Es werden gleichzeitig bis zu 16 Satellitensignale verarbeitet. Die Steuerung und Generierung der PRN-Folgen und die Rückgewinnung der Daten wird von einem Signalprozessor vorgenommen. Die Berechnung und Speicherung der Position und der davon abgeleiteten Größen wird von einem Prozessor mit zugehörigem Speicher bewerkstelligt.

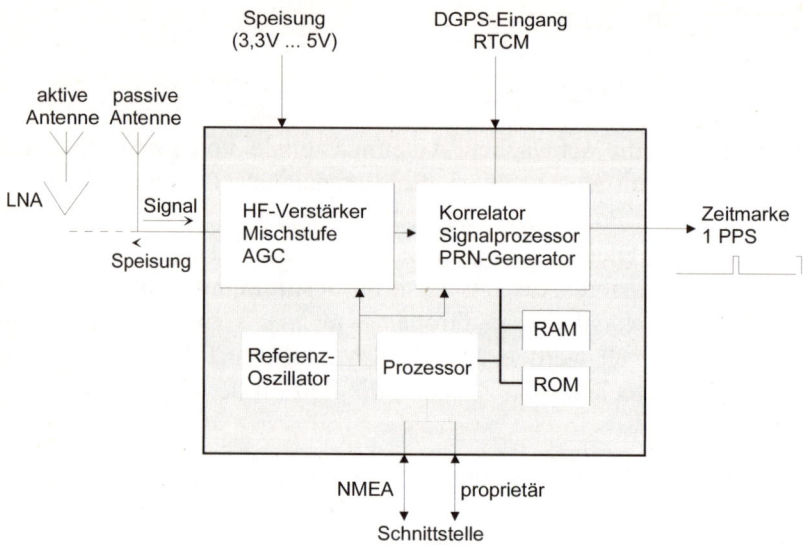

Abb. 121: Typisches Blockschema eines GPS-Moduls

Moderne GPS-Module sind nicht viel größer als eine Briefmarke. Das in *Abb. 122* [47] abgebildete Modul ist 3mm hoch und seine Grundfläche beträgt 25,4 x 25,4 mm.

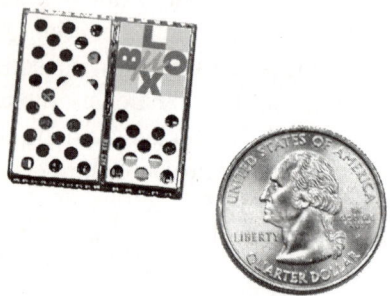

Abb. 122: GPS-Modul (Foto: μ-blox ag)

12 GPS, Navigationsnachricht, Datenformat und Schnittstelle

Möchten **Sie** . . .

- wissen, welche Informationen GPS-Satelliten zur Erde übermitteln?

- verstehen, warum es bei GPS zum Starten eine Mindestzeit braucht?

- wissen, was Frames und Subframes sind?

- verstehen, warum gleiche Daten mit unterschiedlicher Genauigkeit übermittelt werden?

- wissen, was NMEA und RTCM bedeuten?

- wissen, was ein proprietärer Datensatz ist?

- wissen, welcher Datensatz bei allen GPS-Empfängern verfügbar ist?

- wissen was eine aktive Antenne ist?

- wissen wie UTC, TAI, GPS- , Satelliten- und Lokalzeit definiert sind?

. . . dann sollten Sie **dieses Kapitel** lesen

12.1 Einleitung zur Navigationsnachricht

Die Navigationsnachricht [48] ist ein kontinuierlicher Datenstrom von 50 Bits pro Sekunde. Jeder Satellit übermittelt folgende Informationen zur Erde:

- Systemzeit und Zeitkorrekturwerte

- Hochpräzise eigene Bahndaten (Ephemeriden)

- Angenäherte Bahndaten aller anderen Satelliten (Almanach)

- Systemzustand, etc.

Die Navigationsnachricht wird zur Berechnung der aktuellen Position der Satelliten und zur Bestimmung der Laufzeiten benötigt.

Der Datenstrom ist dem HF-Träger jedes einzelnen Satelliten aufmoduliert. Die Daten werden in logisch zusammengefasste Einheiten, genannt Rahmen (Frames bzw. Seite), übermittelt. Jeder Rahmen ist 1500 Bit lang und benötigt 30 Sekunden zur Übermittlung. Die Rahmen sind in 5 Unterrahmen (Subframes) aufgeteilt. Jeder Unterrahmen ist 300 Bits lang und zur Übertragung werden 6 Sekunden benötigt. Um einen vollständigen Almanach zu übertragen, werden 25 verschiedene Rahmen (genannt Pages bzw. Seiten) benötigt. Die Übertragung des gesamten Almanachs dauert demnach 12,5 Minuten. Um funktionsfähig zu sein, muss ein GPS-Empfänger mindestens einmal den kompletten Almanach empfangen haben (z.B. für die primäre Initialisierung eines Empfängers).

12.2 Struktur der Informationsnachricht

Ein Rahmen (Frame) ist 1500 Bit lang und benötigt 30 Sekunden für die Übertragung. Die 1500 Bits sind in fünf Unterrahmen (Subframes) zu je 300 Bit (Dauer der Übermittlung: 6 Sekunden) aufgeteilt. Jeder Unterrahmen wiederum ist in 10 Worte zu je 30 Bits aufgeteilt. Jeder Unterrahmen beginnt mit einem Telemetriewort und einem Übergabewort (Hand Over Word, HOW). Eine vollständige Navigationsnachricht umfasst 25 Rahmen (Pages). Die Struktur der vollständigen Navigationsnachricht ist in *Abb. 123* schematisch dargestellt.

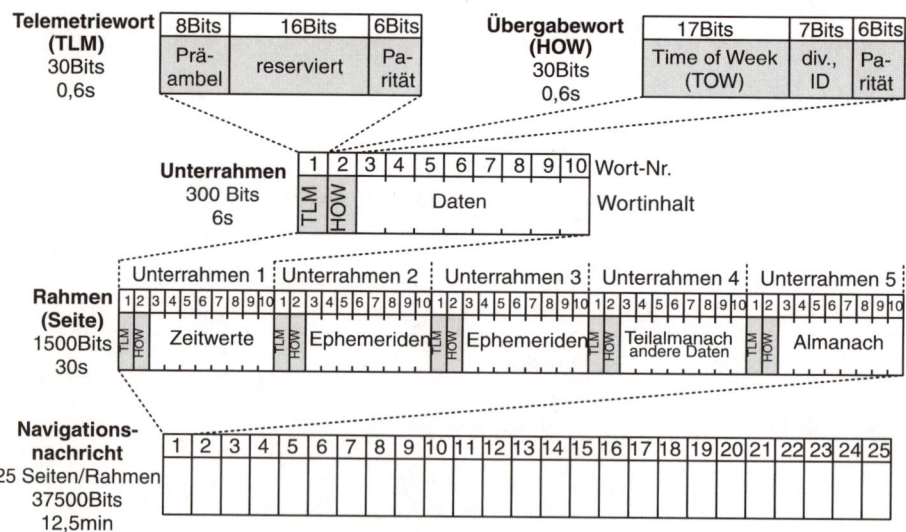

Abb. 123: Struktur der gesamten Navigationsnachricht

12.2.1 Informationsgehalt der Unterrahmen

Ein Rahmen ist in fünf Unterrahmen aufgeteilt. Jeder Unterrahmen überträgt unterschiedliche Informationen.

- Unterrahmen 1 enthält die Zeitwerte des übermittelnden Satelliten, dazu gehören die Parameter zur Korrektur der Laufzeitverzögerung, die Parameter zur Korrektur der Satellitenzeit, Informationen über den technischen Zustand des Satelliten und eine Schätzung der möglichen Positionsgenauigkeit des Satelliten. Im Unterrahmen 1 wird ebenfalls die sogenannte Wochennummer WN mit einer Länge von 10 Bits übermittelt (mit 10 Bits kann ein Wertebereich von 0 bis 1023 dargestellt werden). Die GPS-Zeit begann am Sonntag 6. Januar 1980 um 00:00:00h. Alle 1024 Wochen beginnt die Wochennummer wieder bei dem Wert 0 (der letzte Neubeginn fand am Sonntag 22. August 1999 um 00:00:00h statt, der nächste Neubeginn wird am Sonntag 7. April 2019 um 00:00:00h stattfinden).

- Unterrahmen 2 und 3 enthalten die Ephemeridendaten des übermittelnden Satelliten. Diese Ephemeridendaten liefern mit hoher Präzision Informationen über die Satellitenbahn des übermittelnden Satelliten.

- Unterrahmen 4 enthält die Almanachdaten der Satelliten mit den Nummern 25 bis 32 (Hinweis: pro Unterrahmen können nur die Daten eines Satelliten übertragen werden), die Differenz zwischen der GPS-Zeit und der UTC-Zeit und Informationen über Messfehler, welche durch die Ionosphäre bedingt sind.

- Unterrahmen 5 enthält die Almanachdaten der Satelliten mit den Nummern 1 bis 24 (Hinweis: pro Unterrahmen können nur die Daten eines Satelliten übertragen werden). Alle 25 Seiten wird zusätzlich eine Information über den technischen Zustand der Satelliten mit der Identifikationsnummer 1 bis 24 übertragen.

12.2.2 TLM und HOW

Das erste Wort eines jeden Rahmens, das Telemetrie Wort (TLM), enthält ein 8 Bit langes Synchronisationsmuster (Präambel: 10001011), gefolgt von 16 für autorisierte Benutzer reservierten Bits. Die letzten 6 Bits des Telemetrieworts sind, wie die aller Worte, Paritätsbits.

Jedem Unterrahmen folgt nach dem Telemetriewort das Hand Over Word (HOW). In ihm wird die Startzeit des nächsten Unterrahmens in der Form eines Time of Week (TOW) von 17 Bits Länge übermittelt (mit 17 Bits kann ein Wertebereich von 0 bis 131071 dargestellt werden) HOW ist gebildet aus den 17 MSB des TOW im Z-Count. Der HOW-Zähler startet mit dem Wert 0 bei Beginn der GPS-Woche (Übergang von Samstag 23:59:59h zu Sonntag 00:00:00h) und wird alle 6 Sekunden um den Wert 1 inkrementiert. Da eine Woche 604800 Sekunden hat, läuft dieser Zähler jeweils von 0 bis 100799, bevor er wieder auf 0 gesetzt wird. Alle 6 Sekunden wird eine Marke in den Datenstrom eingeführt und das HOW gesendet. Damit kann eine Synchronisation auf dem P-Code durchgeführt werden. Im Hand Over Word werden die Bits-Nr. 20 bis 22 zur Identifikation (ID) des gerade gesendeten Unterrahmens benutzt.

12.2.3 Aufteilung der 25 Seiten

Ein vollständige Navigationsnachricht benötigt 25 Seiten und dauert 12,5 Minuten. Eine Seite bzw. ein Rahmen ist in fünf Unterrahmen aufgeteilt. Für die Unterrahmen 1 bis 3 ist der Informationsgehalt bei allen 25 Seiten gleich. Dies bedeutet, dass ein Empfänger alle 30 Sekunden über die vollständigen Zeitwerte und Ephemeridendaten des übermittelnden Satelliten verfügt.

Einzig bezüglich des Unterrahmens 4 und 5 unterscheidet sich die Organisation der gesendeten Informationen.

- Unterrahmen 4: Die Seiten 2, 3, 4, 5, 7, 8, 9 und 10 übermitteln die Almanachdaten der Satelliten mit den Nummern 25 bis 32. Pro Seite werden jeweils nur die Almanachdaten eines Satelliten übermittelt. Seite 18 übermittelt die Werte zur Korrektur der Messungen infolge der Brechung in der Ionosphäre und die Zeitdifferenz zwischen UTC- und GPS-Zeit. Seite 25 beinhaltet Informationen über die Konfiguration (d.h. die Blockzugehörigkeit) aller 32 Satelliten und über den Betriebszustand der Satelliten mit den Nummern 25 bis 32.

- Unterrahmen 5: Die Seiten 1 bis 24 übermitteln die Almanachdaten der Satelliten mit den Nummern 1 bis 24. Pro Seite werden jeweils nur die Almanachdaten eines Satelliten übermittelt. Seite 25 übermittelt Informationen über den Betriebszustand der Satelliten mit den Nummern 1 bis 24 und die Ursprungszeit der Almanachs.

12.2.4 Vergleich zwischen Ephemeriden- und Almanachdaten

Sowohl mit Ephemeriden- als auch mit Almanachdaten können die Satteliten-bahnen und somit auch die jeweiligen Koordinaten eines bestimmten Satelliten zu einem definierten Zeitpunkt bestimmt werden. Der Unterschied der übermittelten Werte liegt vor allem in der Genauigkeit der Zahlenangabe. In der *Tabelle 39* ist ein Vergleich zwischen beiden Angaben ersichtlich.

Tabelle 39: Vergleich zwischen Ephemeriden- und Almanachdaten

Information	Ephemeriden Bit-Anzahl	Almanach Bit-Anzahl
Quadratwurzel der großen Halbachse der Bahnellipse a	32	16
Exzentrizität der Bahnellipse e	32	16

Erklärung zu den Begriffen von *Tabelle 39*, siehe *Abb. 124*

Große Halbachse der Bahnellipse: a

Exzentrizität der Bahnellipse: $e = \sqrt{\dfrac{a^2 - b^2}{a^2}}$:

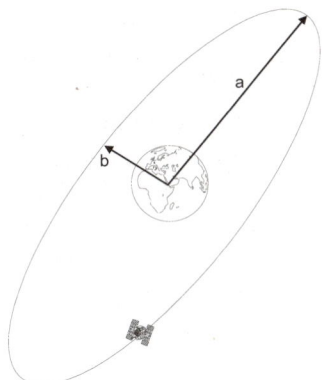

Abb. 124: Ephemeridenbegriffe

12.3 Einleitung zur Datenformate

GPS-Empfänger benötigen verschiedene Signale (*Abb. 125*) um funktionieren zu können. Nach erfolgreicher Berechnung und Bestimmung von Position und

Zeit werden diese Größen ausgegeben. Damit die Portabilität von verschiedenen Geräte-Typen gewährleistet ist, existieren für den Datenaustausch internationale Normen (NMEA und RTCM), oder es kommen vom Hersteller definierte Formate und Protokolle (proprietär) zum Einsatz.

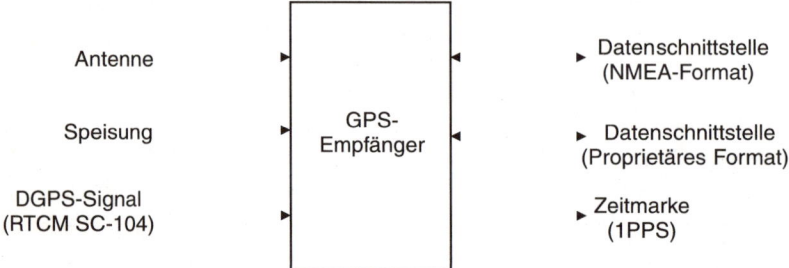

Abb. 125: Blockschaltbild eines GPS-Empfängers mit Schnittstellen

12.4 Datenschnittstellen

12.4.1 Die Datenschnittstelle NMEA-0183

Um die berechneten GPS-Größen wie Position, Geschwindigkeit, Kurs usw. zu einem Peripheriegerät (z.B. Computer, Bildschirm, Funkgerät) zu übermitteln, verfügen GPS-Module über eine serielle Schnittstelle (TTL- oder RS-232-Pegel). Über diese Schnittstelle werden die wichtigsten Empfängerinformationen nach einem speziellen Datenformat ausgegeben. Zur Gewährleistung eines problemlosen Datenaustauschs wurde das Format von der National-Marine-Electronics-Association (NMEA) normiert. Heutzutage werden die Daten nach der NMEA-0183-Spezifikation übermittelt. NMEA hat für verschiedene Anwendungen z.B. GNSS (Global Navigation Satellite System), GPS, Loran, Omega, Transit und verschiedene Hersteller Datensätze spezifiziert. Zur Übermittlung der GPS-Informationen sind bei GPS-Modulen folgende sieben Datensätze weit verbreitet [49]:

1. GGA (GPS Fix Data, Fixe Daten für das Globale Positionierungssystem)

2. GLL (Geographic Position – Latitude/Longitude, Geographische Position – Breite/Länge)

3. GSA (GNSS DOP and Active Satellites, Verminderung der Genauigkeit und aktive Satelliten bei dem Globalen Satellitennavigationssystem)

4. GSV (GNSS Satellites in View, Satelliten in Sicht beim Globalen Satellitennavigationssystem)

5. RMC (Recommended Minimum Specific GNSS Data, empfohlener minimaler spezifischer Datensatz für das Globale Satellitennavigationssystem)

6. VTG (Course over Ground and Ground Speed, horizontaler Kurs und horizontale Geschwindigkeit)

7. ZDA (Time & Date, Zeit und Datum)

Aufbau des NMEA-Protokolls

Bei NMEA beträgt die Übertragungsgeschwindigkeit der Daten 4800 Baud und es werden druckbare 8-Bit-ASCII-Zeichen verwendet. Die Übertragung beginnt mit einem Start-Bit (logische Null), es folgen acht Daten-Bits und zum Schluss ist ein Stopp-Bit (logische Eins) eingefügt. Es wird kein Paritätsbit verwendet.

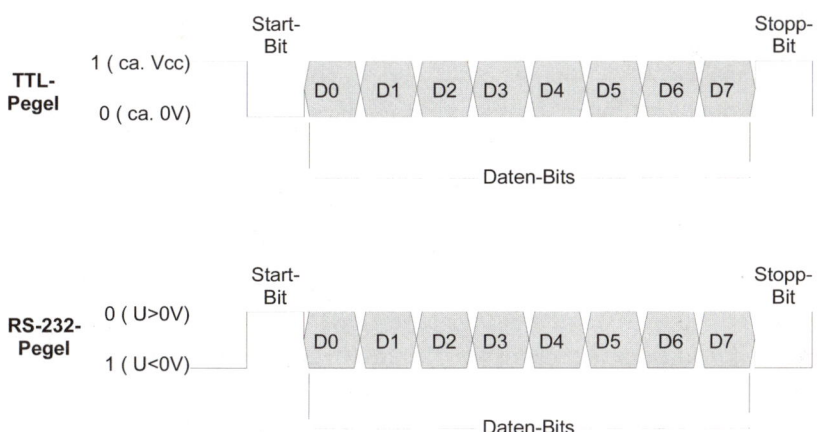

Abb. 126: NMEA-Format (TTL- und RS-232-Pegel)

Je nachdem, ob der verwendete GPS-Empfänger über eine TTL- oder RS-232-Schnittstelle verfügt, sind die unterschiedlichen Pegel zu beachten (*Abb. 126*):

• Bei einer TTL-Pegel-Schnittstelle entspricht eine logische Null ca. 0V und eine logische Eins etwa der Betriebsspannung des Systems (+3,3V ... +5V)

• Bei einer RS-232-Schnittstelle entspricht eine logische Null einer positiven Spannung (+3V ... +15V) und eine logische Eins einer negativen Spannung (-3V ... −15V).

Wird ein GPS-Modul mit einer TTL-Pegelschnittstelle an ein Gerät mit einer RS-232-Schnittstelle angeschlossen, muss eine Pegelumwandlung stattfinden (siehe Umwandlung von TTL- in RS-232- Pegel).

Bei einigen GPS-Modulen besteht die Möglichkeit, die Baud-Rate zu erhöhen (bis zu 38400 Bit pro Sekunde).

Jeder GPS-Datensatz ist gleichartig aufgebaut und hat folgende Struktur:

$GPDTS,Inf_1,Inf_2, Inf_3,Inf_4,Inf_5,Inf_6,Inf_n*CS<CR><LF>

In *Tabelle 40* ist die Funktion der einzelnen Zeichen oder Zeichengruppen erklärt.

Tabelle 40: Beschreibung der einzelnen Blöcke eines NMEA-Datensatzes

Feld	Beschreibung
$	Beginn des Datensatzes
GP	Informationen stammen von einem GPS-Gerät
DTS	Kennzeichnung des Datensatzes (z.B. RMC)
Inf_1 bis Inf_n	Informationen mit der Nummer 1 ... n (z.B. 175.4 für eine Kurs-Angabe)
,	Komma als Begrenzungszeichen für die verschiedenen Informationen
*	Asterisk als Begrenzungszeichen für die Checksumme
CS	Checksumme (Kontrollwort) zur Kontrolle des gesamten Datensatzes
<CR><LF>	Ende des Datensatzes: Wagenrücklauf (carriage return, <CR>) und Zeilenvorschub (line feed, <LF>)

Die maximale Anzahl der verwendeten Zeichen darf 79 nicht überschreiten. Zur Ermittlung der Anzahl der verwendeten Zeichen werden das Beginnzeichen $ und die Abschlusszeichen <CR><LF> nicht gezählt.

Mittels eines GPS-Receivers von Trimble (Lassen LP) wurde folgendes NMEA-Protokoll aufgezeichnet *(Tabelle 41)*:

Tabelle 41: Aufzeichnung eines NMEA-Protokolls

$GPRMC,130303.0,A,4717.115,N,00833.912,E,000.03,043.4,200601,01.3,W*7D<CR><LF>
$GPZDA,130304.2,20,06,2001,,*56<CR><LF>
$GPGGA,130304.0,4717.115,N,00833.912,E,1,08,0.94,00499,M,047,M,,*59<CR><LF>
$GPGLL,4717.115,N,00833.912,E,130304.0,A*33<CR><LF>
$GPVTG,205.5,T,206.8,M,000.04,N,000.08,K*4C<CR><LF>

Tabelle 41: Aufzeichnung eines NMEA-Protokolls

$GPGSA,A,3,13,20,11,29,01,25,07,04,,,,,1.63,0.94,1.33*04<CR><LF>
$GPGSV,2,1,8,13,15,208,36,20,80,358,39,11,52,139,43,29,13,044,36*42<CR><LF>
$GPGSV,2,2,8,01,52,187,43,25,25,074,39,07,37,286,40,04,09,306,33*44<CR><LF>
$GPRMC,130304.0,A,4717.115,N,00833.912,E,000.04,205.5,200601,01.3,W*7C<CR><LF>
$GPZDA,130305.2,20,06,2001,,*57<CR><LF>
$GPGGA,130305.0,4717.115,N,00833.912,E,1,08,0.94,00499,M,047,M,,*58<CR><LF>
$GPGLL,4717.115,N,00833.912,E,130305.0,A*32<CR><LF>
$GPVTG,014.2,T,015.4,M,000.03,N,000.05,K*4F<CR><LF>
$GPGSA,A,3,13,20,11,29,01,25,07,04,,,,,1.63,0.94,1.33*04<CR><LF>
$GPGSV,2,1,8,13,15,208,36,20,80,358,39,11,52,139,43,29,13,044,36*42<CR><LF>
$GPGSV,2,2,8,01,52,187,43,25,25,074,39,07,37,286,40,04,09,306,33*44<CR><LF>

GGA-Datensatz

Der GGA-Datensatz (GPS Fix Data) umfasst Informationen bezüglich Zeit, geographische Länge und Breite, Qualität des Systems, Anzahl der genutzten Satelliten und Höhe.

Beispiel eines GGA-Datensatzes:

$GPGGA,130305.0,4717.115,N,00833.912,E,1,08,0.94,00499,M,047,M,,*58<CR><LF>

In *Tabelle 42* ist die Funktion der einzelnen Zeichen oder Zeichengruppen erklärt.

Tabelle 42: Beschreibung der einzelnen Blöcke des GGA-Datensatzes

Feld	Beschreibung
$	Beginn des Datensatzes
GP	Informationen stammen von einem GPS-Gerät
GGA	Kennzeichnung des Datensatzes
130305.0	UTC-Zeit der Position: 13h 03min 05.0sec
4717.115	Breite: 47° 17,115 min
N	nördliche Breiterichtung (N=Nord, S= Süd)

Tabelle 42: Beschreibung der einzelnen Blöcke des GGA-Datensatzes

Feld	Beschreibung
00833.912	Länge: 8° 33,912min
E	östliche Längenrichtung (E=Ost, W=West)
1	GPS-Qualitätsangabe (0= kein GPS, 1= GPS, 2=DGPS)
08	Anzahl der zur Berechnung verwendeten Satelliten
0.94	Horizontal Dilution of Precision (HDOP)
00499	Höhenangabe der Antenne (Geoid-Höhe)
M	Einheit der Höhenangabe (M= Meter)
047	Höhendifferenz zwischen Ellipsoid und Geoid
M	Einheit der Höhendifferenz (M= Meter)
,,	Alter der DGPS-Daten (hier wurde kein DGPS verwendet)
0000	Identifizierung der DGPS-Referenzmessstelle
*	Begrenzungszeichen für die Checksumme
58	Checksumme zur Kontrolle des gesamten Datensatzes
<CR><LF>	Ende des Datensatzes

GLL-Datensatz

Der GLL-Datensatz (Geographic Position – Latitude/Longitude) umfasst Informationen bezüglich geographische Breite und Länge, Zeit und Status.

Beispiel eines GLL-Datensatzes:

$GPGLL,4717.115,N,00833.912,E,130305.0,A*32<CR><LF>

In *Tabelle 43* ist die Funktion der einzelnen Zeichen oder Zeichengruppen erklärt.

Tabelle 43: Beschreibung der einzelnen Blöcke des GLL-Datensatzes

Feld	Beschreibung
$	Beginn des Datensatzes
GP	Informationen stammen von einem GPS-Gerät
GLL	Kennzeichnung des Datensatzes
4717.115	Breite: 47° 17,115 min
N	Nördliche Breitenrichtung (N=Nord, S= Süd)
00833.912	Länge: 8° 33,912min
E	östliche Längenrichtung (E=Ost, W=West)
130305.0	UTC-Zeit der Position: 13h 03min 05.0sec
A	Qualität des Datensatzes: A bedeutet gültig (V= ungültig)

Tabelle 43: Beschreibung der einzelnen Blöcke des GLL-Datensatzes

Feld	Beschreibung
*	Begrenzungszeichen für die Checksumme
32	Checksumme zur Kontrolle des gesamten Datensatzes
<CR><LF>	Ende des Datensatzes

GSA-Datensatz

Der GSA-Datensatz (GNSS DOP and Active Satellites) umfasst Informationen bezüglich Messmodus (2D oder 3D), Anzahl der zur Bestimmung der Position verwendeten Satelliten und Genauigkeit der Messungen (DOP: Dilution of Precision).

Beispiel eines GSA-Datensatzes:

$GPGSA,A,3,13,20,11,29,01,25,07,04,,,,,1.63,0.94,1.33*04<CR><LF>

In *Tabelle 44* ist die Funktion der einzelnen Zeichen oder Zeichengruppen erklärt.

Tabelle 44: Beschreibung der einzelnen Blöcke des GSA-Datensatzes

Feld	Beschreibung
$	Beginn des Datensatzes
GP	Informationen stammen von einem GPS-Gerät
GSA	Kennzeichnung des Datensatzes
A	Berechnungsmodus (A= automatische Wahl zwischen 2D/3D-Modus, M= manuelle Wahl zwischen 2D/3D-Modus)
3	Berechnungsmodus (1= keiner, 2=2D, 3=3D)
13	ID-Nummer der zur Berechnung der Position verwendeten Satelliten
20	ID-Nummer der zur Berechnung der Position verwendeten Satelliten
11	ID-Nummer der zur Berechnung der Position verwendeten Satelliten
29	ID-Nummer der zur Berechnung der Position verwendeten Satelliten
01	ID-Nummer der zur Berechnung der Position verwendeten Satelliten
25	ID-Nummer der zur Berechnung der Position verwendeten Satelliten
07	ID-Nummer der zur Berechnung der Position verwendeten Satelliten
04	ID-Nummer der zur Berechnung der Position verwendeten Satelliten
,,,,,	Platzhalter für weitere ID-Nummer (zurzeit aber nicht verwendet)
1.63	PDOP (Position Dilution of Precision)
0.94	HDOP (Horizontal Dilution of Precision,
1.33	VDOP (Vertical Dilution of Precision)

Tabelle 44: Beschreibung der einzelnen Blöcke des GSA-Datensatzes

Feld	Beschreibung
*	Begrenzungszeichen für die Checksumme
04	Checksumme zur Kontrolle des gesamten Datensatzes
<CR><LF>	Ende des Datensatzes

GSV-Datensatz

Der GSV-Datensatz (GNSS Satellites in View) umfasst Informationen bezüglich Anzahl der gesichteten Satelliten, Identifikation, Elevation und Azimut der Satelliten und Signal-Rausch-Abstand der Satellitensignale.

Beispiel eines GSV-Datensatzes :

$GPGSV,2,2,8,01,52,187,43,25,25,074,39,07,37,286,40,04,09,306,33*44<CR><LF>

In *Tabelle 45* ist die Funktion der einzelnen Zeichen oder Zeichengruppen erklärt.

Tabelle 45: Beschreibung der einzelnen Blöcke des GSV-Datensatzes

Feld	Beschreibung
$	Beginn des Datensatzes
GP	Informationen stammen von einem GPS-Gerät
GSV	Kennzeichnung des Datensatzes
2	Gesamte Anzahl der übermittelten GSV-Datensätze (bis 1 ... 9)
2	Aktuelle Nummer dieses GSV-Datensatzes (1 ... 9)
09	Gesamte Anzahl der gesichteten Satelliten
01	Identifikationsnummer des ersten Satelliten
52	Elevation (0° .... 90°)
187	Azimut (0° ... 360°)
43	Signal-Rauschverhältnis in db-Hz (1 ... 99, 0: nicht verfolgt)
25	Identifikationsnummer des zweiten Satelliten
25	Elevation (0° .... 90°)
074	Azimut (0° ... 360°)
39	Signal-Rauschverhältnis in dB-Hz (1 ... 99, 0: nicht verfolgt)
07	Identifikationsnummer des dritten Satelliten
37	Elevation (0° .... 90°)
286	Azimut (0° ... 360°)
40	Signal-Rauschverhältnis in db-Hz (1 ... 99, 0: nicht verfolgt)

Tabelle 45: Beschreibung der einzelnen Blöcke des GSV-Datensatzes

Feld	Beschreibung	
04		Identifikationsnummer des vierten Satelliten
09		Elevation (0° .... 90°)
306		Azimut (0° ... 360°)
33		Signal-Rauschverhältnis in db-Hz (1 ... 99, 0: nicht verfolgt)
*	Begrenzungszeichen für die Checksumme	
44	Checksumme zur Kontrolle des gesamten Datensatzes	
<CR><LF>	Ende des Datensatzes	

RMC-Datensatz

Der RMC-Datensatz (Recommended Minimum Specific GNSS Data) umfasst Informationen bezüglich Zeit, geographische Breite, Länge und Höhe, Status des Systems, Geschwindigkeit, Kurs und Datum. Dieser Datensatz wird von allen GPS-Empfängern übermittelt.

Beispiel eines RMC-Datensatzes:

$GPRMC,130304.0,A,4717.115,N,00833.912,E,000.04,205.5,200601,01.3,W
*7C<CR><LF>

In *Tabelle 46* ist die Funktion der einzelnen Zeichen oder Zeichengruppen erklärt.

Tabelle 46: Beschreibung der einzelnen Blöcke des RMC-Datensatzes

Feld	Beschreibung
$	Beginn des Datensatzes
GP	Informationen stammen von einem GPS-Gerät
RMC	Kennzeichnung des Datensatzes
130304.0	Empfangszeit (Weltzeit UTC): 13h 03 min 04.0 sec
A	Qualität des Datensatzes: A bedeutet gültig (V= ungültig)
4717.115	Breite: 47° 17,115 min
N	nördliche Breiterichtung (N=Nord, S= Süd)
00833.912	Länge: 8° 33.912 min
E	östliche Längenrichtung (E=Ost, W=West)
000.04	Geschwindigkeit: 0,04 Knoten
205.5	Kurs: 205,5°
200601	Datum: 20. Juni 2001
01.3	Eingestellte Deklination: 1,3°

Tabelle 46: Beschreibung der einzelnen Blöcke des RMC-Datensatzes

Feld	Beschreibung
W	Westliche Richtung der Deklination (E = Ost)
*	Begrenzungszeichen für die Checksumme
7C	Checksumme zur Kontrolle des gesamten Datensatzes
<CR><LF>	Ende des Datensatzes

VTG-Datensatz

Der VTG-Datensatz (Course over Ground and Ground Speed) umfasst Informationen bezüglich Kurs und Geschwindigkeit.

Beispiel eines VTG-Datensatzes:

$GPVTG,014.2,T,015.4,M,000.03,N,000.05,K*4F<CR><LF>

In *Tabelle 47* ist die Funktion der einzelnen Zeichen oder Zeichengruppen erklärt.

Tabelle 47: Beschreibung der einzelnen Blöcke des VTG-Datensatzes

Feld	Beschreibung
$	Beginn des Datensatzes
GP	Informationen stammen von einem GPS-Gerät
VTG	Kennzeichnung des Datensatzes
014.2	Kurs 14,2° (T) bezüglich horizontaler Ebene
T	Angabe des Kurses in einem Winkel relativ zur Karte
015.4	Kurs 15,4° (M) bezüglich horizontaler Ebene
M	Angabe des Kurses in einem Winkel relativ zum magnetischen Nordpol
000.03	Horizontale Geschwindigkeit (N)
N	Geschwindigkeitsangabe in Knoten
000.05	Horizontale Geschwindigkeit (Km/h)
K	Geschwindigkeitsangabe in Km/h
*	Begrenzungszeichen für die Checksumme
4F	Checksumme zur Kontrolle des gesamten Datensatzes
<CR><LF>	Ende des Datensatzes

ZDA-Datensatz

Der ZDA-Datensatz (Time and Date), umfasst Informationen bezüglich UTC-Zeit, Datum und lokale Zeit.

Beispiel eines ZDA-Datensatzes:

$GPZDA,130305.2,20,06,2001,,*57<CR><LF>

In *Tabelle 48* ist die Funktion der einzelnen Zeichen oder Zeichengruppen erklärt.

Tabelle 48: Beschreibung der einzelnen Blöcke des ZDA-Datensatzes

Feld	Beschreibung
$	Beginn des Datensatzes
GP	Informationen stammen von einem GPS-Gerät
ZDA	Kennzeichnung des Datensatzes
130305.2	UTC-Zeit: 13h 03min 05.2sec
20	Tag (00 … 31)
06	Monat (1 … 12)
2001	Jahr
	vorgesehen zur Angabe der Lokalzeit (h), hier nicht angegeben
	vorgesehen zur Angabe der Lokalzeit (min), hier nicht angegeben
*	Begrenzungszeichen für die Checksumme
57	Checksumme zur Kontrolle des gesamten Datensatzes
<CR><LF>	Ende des Datensatzes

Berechnung der Kontrollsumme

Die Kontrollsumme (Checksum) wird durch eine EXOR-Verknüpfung aller 8 Datenbits (ohne Start- und Stoppbits) von sämtlichen übermittelten Zeichen, inklusive Begrenzungskommas, ermittelt. Die EXOR-Verknüpfung beginnt nach dem Beginn des Datensatzes ($-Zeichen) und endet vor dem Begrenzungszeichen für die Checksumme (Asterisk: *).

Das 8-Bit Resultat wird in je 4 Bit (Nibble) aufgeteilt und jedes Nibble wird in den entsprechenden Hexadezimalwert umgewandelt (0 … 9, A … F). Die Checksumme besteht aus den zwei in ASCII-Zeichen umgewandelten Hexadezimalwerten.

Ein kleines Beispiel soll das Prinzip zur Berechnung der Checksumme erläutern:

Folgender NMEA-Datensatz (fiktives Beispiel) wurde empfangen und die Checksumme (CS) muss auf Richtigkeit überprüft werden.

$GPRTE,1,1,c,0***07**   (**07** ist die Checksumme)

Vorgehen:

1. Nur die Zeichen zwischen $ und * werden zur Analyse beigezogen: GPRTE,1,1,c,0

2. Diese 13 ASCII-Zeichen werden in 8-Bit Werte umgewandelt *(siehe Tabelle 49)*

3. Jedes einzelne Bit der 13 ASCII-Zeichen wird einem EXOR verknüpft (Hinweis: ist die Anzahl der Einsen ungerade, dann ist der EXOR-Wert Eins)

4. Das Resultat wird in zwei Nibbles aufgeteilt

5. Von jedem Nibble wird der Hexadezimalwert bestimmt

6. Beide Hexadezimalzeichen werden zur Bildung der Checksumme als ASCII-Zeichen gesendet

Tabelle 49: Ermittlung der Checksumme bei NMEA-Datensätzen

Zeichen	ASCII (8-Bit-Wert)								Richtung des Vorgehens
G	0	1	0	0	0	1	1	1	
P	0	1	0	1	0	0	0	0	
R	0	1	0	1	0	0	1	0	
T	0	1	0	1	0	1	0	0	
E	0	1	0	0	0	1	0	1	
,	0	0	1	0	1	1	0	0	
1	0	0	1	1	0	0	0	1	
,	0	0	1	0	1	1	0	0	
1	0	0	1	1	0	0	0	1	
,	0	0	1	0	1	1	0	0	
C	0	1	1	0	0	0	1	1	
,	0	0	1	0	1	1	0	0	
0	0	0	1	1	0	0	0	0	
EXOR-Wert	0	0	0	0	0	1	1	1	
Nibble	0000				0111				
Hexadezimalwert	0				7				
ASCII-Zeichen von CS (entspricht der Vorgabe!)	0				7				

12.4.2 Proprietäre Datenschnittstellen

Einleitung

Die meisten Hersteller definieren eigene Steuerbefehle und Datensätze. Beispielsweise können gezielte Informationen wie Position, Geschwindigkeit, Höhe, Status, etc. übermittelt werden. Jeder Hersteller hat sein eigenes Format entwickelt, einige dieser proprietäre Protokolle (SiRF, Motorola und Trimble) werden kurz vorgestellt.

SiRF Binärprotokoll

GPS-Empfänger, welche mit Integrierten Schaltungen der kalifornischen Firma SiRF bestückt sind, übermitteln die GPS-Informationen in zwei verschiedenen Protokollen:

1. das standardisierte NMEA-Protokoll

2. das proprietäre SIRF-Binärprotokoll. (SiRF kennt mehr als 15 verschiedene proprietäre Datensätze)

In *Tabelle 50* sind die verschiedenen SiRF-Datensätze beschrieben.

Tabelle 50: SiRF-Ausgangsdatensätze

SiRF-Datensatz-Nr.	Name	Beschreibung
2	Measured Navigation Data	Position, Geschwindigkeit und Zeit
4	Measured Tracking Data	Signal zu Rauschen-Verhältnis, Elevation und Azimut
5	Raw Track Data	Rohe Distanzmessdaten
6	SW Version	Empfängersoftware
7	Clock Status	Zustand der Zeitmessung
8	50 BPS Subframe Data	Empfängerinformation (ICD-Format)
9	Throughput	Durchsatz der CPU
11	Command Acknowledgment	Empfangsbestätigung
12	Command NAcknowledgment	Fehlgeschlagene Anfrage
13	Visible List	Aufzählung der sichtbaren Satelliten
14	Almanac Data	Almanachdaten
15	Ephemeris Data	Ephemeridendaten
18	OkToSend	CPU Ein/Aus Zustand (Trickle Power)

Tabelle 50: SiRF-Ausgangsdatensätze

SiRF-Daten-satz-Nr.	Name	Beschreibung
19	Navigation Parameters	Rückantwort auf den POLL-Befehl
255	Development Data	Verschiedene interne Informationen

Das binäre Format von Motorola

GPS-Empfänger und Module von Motorola übermitteln die GPS-Informationen in zwei unterschiedlichen Protokollen:

1. das standardisierte NMEA-Protokoll

2. das proprietäre Motorola-Binärformat. (Motorola kennt bis zu 35 verschiedene proprietäre Datensätze)

In *Tabelle 51* ist eine Auswahl von wichtigen Motorola-Datensätze aufgelistet.

Tabelle 51: Auswahl von proprietären Motorola-Datensätzen

Motorola-Daten-satz-Nr.	Name	Beschreibung
@@Aa	Time of Day	Zeit
@@Ab	GMT Offset	GMT-Verschiebung
@@Ac	Date	Datum
@@Ad	Latitude	Geographische Breite
@@Ae	Longitude	Geographische Länge
@@Af	Height	Höhe
@@AO	RTCM Port Mode	DGPS-Modus
@@Ay	1PPS Offset	1PPS-Verschiebung
@@Az	1PPS Cable Delay	Zuleitungsverzögerung
@@Bb	Visible Satellite Status Message	Tech. Zustand der sichtbaren Satelliten
@@Be	Almanac Data Output	Ausgabe der Almanach
@@Bo	UTC Offset Status Message	Offset UTC- zu GPS-Zeit
@@Ea	Receiver ID	Identifikation des Empfängers

Das proprietäre Protokoll von Trimble

GPS-Empfänger und Module von Trimble übermitteln die GPS-Informationen in zwei unterschiedlichen Protokollen:

1. das standardisierte NMEA-Protokoll

2. das proprietäre TSIP-Binärprotokoll (Trimble Standard Interface Protocol, Trimble kennt bis zu 30 verschiedene proprietäre Datensätze)

In *Tabelle 52* ist eine Auswahl von wichtigen Trimble-Datensätzen aufgelistet (LLA: Latitude, Longitude and Altitude).

Tabelle 52: Auswahl von proprietären Trimble-Datensätzen

Trimble-Daten-satz-Nr.	Name	Beschreibung
0x41	GPS time	GPS-Zeit
0x42	Single-precision XYZ position	XYZ-Position mit einfacher Genauigkeit
0x45	Software version information	Softwareversion
0x46	Health of Receiver	Technischer Zustand des Empfängers
0x47	Signal level for all satellites	Signalstärke aller Satelliten
0x48	GPS system message	GPS-System Nachricht
0x4A	Single-precision LLA Position	LLA-Position mit einfacher Genauigkeit
0x4D	Oscillator offset	Verschiebung der Oszillatorfrequenz
0x55	I/O options	Eingang-/Ausgang-Optionen
0x83	Double-precision XYZ	XYZ-Position mit doppelter Genauigkeit
0x84	Double-precision LLA	LLA-Position mit doppelter Genauigkeit
0x85	Differential correction status	Status der Differentialkorrekturen
0x8F-25	Low power mode	Low Power Mode
0x8F-27	Low power configuration	Konfiguration des Low Power Mode

12.4.3 NMEA- oder proprietärer Datensatz?

GPS-Module bzw. Geräte generieren das normierte NMEA-Datenformat und ein eigenes proprietäres Datenformat. Entwickler und Anwender von neuen Produkten stehen immer wieder vor folgender Frage: welches Datenformat ist das bessere und welches Format soll in neuen Geräten verwendet werden?

NMEA ist ein standardisiertes und weltweit akzeptiertes Datenformat, das verschiedene Datensätze kennt. Die wichtigsten Informationen, welche NMEA-Schnittstellen übermitteln, sind:

• Geographische Position (Breite/Länge/Höhe)

• DOP-Werte

- Elevation und Azimut der Satelliten in Sicht

- Kurs und Geschwindigkeit

- Zeit und Datum

- Signal zu Rauschen-Verhältnis des Antennensignals

Wird z.B. in einem System ein GPS-Gerät oder GPS-Modul mit dem NMEA-Datensatz verwendet und muss dieses Gerät bzw. Modul ausgetauscht werden, kann ohne Bedenken ein anderes Fabrikat eingesetzt werden. Das Ersatzgerät bzw. Modul muss nur über den NMEA-Datensatz RMC verfügen um die Funktion zu gewährleisten.

Proprietäre Datensätze sind sehr flexibel, bieten in der Regel viel mehr Informationen als NMEA-Datensätze und nutzen die Bandbreite der Datenleitungen sehr effizient aus. Ergänzend zu den NMEA-Datensätzen übermitteln zum Beispiel proprietäre Schnittstellen folgende Zusatzinformationen:

- XYZ-Position und Pseudoranges

- Rohdaten

- Ephemeriden- und Almanachdaten

- Verschiedene interne Informationen (z.B. Softwareinformation und Identifikation des Empfängers)

- Offset UTC- zu GPS-Zeit

- Verschiebung der Oszillatorfrequenz

- Status der Differentialkorrekturen

Proprietäre Datenschnittstellen sind herstellerspezifisch und hindern somit, wenn sie eingesetzt werden, die Migration vom einen Produkt zum andern.

12.4.4 Die DGPS-Korrekturdaten (RTCM SC-104)

Das RTCM SC-104 Standard wird verwendet um die Korrekturwerte (siehe 13.3) zu übertragen. RTCM SC-104 steht für "Radio Technical Commission for Maritime Services Special Committee 104" und ist heute der weltweit anerkannte Industriestandard. [50]. Die RTCM Recommended Standards for Differential NAVSTAR GPS Service gibt es in zwei Versionen:

• Version 2.0 (herausgegeben im Januar 1990)

• Version 2.1 (herausgegeben im Januar 1994)

Version 2.1 ist eine Weiterentwicklung der Version 2.0 und unterscheidet sich vor allem durch zusätzliche Informationen für die Echtzeitnavigation (Real Time Kinematic RTK).

Beide Versionen haben die Aufteilung in 63 Nachrichtentypen gemeinsam, wobei die Nachrichtentypen 1, 2, 3 und 9 vor allem für Korrekturen, welche auf Codemessungen beruhen, eingesetzt werden.

RTCM-Nachrichtenkopf

Jeder Nachrichtentyp ist in Wörter von 30 Bits eingeteilt und beginnt jeweils mit einem einheitlichen Kopf von zwei Wörtern (Word 1 und Word 2). Aus den Informationen im Kopf ist ersichtlich, welcher Nachrichtentyp folgt [51] und welche Referenzstation die Korrekturdaten ermittelt hat (*Abb. 127*).

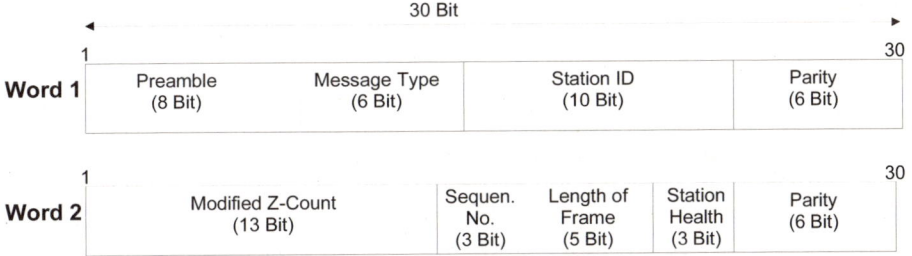

Abb. 127: Aufbau des RTCM-Nachrichtenkopfes

Tabelle 53: Inhalt des RTCM-Nachrichtenkopfes

Inhalt	Name	Beschreibung
Preamble	Preamble	Präambel
Message Type:	Message type	Nachrichtentypidentifikation
Station ID	Reference Station ID No.	Referenzstationidentifikation
Parity	Error correction code	Parität
Modified Z-Count	Modified Z-count	Modifizierter Z-Count, inkrementierter Zeitzähler
Sequence No.	Frame Sequence No.	Sequenznummer
Length of Frame	Frame length	Rahmenlänge
Station Health	Reference Station Health	Technischer Zustand der Referenzstation

Der Modified Z-Count ist ein 13-Bit-Zähler, der angibt, zu welchem Zeitpunkt in der laufenden Stunde die Korrekturwerte berechnet wurden. Alle 0,6 Sekunden (1/100 Minute) wird der Wert des Zählers um 1 erhöht. Der Zählbereich beträgt 0 bis 5999 (59 Minuten und 59,4 Sekunden).

Nach dem Kopf folgt jeweils der für den Nachrichtentyp spezifische Dateninhalt (Word 3 ... Word n).

RTCM-Nachrichtentyp 1

Der Nachrichtentyp 1 übermittelt die Pseudorange-Korrekturdaten (PSR-Korrekturdaten, Distanzkorrektur) für alle von der Referenzstation sichtbaren GPS-Satelliten, basierend auf den aktuellsten Bahndaten (Ephemeriden). Im weiteren umfasst Typ 1 die zeitliche Änderung der Korrekturdaten (*Abb. 128*, Auszug aus [52]).

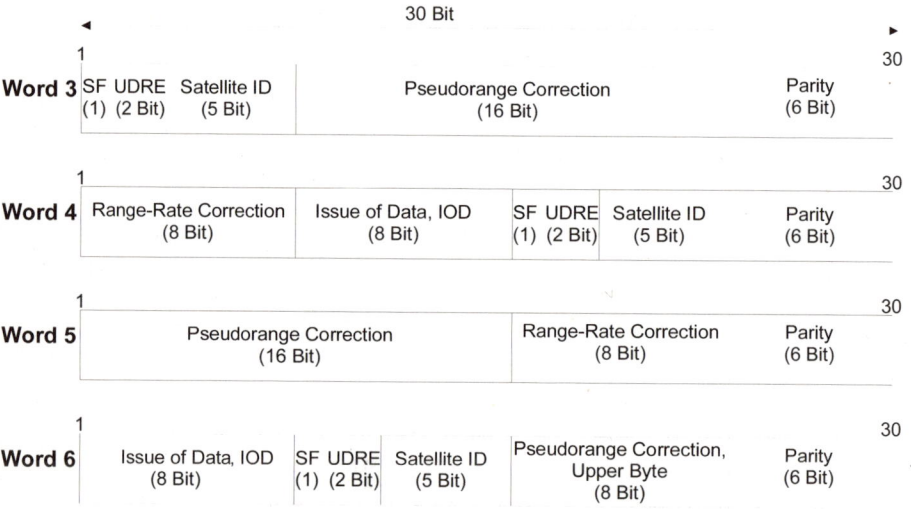

Abb. 128: Aufbau des RTCM-Nachrichtentyps 1 (gültig auch für Nachrichtentyp 2 und 9)

Tabelle 54: Inhalt des RTCM-Nachrichtentyps 1

Inhalt	Name	Beschreibung
SF: Scale Factor	Pseudorange correction value scale factor	PSR-Skalierungsfaktor
UDRE	User differential range error index	Nutzer Differentialentfernungsfehler
Satellite ID	Satellite ID No.	Satellitenidentifikation

Tabelle 54: Inhalt des RTCM-Nachrichtentyps 1

Inhalt	Name	Beschreibung
Pseudorange Correction	Pseudorange correction value	Effektive Distanzkorrektur
Range-Rate Correction	Pseudorange rate-of-change correction value	zeitliche Änderung der Korrekturdaten
Issue of Data (IOD)	Data issue No.	Ausgabe der Daten
Parity	Error correction code	Prüfbits

RTCM-Nachrichtentyp 2 bis 9

Die Nachrichtentypen 2 bis 9 unterscheiden sich vor allem bezüglich dem Informationsinhalt:

- Der **Nachrichtentyp 2** übermittelt Delta-PSR-Korrekturdaten, basierend auf älteren Bahndaten. Diese Information wird benötigt, wenn der GPS-Anwender seine Satellitenbahndaten noch nicht aktualisieren konnte. Im Typ 2 wird die Differenz zwischen den auf der alten und neuen Ephemeriden beruhenden Korrekturwerten übermittelt.

- Der **Nachrichtentyp 3** übermittelt die dreidimensionalen Koordinaten der Referenzstation.

- Der **Nachrichtentyp 9**: vermittelt die gleiche Information wie Nachrichtentyp 1, jedoch nur für eine beschränkte Anzahl (max. 3) von Satelliten. Übermittelt werden nur die Daten derjenigen Satelliten, bei welchen sich die Korrekturwerte rasch ändern.

Damit eine merkliche Genauigkeitssteigerung mittels DGPS eintritt, sollten die übermittelten Korrekturdaten nicht älter als ca. 10 bis 60 Sekunden sein (je nach Betreiber des Dienstes werden unterschiedliche Angaben gemacht, der exakte Wert hängt auch von der gewünschten Genauigkeit ab, [53]). Mit zunehmendem Abstand zwischen Referenz- und Anwenderstation sinkt die Genauigkeit. Aus Versuchsmessungen, bei welchen die Korrektursignale des deutschen LW-Senders Mainflingen (siehe Abschnitt 13.5.5) verwendet wurden, betrug der Fehler in einem Umkreis von 250 km 0,5 – 1,5 m und in einem Umkreis von 600 km 1 - 3 m [54].

12.5 Hardwareschnittstellen

12.5.1 Antenne

Die GPS-Module können entweder mit passiven oder aktiven Antennen betrieben werden. Aktive Antennen, d.h. mit eingebautem Vorverstärker (LNA: Low Noise Amplifier, rauscharmer Verstärker), werden vom GPS-Modul gespeist. Die Speisung erfolgt dann über die HF-Signal-Leitung. Für mobile Navigationszwecke werden kombinierte Antennen (z.B. GSM/FM und GPS) angeboten. GPS-Antennen empfangen rechtsgerichtete, zirkularpolarisierte Wellen.

Auf dem Markt sind zwei Arten von Antenne erhältlich: Patchantennen und Helixantennen. Patchantennen sind flach, bestehen in der Regel aus einem keramischen und metallisierten Körper und sind auf einer metallischen Grundplatte angebracht. Um eine genügend hohe Selektivität zu gewährleisten, muss das Verhältnis Grund- zu Patchfläche abgestimmt sein. Oft sind Patchantennen in einem Gehäuse vergossen (*Abb. 129*, [55]).

Abb. 129: Patchantenne (Foto: San Jose Navigation, INC.)

Helixantennen sind zylinderförmig (*Abb. 130* [56]) und haben einen höheren Gewinn als Patchantennen.

12.5.2 Speisung

GPS-Module müssen von einer externen Spannungsquelle von 3,3V bis 6 Volt gespeist werden. Recht unterschiedlich ist der jeweilige Stromverbrauch.

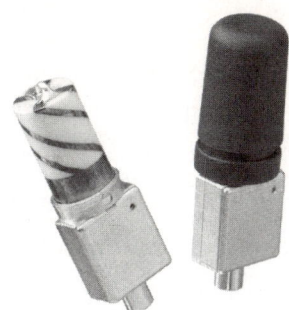

Abb. 130: Helixantenne (Foto: Sarantel Ltd)

12.5.3 Zeitimpuls: 1PPS und Zeitsysteme

Die meisten GPS-Module generieren alle Sekunden einen zur Weltzeit UTC synchronisierten Zeitimpuls, genannt 1 PPS (1 Pulse per Second). Dieses Signal hat meistens einen TTL-Pegel (*Abb. 131*).

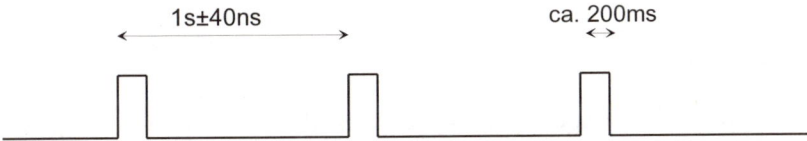

Abb. 131: 1PPS-Signal

Der Zeitimpuls kann zur Synchronisierung von Kommunikationsnetzen (Precision Timing) verwendet werden.

Die Zeit spielt für die Positionsbestimmung mittels GPS eine grundlegende Rolle. Bei GPS unterscheiden wir fünf wichtige Zeitsysteme:

Atomzeit (TAI)

Für die Bereitstellung einer universellen, 'absoluten' Zeitskala, welche den vielfältigen Ansprüchen der physikalischen Praxis entspricht und gleichzeitig auch für die GPS-Positionierung von Bedeutung ist, wurde die internationale Atomzeitskala (Temps Atomique International = TAI) eingeführt. Seit 1967 ist die Sekunde über eine atomphysikalische Konstante definiert. Als Referenz wurde das nichtradioaktive Element Caesium ^{133}Cs gewählt. Die Resonanzfrequenz zwischen ausgewählten Energiezuständen dieses Atoms wurde auf 9 192 631 770 Hz festgelegt. Die so definierte Zeit ist damit Bestandteil des SI-Systems (Système International). Der Startpunkt der Atomzeit war am 01.01.1958 um 00.00 Uhr.

Koordinierte Weltzeit (UTC)

Um in der Praxis über eine Zeitskala zu verfügen, welche sich an der universellen Atomzeit orientiert und gleichzeitig an die Weltzeit angepasst ist, wurde international die Koordinierte Weltzeit (Universal Time Coordinated UTC, früher auch als Greenwich Mean Time GMT oder Zulu-Time bekannt) eingeführt. Sie unterscheidet sich zu TAI durch die Sekundenzählung, d.h. UTC = TAI - n, wobei n = Sekunden in ganzer Zahl, welche am 1. Januar oder 1. Juni eines Jahres geändert werden kann (Schaltsekunden).

GPS-Zeit

Die allgemeine GPS-Systemzeit wird durch eine Wochennummer und die Zahl der Sekunden innerhalb der jeweiligen Woche angegeben. Anfangsdatum ist Sonntag, der 6. Januar 1980 um 0.00 Uhr (UTC). Jede GPS-Woche startet in der Nacht von Samstag auf Sonntag, wobei die kontinuierliche Zeitskala durch die Hauptuhr der Master Control Station vorgegeben wird. Die auftretenden Zeitdifferenzen zwischen GPS- und UTC-Zeit werden ständig errechnet und der Navigationsnachricht beigefügt.

Satelliten-Zeit

Aufgrund konstanter und unregelmäßiger Frequenzfehler der Atomuhren in den GPS-Satelliten unterscheidet sich die individuelle Satellitenzeit von der GPS-Systemzeit. Die Satellitenuhren werden von der Kontrollstation überwacht und allfällige Zeitdifferenzen werden zur Erde mitübertragen. Die Zeitdifferenz muss während der lokalen GPS-Messungen berücksichtigt werden.

Lokalzeit

Lokalzeit wird diejenige Zeit genannt, welche in einem bestimmten Gebiet verwendet wird. Das Verhältnis zwischen Lokalzeit und UTC-Zeit wird durch die Zeitzone und durch die Regeln für die Umschaltung zwischen Normalzeit und Sommerzeit bestimmt.

Beispiel einer Zeitaufnahme *(Tabelle 55)* am 6. Februar 2002 (MEZ)

Tabelle 55: Zeitsysteme

Zeit-Basis	Angezeigte Zeit (hh:min:sec)	Differenz n zur UTC (sec)
Lokalzeit	16:01:52	3600 (=1h)
UTC	15:01:52	0

Tabelle 55: Zeitsysteme

Zeit-Basis	Angezeigte Zeit (hh:min:sec)	Differenz n zur UTC (sec)
GPS	15:02:05	+13
TAI	15:02:24	+32

Beziehung der Zeitsysteme untereinander (gültig für das Jahr 2002):

TAI – UTC = +32sec

GPS – UTC = +13sec

TAI – GPS = +19sec

12.5.4 Umwandlung von TTL- in RS-232- Pegel

Grundlagen der seriellen Kommunikation

Die RS-232 Schnittstelle dient hauptsächlich

* zur Kopplung von Computern untereinander (meist bidirektional)

* zur Ansteuerung von seriellen Druckern

* zur Verbindung von PCs und externen Geräten, wie z.B. GSM-Modems, GPS-Empfängern, etc.

Die seriellen Schnittstellen in PCs sind für eine asynchrone Übertragung ausgelegt. Sender und Empfänger müssen sich dann an ein übereinstimmendes Übertragungsprotokoll halten, d.h. an Vereinbarungen über die Art und Weise des Datentransfers. Beide Partner müssen mit der gleichen Konfiguration der Schnittstelle arbeiten, das betrifft z.B. die Übertragungsgeschwindigkeit, die in Baud gemessen wird. Die Baudrate ist die Anzahl der zu übertragenden Bits pro Sekunde. Typische Werte für die Baudrate sind 110, 150, 300, 600, 1200, 2400, 4800, 9600, 19200 und 39400 Baud, d.h. Bits pro Sekunde. Im Übertragungsprotokoll werden solche Parameter festgelegt. Weiter muss eine Vereinbarung darüber getroffen werden, welche Prüfungen der Sende- und Empfangsbereitschaft auf beiden Seiten stattfinden sollen.

Bei der Übertragung werden 7 bis 8 Datenbits zur Übertragung des ASCII-Codes zu einem Datenwort zusammengefasst. Die Länge eines Datenworts wird im Übertragungsprotokoll festgelegt.

Den Beginn eines Datenwortes kennzeichnet ein Startbit. An das Ende jedes Datenwortes werden 1 oder 2 Stoppbits angehängt.

Mittels eines Paritätsbits kann eine Prüfung vorgenommen werden. Bei gerader Parität wird das Paritätsbit so gewählt, dass die Gesamtzahl der übertragenen »1-Bits« des Datenwortes gerade ist (bei ungerader Parität ungerade Anzahl). Die Paritätsprüfung ist wichtig, weil Störungen in den Verbindungen Übertragungsfehler hervorrufen können. Wenn nur ein Bit eines Datenwortes dabei verändert wird, kann der Fehler mit dem Paritätsbit festgestellt werden.

Pegelfestlegung und deren logische Zuordnung

Die Daten werden in invertierter Logik auf die Leitungen TxD und RxD übertragen. T steht für Transmitter (Sender) und R steht für Receiver (Empfänger).

Die Pegel betragen nach Norm:

- Logische 0 = positive Spannung, Sendebetrieb: +5.. +15V, Empfangsbetrieb:
  +3... +15V

- Logische 1 = negative Spannung, Sendebetrieb: -5.. -15V, Empfangsbetrieb:
  -3... -15V

Der Unterschied zwischen den zulässigen Minimalspannungen bei Ausgang und Eingang bewirkt, dass Leitungsstörungen die Funktion der Schnittstelle nicht beeinflussen, solange die Störamplitude kleiner als 2V ist.

Die Umsetzung der TTL-Pegel der Schnittstellencontroller (UART, Universal Asynchronous Receiver/ Transmitter) in die erforderlichen RS-232-Pegel und umgekehrt nehmen Pegelumsetzer (z.B. MAX3221 und noch viele weitere) vor. Die *Abb. 132* veranschaulicht den Unterschied zwischen TTL- und RS-232-Pegel. Ersichtlich ist die Invertierung der Pegel.

Umwandlung von TTL- in RS-232-Pegel

Viele GPS-Empfänger bzw. GPS-Module stellen die seriellen NMEA- bzw. proprietären Daten nur mit TTL-Pegel (ca. 0V oder ca. Vcc = +3,3V oder +5V) zur Verfügung. Sollen diese Daten dann z.B. mit einem PC direkt ausgewertet werden, ist das nicht immer möglich. Der Eingang des PCs erfordert Pegelwerte nach RS-232.

Zur Realisierung der erforderlichen Pegelanpassung muss eine Schaltung zur Pegelumsetzung eingesetzt werden. Aus diesem Grund hat die Industrie Integrierte Schaltungen entwickelt, die speziell der Umsetzung zwischen den beiden genannten Pegelbereichen dienen, eine Signalinvertierung vornehmen und die erforderliche Erzeugung der negativen Versorgungsspannung beinhalten (mittels eingebauter Ladungspumpen).

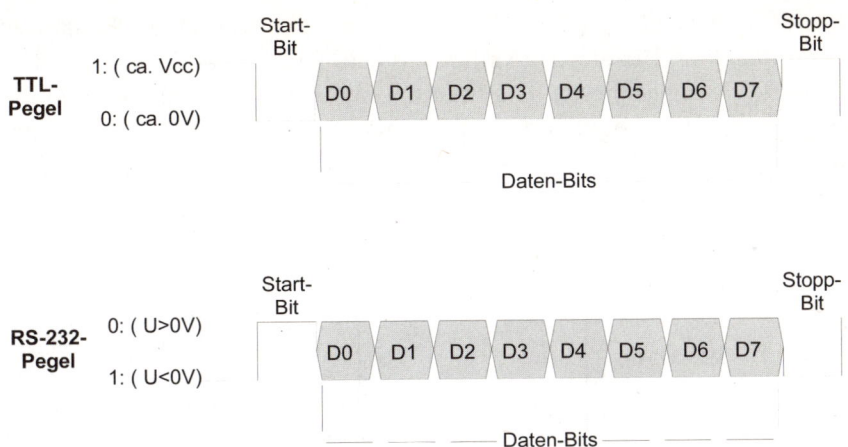

Abb. 132: Unterschied zwischen TTL- und RS-232-Pegel

Auf dem folgenden Schaltbild (*Abb. 133*) ist ein kompletter bidirektionaler Pegelwandler unter Verwendung eines MAX3221 der Firma Maxim dargestellt [57]. Die Schaltung arbeitet mit einer Betriebsspannung von 3V ... 5V und ist gegen Spannungsspitzen (ESD) von ±15kV geschützt. Die Kapazitäten C1 ... C4 dienen zur internen Spannungserhöhung bzw. Spannungsinvertierung.

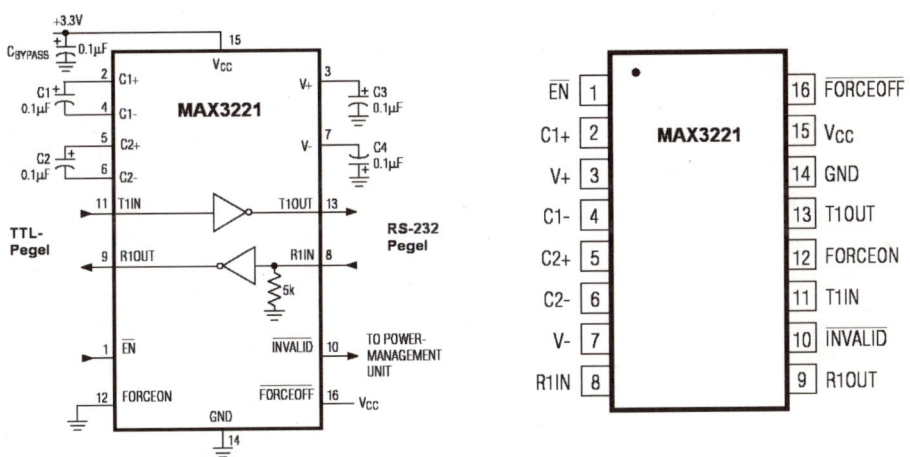

Abb. 133: Blockschaltbild und Pinbelegung des Pegelkonverters MAX32121

Die folgende Testschaltung (*Abb 134*) veranschaulicht deutlich die Funktionsweise des Bausteines. Bei diesem Aufbau wird ein TTL-Signal (0V ... 3,3V) bei
der Leitung T_IN eingespiesen. Die Invertierung und die Spannungserhöhung
auf ±5V sind bei den Leitungen T_OUT und R_IN des RS-232 Ausganges
sichtbar.

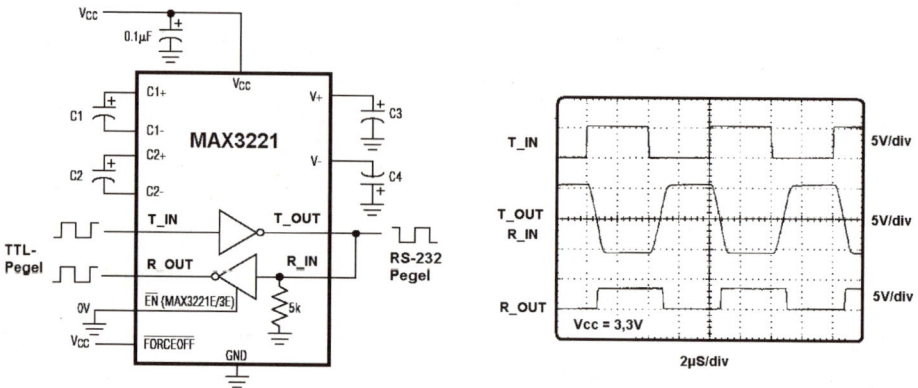

Abb. 134: Funktionstest des Pegelkonverters MAX3221

13 Die Berechnung der Position und Differential-GPS (DGPS)

Möchten **Sie** . . .

* verstehen, wie Koordinaten und Zeit ermittelt werden?

* wissen, was eine Pseudodistanz ist?

* verstehen, warum ein GPS-Empfänger zu Beginn der Berechnung zuerst eine Position schätzen muss?

* verstehen, wie eine unlineare Gleichung mit vier Unbekannten gelöst wird?

* wissen, welche Genauigkeit der Betreiber des GPS-Systems garantiert?

* wissen, was DGPS bedeutet?

* wissen, wie die Korrekturdaten ermittelt und weiterverbreitet werden?

* verstehen, wie das D-Signal die fehlerbehaftete Positionsmessung korrigiert?

* wissen, welche DGPS-Dienste in Mitteleuropa verfügbar sind?

* wissen, was EGNOS und WAAS bedeuten?

. . . dann sollten Sie **dieses Kapitel** lesen!

13.1 Einleitung zur Berechnung der Position

Obwohl ursprünglich für rein militärische Zwecke gedacht, wird GPS heutzutage vor allem für zivile Anwendungen genutzt, z. B. Vermessung, Navigation (Luft, Wasser und Boden), Positionierung, Geschwindigkeitsmessung, Zeitbestimmung, Überwachung von fixen und beweglichen Objekten, usw. Der Betreiber des Systems (DoD) garantiert dem Anwender des zivilen Standardservice, dass weltweit während 95% der Zeit (über 24h ermittelt [58]) folgende Genauigkeit *(Tabelle 56)* erreicht wird:

Tabelle 56: Genauigkeit des zivilen Standardservice

Horizontale Positionsgenauigkeit	Vertikale Positionsgenauigkeit	Zeitgenauigkeit
= 13m	= 22m	= 40ns

Durch zusätzlichen Aufwand, z.B. mehrere gekoppelte Empfänger (DGPS), längere Messzeit, spezielle Messtechnik (Phasenmessung) kann die Positionierungsgenauigkeit in den Zentimeterbereich gesteigert werden.

13.2 Berechnung der Position

13.2.1 Prinzip der Laufzeitmessung (Auswertung der Pseudodistanzen)

Damit ein GPS-Anwender seine Position bestimmen kann, müssen die Zeitsignale von vier verschiedenen Satelliten (Sat 1 ... Sat 4) empfangen werden, um die Signallaufzeiten Δt_1 ... Δt_4 zu berechnen (*Abb. 135*).

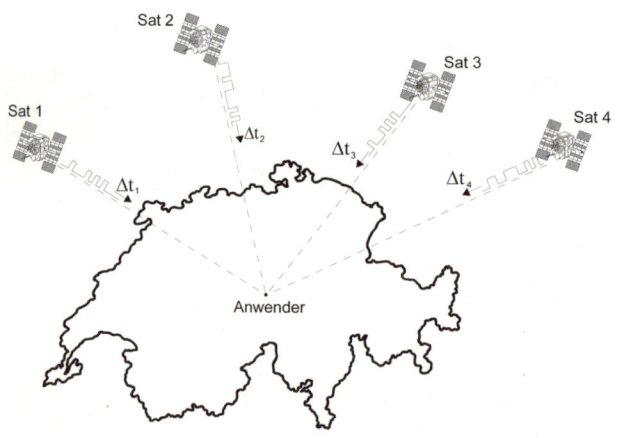

Abb. 135:   Vier Satellitensignale müssen empfangen werden

Die Berechnungen werden in einem kartesischen, dreidimensionalen Koordinatensystem mit geozentrischem Ursprung durchgeführt (*Abb. 136*). Anhand der Signallaufzeiten Δt_1, Δt_2, Δt_3 und Δt_4 der vier Satelliten zum Anwender werden die Abstände (Range) R_1, R_2, R_3 und R_4 des Anwenders zu den vier Satelliten berechnet. Da die Standorte X_{Sat}, Y_{Sat} und Z_{Sat} der vier Satelliten bekannt sind, können infolgedessen die Koordinaten des Anwenders berechnet werden.

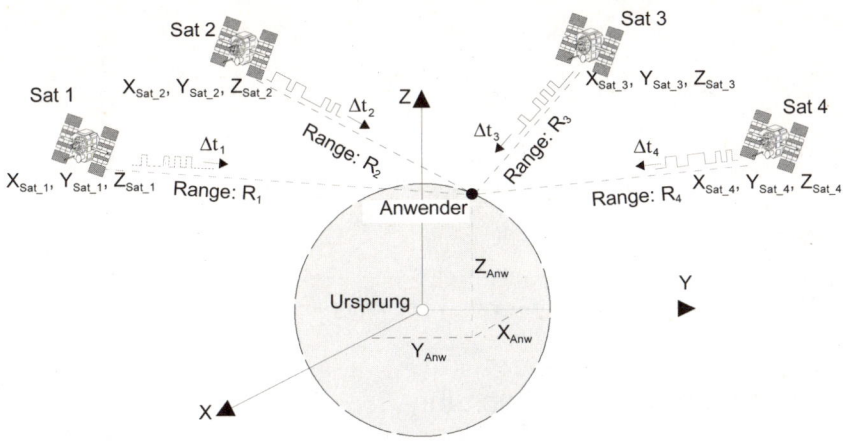

Abb. 136: Dreidimensionales Koordinatensystem

Der Zeitpunkt der Aussendung des Satellitensignals ist dank der im Satelliten eingebauten Atomuhren genauestens bekannt. Alle Satellitenuhren sind untereinander und zur Weltzeit UTC (Universal Time Coordinated) synchronisiert bzw. korrigiert. Dagegen ist die Empfängeruhr nicht zur Weltzeit synchronisiert und geht somit um Δt_0 vor oder nach. Das Vorzeichen von Δt_0 gilt als positiv, wenn die Anwenderuhr vorgeht. Der Zeitfehler Δt_0 verursacht eine Verfälschung in der Laufzeitmessung bzw. in der Distanzmessung R. Gemessen wird eine fehlerhafte Distanz, genannt Pseudodistanz bzw. Pseudorange PSR [59].

$$\Delta t_{gemessen} = \Delta t + \Delta t_0 \tag{1a}$$

$$PSR = \Delta t_{gemessen} \cdot c = \left(\Delta t + \Delta t_0\right) \cdot c \tag{2a}$$

$$PSR = R + \Delta t_0 \cdot c \tag{3a}$$

R: wahrer Abstand vom Satelliten zum Anwender

c: Lichtgeschwindigkeit

Δt: Laufzeit vom Satelliten zum Anwender

Δt_0: Differenz zwischen Satelliten- und Anwenderuhr

PSR: Fehlerbehaftete Distanzmessung

Der Abstand R vom Satelliten zum Anwender kann im kartesischen System folgendermaßen berechnet werden:

$$R = \sqrt{\left(X_{Sat} - X_{Anw}\right)^2 + \left(Y_{Sat} - Y_{Anw}\right)^2 + \left(Z_{Sat} - Z_{Anw}\right)^2} \tag{4a}$$

somit (4) in (3)

$$PSR = \sqrt{\left(X_{Sat} - X_{Anw}\right)^2 + \left(Y_{Sat} - Y_{Anw}\right)^2 + \left(Z_{Sat} - Z_{Anw}\right)^2} + c \cdot \Delta t_0 \quad \text{(5a)}$$

Um die vier Unbekannten (Δt_0 , X_{Anw}, Y_{Anw} und Z_{Anw}) zu bestimmen, sind vier unabhängige Gleichungen notwendig.

Für die vier Satelliten ($i = 1 \dots 4$) gilt:

$$PSR_i = \sqrt{\left(X_{Sat\_i} - X_{Anw}\right)^2 + \left(Y_{Sat\_i} - Y_{Anw}\right)^2 + \left(Z_{Sat\_i} - Z_{Anw}\right)^2} + c \cdot \Delta t_0 \quad \text{(6a)}$$

13.2.2 Linearisierung der Gleichung

Die vier Gleichungen von 6a ergeben ein nichtlineares Gleichungssystem. Um das System zu lösen, wird die Wurzelfunktion nach dem Schema von Taylor zuerst linearisiert, wobei nur das erste Glied verwendet wird (*Abb. 137*).

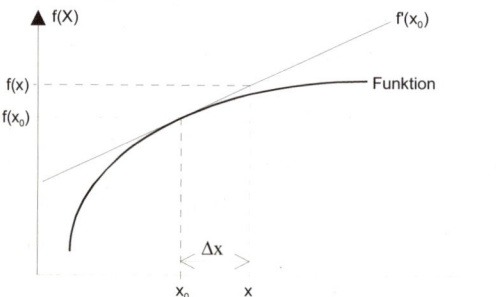

Abb. 137:   Umsetzung der Taylor-Reihe

Allgemein (mit $\Delta x = x - x_0$): $f(x) = f(x_0) + \dfrac{f'}{1!}(x_0) \cdot \Delta x + \dfrac{f''}{2!}(x_0)^2 \cdot \Delta x + \dfrac{f'''}{3!}(x_0)^3 \cdot \Delta x + \dots$

Vereinfacht (nur 1. Glied): $f(x) = f(x_0) + f'(x_0) \cdot \Delta x$ (7a)

Um die vier Gleichungen (6a) zu linearisieren, muss infolgedessen ein willkürlich geschätzter Wert x_0 in der Nähe von x angenommen werden.

Für GPS bedeutet dies, dass anstatt von X_{Anw} , Y_{Anw} und Z_{Anw} direkt zu berechnen, zuerst eine Position X_{Ges} , Y_{Ges} und Z_{Ges} geschätzt und verwendet wird (*Abb. 138*).

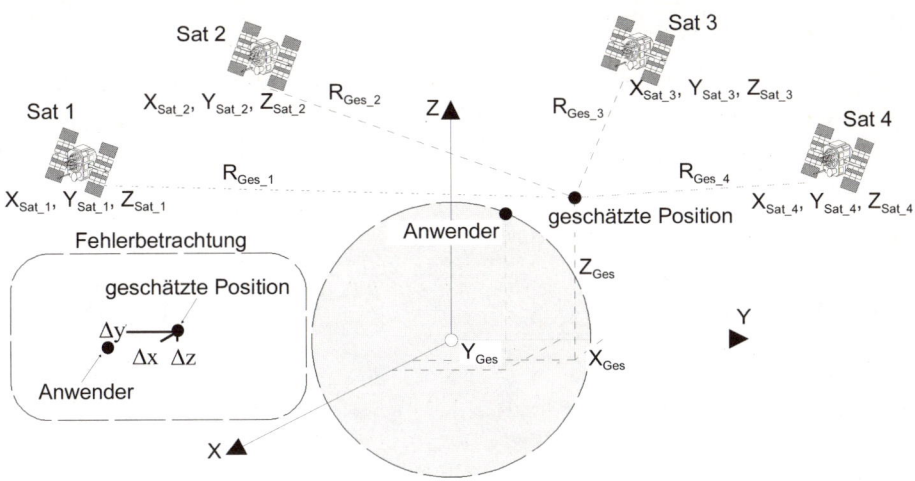

Abb. 138: Schätzung der Position

Die geschätzte Position ist um die unbekannte Größe Δx, Δy und Δz fehlerbehaftet.

$$X_{Anw} = X_{Ges} + \Delta x$$

$$Y_{Anw} = Y_{Ges} + \Delta y$$

$$Z_{Anw} = Z_{Ges} + \Delta z \tag{8a}$$

Der Abstand R_{Ges} von den vier Satelliten zur geschätzten Position kann analog der Gleichung (4a) berechnet werden:

$$R_{Ges\_i} = \sqrt{\left(X_{Sat\_i} - X_{Ges}\right)^2 + \left(Y_{Sat\_i} - Y_{Ges}\right)^2 + \left(Z_{Sat\_i} - Z_{Ges}\right)^2} \tag{9a}$$

Gleichung (9a) mit den Gleichungen (6a) und (7a) kombiniert ergibt:

$$PSR_i = R_{Ges\_i} + \frac{\partial\left(R_{Ges\_i}\right)}{\partial x} \cdot \Delta x + \frac{\partial\left(R_{Ges\_i}\right)}{\partial y} \cdot \Delta y + \frac{\partial\left(R_{Ges\_i}\right)}{\partial z} \cdot \Delta z + c \cdot \Delta t_0 \tag{10a}$$

Nach der erfolgten partiellen Ableitung ergibt sich:

$$PSR_i = R_{Ges\_i} + \frac{X_{Ges} - X_{Sat\_i}}{R_{Ges\_i}} \cdot \Delta x + \frac{Y_{Ges} - Y_{Sat\_i}}{R_{Ges\_i}} \cdot \Delta y + \frac{Z_{Ges} - Z_{Sat\_i}}{R_{Ges\_i}} \cdot \Delta z + c \cdot \Delta t_0 \tag{11a}$$

13.2.3 Lösen der Gleichung

Nach Umstellung der vier Gleichungen (11a) (für i = 1 ... 4) können die vier gesuchten Größen (Δx, Δy, Δz und Δt_0) nach den Regeln der linearen Algebra gelöst werden:

$$
\begin{bmatrix} PSR_1 - R_{Ges\_1} \\ PSR_2 - R_{Ges\_2} \\ PSR_3 - R_{Ges\_3} \\ PSR_4 - R_{Ges\_4} \end{bmatrix} = \begin{bmatrix} \dfrac{X_{Ges} - X_{Sat\_1}}{R_{Ges\_1}} & \dfrac{Y_{Ges} - Y_{Sat\_1}}{R_{Ges\_1}} & \dfrac{Z_{Ges} - Z_{Sat\_1}}{R_{Ges\_1}} & c \\ \dfrac{X_{Ges} - X_{Sat\_2}}{R_{Ges\_2}} & \dfrac{Y_{Ges} - Y_{Sat\_2}}{R_{Ges\_2}} & \dfrac{Z_{Ges} - Z_{Sat\_2}}{R_{Ges\_2}} & c \\ \dfrac{X_{Ges} - X_{Sat\_3}}{R_{Ges\_3}} & \dfrac{Y_{Ges} - Y_{Sat\_3}}{R_{Ges\_3}} & \dfrac{Z_{Ges} - Z_{Sat\_3}}{R_{Ges\_3}} & c \\ \dfrac{X_{Ges} - X_{Sat\_4}}{R_{Ges\_4}} & \dfrac{Y_{Ges} - Y_{Sat\_4}}{R_{Ges\_4}} & \dfrac{Z_{Ges} - Z_{Sat\_4}}{R_{Ges\_4}} & c \end{bmatrix} \cdot \begin{bmatrix} \Delta x \\ \Delta y \\ \Delta z \\ \Delta t_0 \end{bmatrix} \qquad (12a)
$$

$$
\begin{bmatrix} \Delta x \\ \Delta y \\ \Delta z \\ \Delta t_0 \end{bmatrix} = \begin{bmatrix} \dfrac{X_{Ges} - X_{Sat\_1}}{R_{Ges\_1}} & \dfrac{Y_{Ges} - Y_{Sat\_1}}{R_{Ges\_1}} & \dfrac{Z_{Ges} - Z_{Sat\_1}}{R_{Ges\_1}} & c \\ \dfrac{X_{Ges} - X_{Sat\_2}}{R_{Ges\_2}} & \dfrac{Y_{Ges} - Y_{Sat\_2}}{R_{Ges\_2}} & \dfrac{Z_{Ges} - Z_{Sat\_2}}{R_{Ges\_2}} & c \\ \dfrac{X_{Ges} - X_{Sat\_3}}{R_{Ges\_3}} & \dfrac{Y_{Ges} - Y_{Sat\_3}}{R_{Ges\_3}} & \dfrac{Z_{Ges} - Z_{Sat\_3}}{R_{Ges\_3}} & c \\ \dfrac{X_{Ges} - X_{Sat\_4}}{R_{Ges\_4}} & \dfrac{Y_{Ges} - Y_{Sat\_4}}{R_{Ges\_4}} & \dfrac{Z_{Ges} - Z_{Sat\_4}}{R_{Ges\_4}} & c \end{bmatrix}^{-1} \cdot \begin{bmatrix} PSR_1 - R_{Ges\_1} \\ PSR_2 - R_{Ges\_2} \\ PSR_3 - R_{Ges\_3} \\ PSR_4 - R_{Ges\_4} \end{bmatrix} \qquad (13a)
$$

Die Lösungen von Δx, Δy und Δz werden genutzt, um die geschätzte Position X_{Ges}, Y_{Ges} und Z_{Ges} entsprechend der Gleichung (8a) neu zu beurteilen.

$$X_{Ges\_Neu} = X_{Ges\_Alt} + \Delta x$$

$$Y_{Ges\_Neu} = Y_{Ges\_Alt} + \Delta y$$

$$Z_{Ges\_Neu} = Z_{Ges\_Alt} + \Delta z \qquad (14a)$$

Die Schätzwerte X_{Ges_Neu}, Y_{Ges_Neu}, und Z_{Ges_Neu} werden nun im üblichen iterativen Verfahren so lange in das Gleichungssystem (13a) gespeist, bis die Fehleranteile Δx, Δy und Δz kleiner sind als der gewünschte Fehler (z.B. 0,1 m). Je nach anfänglicher Schätzung genügen in der Regel drei bis fünf iterative Berechnungen, um einen Fehleranteil unter 1 cm zu erhalten.

13.2.4 Zusammenfassung

Um seine Position zu bestimmen, wird der Anwender (bzw. die Software seines Empfängers) den letzten Messwert verwenden oder eine neue Position schätzen, und durch mehrmalige Iteration die Fehleranteile (Δx, Δy und Δz) auf Null berechnen. Dann gilt:

$X_{Anw} = X_{Ges\_Neu}$

$Y_{Anw} = Y_{Ges\_Neu}$

$Z_{Anw} = Z_{Ges\_Neu}$ (15a)

Der berechnete Wert von Δt_0 entspricht dem Zeitfehler des Empfängers und kann verwendet werden, um die Empfängeruhr zu korrigieren.

13.2.5 Fehlerbetrachtung und Satellitensignal

Fehlerbetrachtung

Bisher wurden in der Berechnung Fehleranteile nicht berücksichtigt. Bei GPS können verschiedene Ursachen zum Gesamtfehler beitragen:

- Satellitenuhren: Obwohl jeder Satellit vier Atomuhren mit sich führt, bewirkt ein Zeitfehler von nur 10 ns bereits einen Fehler in der Größenordnung von 3 m.

- Satellitenbahnen: Die Satellitenposition ist in der Regel nur bis auf ca. 1 ... 5 m bekannt.

- Lichtgeschwindigkeit: Die Signale vom Satelliten zum Anwender breiten sich mit Lichtgeschwindigkeit aus. Diese verlangsamt sich beim Durchqueren von Ionosphäre und Troposphäre und darf somit nicht mehr als konstant angenommen werden.

- Messung der Laufzeit: Der Anwender kann den Zeitpunkt des ankommenden Satellitensignals nur mit einer beschränkten Genauigkeit von ca. 10-20 ns bestimmen, was wiederum einem Distanzfehler von 3-6 m entspricht. Durch terrestrische Reflexionen (Multipath) wird der Fehleranteil noch erhöht.

- Satellitengeometrie: Die Positionsbestimmung verschlechtert sich, wenn die vier zur Messung verwendeten Satelliten nahe zusammenstehen. Der Einfluss der Satellitengeometrie auf die Messungsgenauigkeit wird GDOP (Geometric Dilution of Precision) genannt.

Die Ursachen für die Messfehler sind vielfältig und sind in *Tabelle 57* mit Angabe der in der Horizontalen entstandenen Fehler aufgelistet. Angegeben ist der 1-Sigma-Wert (68%) und der 2-Sigma-Wert (95%). Meistens ist die Genauigkeit besser als angegeben und die Werte gelten für eine mittlere Satellitenkonstellation (siehe angegebener HDOP-Wert) [60].

Tabelle 57: Fehlerursachen (typische Werte)

Fehlerursache	Fehler
Einfluss der Ionosphäre	4m
Satellitenuhren	2,1m
Empfängermessung	0,5m
Ephemeridendaten	2,1m
Einfluss der Troposphäre	0,7m
Mehrwegempfang (Multipath)	1,4m
Totaler RMS-Wert	5,3m
Totaler RMS-Wert (gefiltert, d.h. leicht gemittelt)	5,0m
Horizontaler Fehler (1-Sigma (68%) HDOP=1,3)	6,5m
Horizontaler Fehler (2-Sigma (95%) HDOP=1,3)	13,0m

Langzeitmessungen zuhanden der US-Federal Aviation Administration haben ergeben, dass bei 95% aller Messungen der horizontale Fehler kleiner als 7,4m und der vertikale Fehler kleiner als 9,0m war. Die Zeitperiode für eine Messung betrug immer 24 Stunden [61].

Durch geeignete Maßnahmen (Differential-GPS, DGPS) kann der Anteil vieler Fehlerquellen eliminiert bzw. verringert werden (typisch auf 1... 2m, 2-Sigma-Wert).

DOP (Genauigkeitsabfall)

Die Genauigkeit der Positionsbestimmung mit GPS im Navigationsmodus hängt einerseits von der Genauigkeit der einzelnen Pseudorangemessung ab, und andererseits von der geometrischen Konfiguration der benutzten Satelliten, ausgedrückt durch eine skalare Größe, die in der Navigationsliteratur mit DOP (Dilution of Precision) bezeichnet wird.

Es sind verschiedene DOP-Bezeichnungen in Gebrauch:

- GDOP: Geometrisches-DOP (Position im Raum inkl. Zeitabweichung in Lösung)

- PDOP: Positions-DOP (Position im Raum)

- HDOP: Horizontales-DOP (Position in der Ebene)

- VDOP: Vertikales-DOP (nur Höhe)

Die Genauigkeit einer Messung hängt proportional vom DOP-Wert ab. Dies bedeutet, dass bei einer Verdoppelung des DOP-Wertes der Fehler der Positionsbestimmung um Faktor Zwei ansteigt.

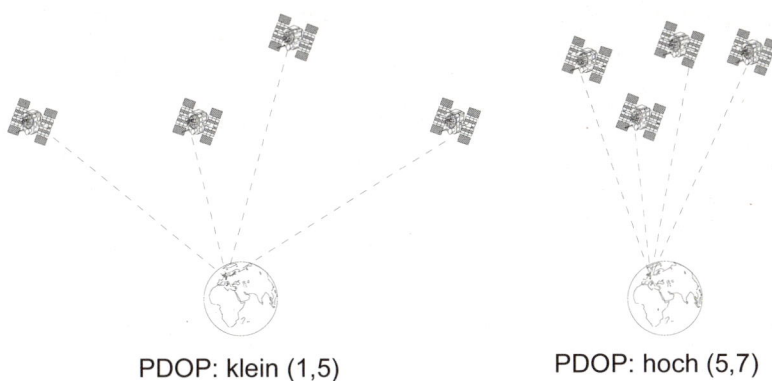

PDOP: klein (1,5)   PDOP: hoch (5,7)

Abb. 139: Satellitengeometrie und PDOP

Es lässt sich zeigen, dass PDOP als reziproker Wert des Volumens eines Tetra-eders gedeutet werden kann, das aus Satelliten- und Nutzerpositionen gebildet wird (*Abb 139*). Die beste geometrische Situation ist gegeben, wenn das Volumen zum Maximum, und damit PDOP zum Minimum wird.

PDOP hat in den Anfangsjahren der GPS-Nutzung bei der Planung von Messprojekten eine wichtige Rolle gespielt, da es bei begrenztem Satellitenausbau häufig Phasen mit sehr ungünstiger geometrischer Konstellation gab. Heute ist die Satellitenüberdeckung so günstig, dass die PDOP- und GDOP-Werte nur selten Werte über 3 annehmen (*Abb. 140*).

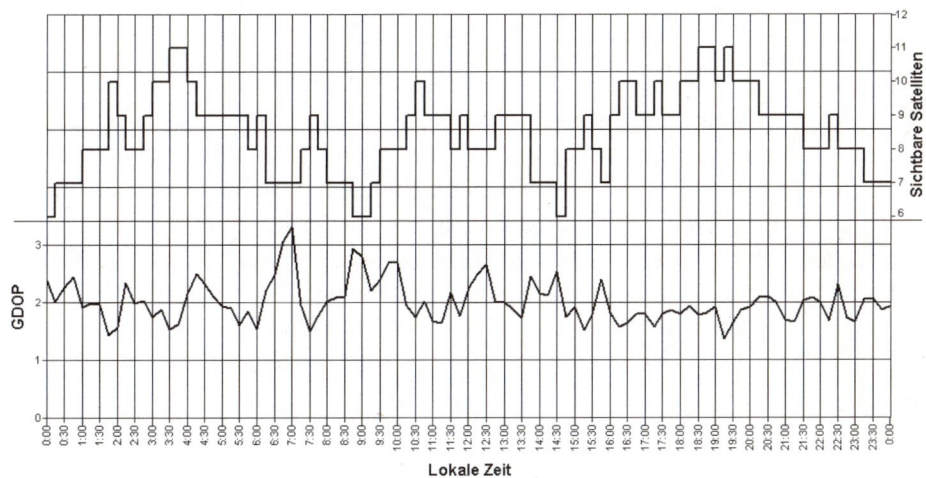

Abb. 140: GDOP-Wert und Anzahl der sichtbarer Satelliten in Funktion der Zeit

Es ist deshalb nicht notwendig, Messungen nach den PDOP-Werten zu planen oder die erzielbare Genauigkeit danach zu beurteilen, zumal im Verlauf von wenigen Minuten unterschiedliche PDOP-Werte auftreten. Bei kinematischen Anwendungen und schnellen Aufnahmeverfahren können aber in Einzelfällen kurzzeitig ungünstige geometrische Situationen eintreten, so dass bei der Beurteilung von kritischen Ergebnissen die jeweiligen PDOP-Werte als Beurteilungskriterium mit herangezogen werden sollten. Bei allen Planungs- und Auswerteprogrammen der führenden Gerätehersteller sind die PDOP-Werte darstellbar (*Abb. 141*).

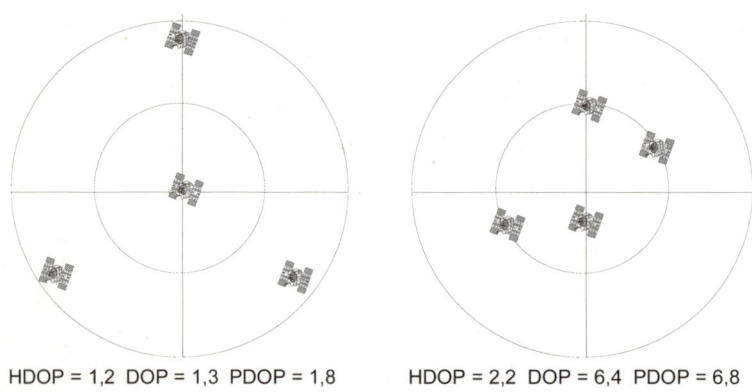

HDOP = 1,2 DOP = 1,3 PDOP = 1,8   HDOP = 2,2 DOP = 6,4 PDOP = 6,8

Abb. 141: Einfluss der Satellitenkonstellation auf den DOP-Wert

13.3 Einleitung zu DGPS

Die angegebene horizontale Genauigkeit von ca. 20 m ist wahrscheinlich nicht für alle Fälle ausreichend. Um z.B. die Bewegung von Staumauern im Millimeterbereich zu erfassen, bedarf es eines zusätzlichen Aufwands. Grundsätzlich wird immer zusätzlich zum Anwenderempfänger ein Referenzempfänger verwendet. Dieser ist an einem genau ausgemessenen Referenzpunkt (d.h. die Koordinaten sind bekannt) lokalisiert. Durch ständigen Vergleich zwischen Anwender- und Referenzempfänger können viele Fehler (auch derjenigen der SA, sollte sie eingeschaltet sein) eliminiert werden, denn es entsteht eine Differenzmessung, genannt differentielles GPS (Differential GPS, DGPS). Zwei verschiedene Prinzipien kommen zum Einsatz:

- DGPS basierend auf der Laufzeitmessung (erreichbare Genauigkeit ca. 1 m)

- DGPS basierend auf Phasenmessung des Trägersignals (erreichbare Genauigkeit ca. 1 cm)

Bei den gegenwärtig eingesetzten Differentialverfahren wird allgemein zwischen den folgenden Verfahren unterschieden:

- Lokales DGPS ("local area differential")

- Regionales DGPS ("regional area differential")

- Weitbereichs- DGPS ("wide area differential")

13.4 DGPS basierend auf der Laufzeitmessung

Die theoretisch erreichbare Genauigkeit nach dem vorgängig geschilderten Verfahren beträgt ca. 13-20 m. Für Vermessungsaufgaben mit einer geforderten Genauigkeit von ca. 1 cm und anspruchsvoller Navigation muss die Genauigkeit gesteigert werden. Die Industrie hat eine einfache und zuverlässige Lösung für dieses Problem gefunden: das Differential-GPS (DGPS). Das Prinzip des DGPS ist sehr einfach. Auf einem bekannten und genau vermessenen Punkt befindet sich eine GPS-Referenzstation. Die GPS-Referenzstation bestimmt ihre Position mittels vier Satelliten. Da die GPS-Referenzstation ihre genaue Position kennt, kann sie die Abweichung von der gemessenen Position berechnen. Diese Abweichung (Differenzposition) gilt ebenfalls für alle im Bereich bis zu 200 km vorhandenen GPS-Empfänger um die GPS-Referenzstation. Die Differenzposition kann somit zur Korrektur von der von weiteren GPS-Empfängern gemessenen Position genutzt werden (*Abb. 142*). Entweder wird die Abweichung unmittelbar per Funk übertragen, oder nach erfolgten Messungen im Nachhinein zur Korrektur verwendet. Mit diesem Prinzip können Genauigkeiten bis zu einigen Millimetern erreicht werden.

13.4.1 Detaillierte Funktionsweise von DGPS

Der Einfluss der Ionosphäre ist maßgeblich für die Ungenauigkeit verantwortlich. Mit DGPS steht nun eine Technik zur Verfügung, welche es erlaubt, die meisten Fehler zu kompensieren. Die Kompensation erfolgt in drei Phasen:

1. Bestimmung der Korrekturgrößen bei der Referenzstation

2. Übermittlung der Korrekturgrößen von der Referenzstation zum GPS-Anwender

3. Korrektur der gemessenen Pseudostrecken beim GPS-Anwender

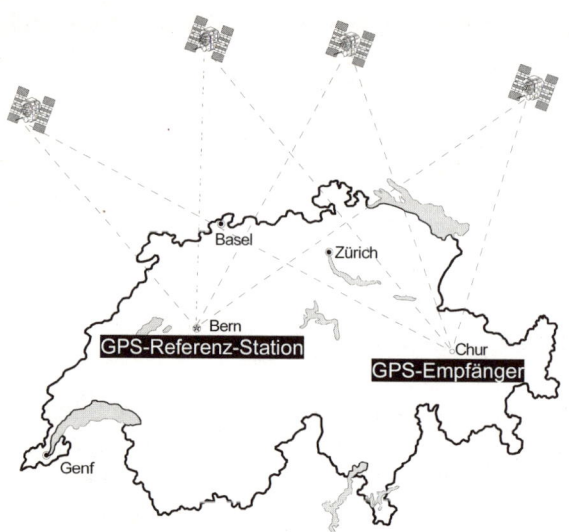

Abb. 142: Prinzip des DGPS mit einer GPS-Referenzstation

Bestimmung der Korrekturgrößen

Eine Referenzstation mit genau bekannten Koordinaten misst die Laufzeit zu allen sichtbaren GPS-Satelliten (*Abb. 143*) und bestimmt aus dieser Größe die fehlerbehafteten Pseudostrecken (Istwert). Weil die Referenzstation ihre Position genau kennt, kann sie die wahre Distanz (Sollwert) zu jedem GPS-Satelliten berechnen. Die Differenz zwischen wahrer Distanz und fehlerbehafteter Pseudostrecke lässt sich durch einfache Subtraktion ermitteln und entspricht einer Korrekturgröße (Differenz Soll- Istwert). Diese Korrekturgrößen sind für jeden GPS-Satelliten verschieden und gelten ebenfalls für GPS-Anwender in einem Umkreis bis zu einigen hundert Kilometern.

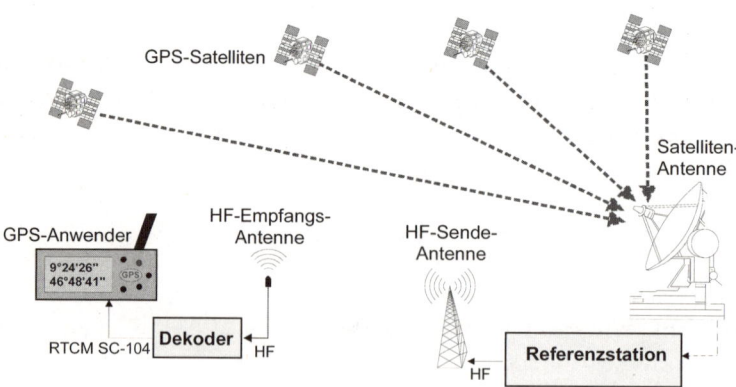

Abb. 143: Bestimmung der Korrekturgrößen

Übermittlung der Korrekturgrößen

Da die Korrekturgrößen in einem weiten Umkreis zur Korrektur der gemessenen Pseudostrecken verwendet werden können, werden sie über ein geeignetes Medium (Funk, GSM, Telefon, Radio, ...) weiteren GPS-Anwendern ohne Zeitverzug übermittelt (*Abb. 144*).

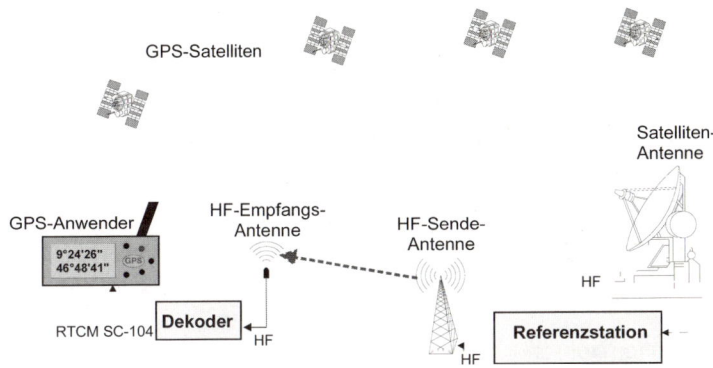

Abb. 144: Übermittlung der Korrekturgrößen

Korrektur der gemessenen Pseudostrecken

Der GPS-Anwender kann nach Empfang der Korrekturwerte die wahre Distanz aus seinen gemessenen fehlerbehafteten Pseudostrecken ermitteln (*Abb. 145*). Aus der wahren Distanz lässt sich die genaue Anwenderposition berechnen. Alle Fehlerursachen, abgesehen von jenen, die vom Empfängerrauschen und vom Mehrwegempfang stammen, können somit eliminiert werden.

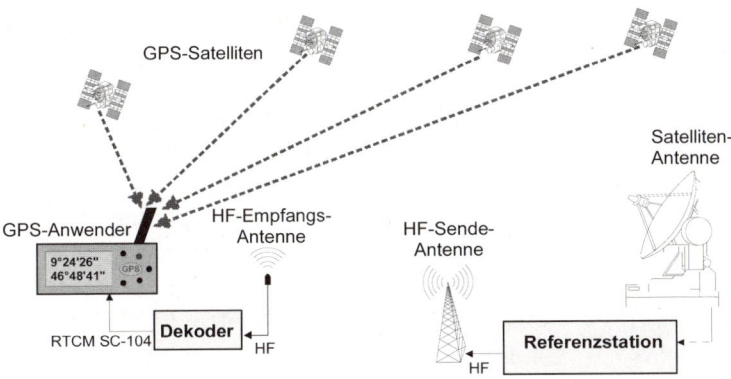

Abb. 145: Korrektur der gemessenen Pseudostrecken

DGPS basierend auf der Phasenmessung des Trägers

Die bei Messungen der Pseudodistanzen erreichbare Genauigkeit von 1 Meter genügt für die Lösung von Vermessungsproblemen noch nicht. Um die Messungen bis in den Millimeterbereich durchführen zu können, muss die Trägerphase des Satellitensignals ausgewertet werden. Die Wellenlänge λ des Trägers beträgt ca. 19 cm. Die Distanz zu einem Satelliten kann mit folgendem Ansatz (*Abb. 146*) bestimmt werden.

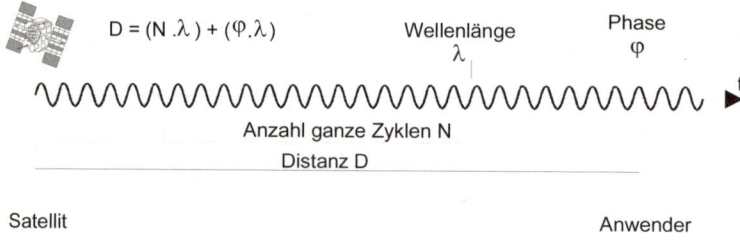

Abb. 146: Prinzip der Phasenmessung

Die Phasenmessung ist mehrdeutig, da N unbekannt ist. Durch Beobachtung mehrerer Satelliten zu verschiedenen Zeiten und durch ununterbrochenen Vergleich zwischen Anwender- und Referenzempfänger (während oder nach der Messung) kann nach dem Lösen von umfangreichen Gleichungssystemen die Position im Bereich von einigen Millimetern bestimmt werden.

13.5 DGPS-Dienste

13.5.1 Einleitung

Der Referenzempfänger empfängt die Satellitensignale und kann sofort die Differenz zwischen der gemessenen und der tatsächlichen Distanz berechnen. Diese Differenz wird allen umliegenden Anwenderempfängern über eine geeignete Kommunikationsstrecke (LW, KW, UKW, Funk, GSM, Satellitenkommunikation, ...) weitergeleitet. Wenn der Anwenderempfänger die Korrekturdaten verwendet, kann er den gemessenen Abstand zu allen Satelliten um den Differenzbetrag korrigieren. Auf diese Weise kann der Einfluss der künstlichen Verschlechterung SA (die SA wurde am 1. Mai 2000 abgeschaltet) und der Iono- bzw. Troposphäre massiv reduziert werden. Die schweizerische Landestopographie bietet einen solchen DGPS-Dienst an. Die Korrekturdaten werden über das UKW-oder GSM-Netz gesendet. In Deutschland existiert ein DGPS-Dienst, welcher die Korrekturdaten über den Sender Mainflingen (bei Frankfurt/Main) auf LW aussendet. In beiden Fällen wird eine Genauigkeit bis in den Meterbereich erreicht. In Europa werden die Korrektursignale von verschiedenen öffentlichen DGPS-Diensten empfangen. Einige Dienste sind definitiv eingeführt, andere stehen kurz vor ihrer Einführung. Gemeinsam ist allen Diensten, dass sie im Gegensatz zu GPS kostenpflichtig sind. Entweder wird eine jährliche Lizenzgebühr erhoben, oder die einmalige Gebühr wird beim Kauf des DGPS-Empfängers entrichtet.

13.5.2 SAPOS

SAPOS [62] (Satellitenpositionierungsdienst der deutschen Landesvermessung) ist ein permanent betriebener, multifunktionaler DGPS-Dienst. Dieser Service ist mit hoher Zuverlässigkeit flächendeckend in Deutschland verfügbar. Grundlage des Systems bildet ein Netz von GPS-Referenzstationen. Für Echtzeitmessungen werden standardmäßig die Medien UKW-Rundfunk (ARD), Langwelle (Telekom), GSM und das eigene 2-Meter-Band angeboten. Die Medien UKW und Langwelle stehen seit längerem flächendeckend für die Servicebereiche EPS bereit. Im 2-Meter-Band stehen der AdV [63] (Arbeitsgemeinschaft der Vermessungsverwaltungen der Länder der Bundesrepublik Deutschland) insgesamt 9 Frequenzen zur Flächendeckung in Deutschland zur Verfügung.

SAPOS umfasst vier Servicebereiche mit unterschiedlichen Eigenschaften und Genauigkeiten:

- SAPOS EPS - Echtzeit Positionierungsservice

- SAPOS HEPS - Hochpräziser Echtzeit Positionierungsservice

- SAPOS GPPS - Geodätischer Präziser Positionierungsservice

- SAPOS GHPS - Geodätischer Hochpräziser Positionierungsservice

EPS und HEPS sind in Echtzeit nutzbar.

Im UKW-Rundfunk werden die Signale im Format RASANT (Radio Aided Satellite Navigation Technique) gesendet. Das RASANT-Korrekturdatenformat ist eine Umsetzung von RTCM 2.0-Korrekturdaten für die Datenübertragung im Radio-Daten-System (RDS) des UKW-Hörfunks.

13.5.3 ALF

ALF (Accurate Positioning by Low Frequency) sendet die Korrekturwerte mit einer Leistung von 50 kW von Mainflingen (Frankfurt/Main) aus. Der Langwellensender DCF42 (LW, 123,7 kHz) strahlt seine Korrekturwerte über ein Gebiet von 600 – 1000 km aus und kann somit auch im schweizerischen Mittelland empfangen werden. Das obere Seitenband (OSB) ist phasenmoduliert (Bi-Phase-Shift-Keying BPSK). Der Dienst wird vom deutschen Bundesamt für Kartographie und Geodäsie [64] in Zusammenarbeit mit der Deutschen Telekom AG (DTAG) angeboten [65]. Ein Anwender hat beim Kauf des Dekoders eine einmalige Gebühr zu entrichten. Wegen der Ausbreitungseigenschaft von Langwellen können die Korrekturdaten trotz Abschattung empfangen werden.

13.5.4 dGPS

Seit Sommer 1998 ist eine flächendeckende Versorgung Österreichs mit Positionsgenauigkeiten besser als 1 Meter gewährleistet [66]. Der Service besteht aus 8 Referenzstationen und wird noch erweitert. Seit Sommer 2000 ist es sogar möglich, in ganz Österreich die cm-Genauigkeit zu erreichen.

Die Daten der Stationen werden vom österreichischen Rundfunk über 18 Hauptsendeanlagen und mehr als 250 Umsetzern abgestrahlt. Die Korrekturdaten werden durch das Datenübertragungssystem DARC (Data Radio Channel) über die Ö1-Senderkette ausgesendet. DARC ist ein Datenübertragungssystem, das digitale Datenpakete (z.B. Bilder) im UKW-Radiosignal übermittelt und dabei die bestehende ORF-Infrastruktur (Sender, Leitungen) nutzt.

Aufgrund der unterschiedlichen Anforderungen der einzelnen Anwendungen werden drei verschiedene Genauigkeitsstufen angeboten:

• Garantierte Genauigkeit unter 10 cm

• Garantierte Genauigkeit unter 1 m

• Garantierte Genauigkeit unter 10 m

13.5.5 AMDS

AMDS (Amplituden Moduliertes Daten System) dient zur digitalen Datenübertragung auf Mittel- und Langwelle bei bestehenden Rundfunksendern. Die Daten sind phasenmoduliert. In der Schweiz sind im Mittelland zurzeit vor allem die Signale des Senders Beromünster (MW, 531 kHz) und des deutschen

Senders Rohrdorf (MW, 666 kHz) zu empfangen. Geplant ist ein Ausbau des Senders Ceneri. Die Ausbreitung der Daten erfolgt in einem Gebiet von 600 – 1000 km. Der Dienst wird in der Schweiz von der Firma Terra Vermessungen AG betrieben [67]. Nach eingehendem Testbetrieb wurde im Januar 1999 ein Regelbetrieb aufgenommen. Vorgesehen ist, eine einmalige Gebühr zu erheben.

13.5.6 Swipos-NAV (UKW/RDS und GSM)

Unter dem Namen Swipos-NAV (Swiss Positioning Service) existiert ein Dienst, welcher die Korrekturdaten mittels FM-RDS oder GSM verteilt. Das Radio Data System RDS ist eine europäische Norm für die Verbreitung von digitalen Daten über das UKW-Sendernetz (FM, 87-108 MHz). RDS wurde entwickelt, um Verkehrsteilnehmer über UKW mit Verkehrsinformationen zu versorgen [68]. Die RDS-Daten werden dem FM-Träger mit einer Frequenz von 57 kHz aufmoduliert. Der Anwender benötigt einen RDS-Dekoder, um die DGPS-Korrekturwerte zu extrahieren. Der RDS-GPS-Dienst wird vom Bundesamt für Landestopographie [69] in Zusammenarbeit mit der SRG angeboten. Um einen guten Empfang zu gewährleisten, muss in der Regel Sichtkontakt zu einem UKW-Sender bestehen. Benutzer dieses Dienstes können entweder eine jährliche oder eine einmalige Gebühr entrichten. Der Dienst wird in zwei Genauigkeitsstufen angeboten.

- 1 ...2 m Genauigkeit (für 95% aller Messungen)

- 2 ...5m Genauigkeit (für 95% aller Messungen)

13.5.7 Radio Beacon

Weltweit sind, hauptsächlich den Küsten entlang, sogenannte Radio Beacon (Radio Funkfeuer) installiert. Auf einer Frequenz von rund 300kHz werden DGPS-Korrektursignale übertragen. Die Bit-Rate der Signale variiert je nach Sender zwischen 100 und 200 Bit pro Sekunde.

13.5.8 EGNOS

Bei EGNOS [70] (European Geostationary Navigation Overlay System) handelt es sich um ein satellitenbasiertes Augmentierungssystem für die bestehenden GPS- und Glonass-Satellitennavigationssysteme. Es wird ein europäisches Netzwerk von GPS/Glonassempfängern aufgebaut, die die entsprechenden

Satellitensignale empfangen und an zentrale Datenverarbeitungsstationen weiterleiten. In diesen Datenverarbeitungsstationen werden die empfangenen Signale unter Berücksichtigung der genauen Kenntnis der Positionen der Empfangsstationen ausgewertet. Hierdurch lassen sich Korrekturdaten ermitteln, die über geostationäre Kommunikationssatelliten schließlich an die Nutzer ausgestrahlt werden. Mit Hilfe der Korrekturen lassen sich Positionsgenauigkeiten von zunächst etwa 7 m erzielen. Zudem wird eine Integrität der Daten erreicht, die es ermöglicht, Instrumentenanflüge in der Luftfahrt durchzuführen.

Weltweit sind zur Zeit drei solche Systeme im Aufbau: das US-amerikanisches WAAS (Wide Area Augmentation System), das japanische MSAS (MTSAT based Augmentation System, Multifunctional Transport Satellite based Augmentation System) und das europäische EGNOS. Die drei Systeme sollen zueinander kompatibel sein.

Die bisherige Planung sieht vor, die Systeme bis 2002/2003 in einer ersten Ausbaustufe in Dienst zu stellen.

13.5.9 Omnistar und Landstar

Mehrere geostationäre Satelliten senden kontinuierlich Korrekturdaten nach Europa. Unter dem Namen Omnistar und Landstar stehen zwei verschiedene Dienste zur Verfügung. Omnistar ist Eigentum der Fugro-Gruppe [71] und Landstar-DGPS der Firma Thales [72]. Omnistar und Landstar senden ihre Informationen im L-Band (1-2 GHz) zur Erde. Die jeweiligen Referenzstationen sind in ganz Europa verteilt. Die geostationären Satelliten stehen von der Schweiz aus gesehen im Süden ca. 35-38° über dem Horizont. Um mit ihnen in Funkverbindung zu stehen, ist Sichtkontakt erforderlich. Die Systembetreiber erheben in der Regel jährliche Gebühren.

13.5.10 WAAS

Das nordamerikanische WAAS (Wide Area Augmentation System, weiträumiges Ergänzungssystem) ist eine Vernetzung von ca. 25 Bodenreferenzstationen (WRS, Wide Area Ground Reference Station) welche GPS-Signale empfangen. Sie sind bezüglich ihrer Position genau vermessen. Jede Referenzstation bestimmt die Soll- Ist-Abweichung der Pseudorange. Die Fehlersignale werden einer Masterstation WMS (Wide Area Master Station) übermittelt. Die WMS's berechnen die Differentialsignale und überwachen die Integrität des GPS-Systems. Die aufbereiteten präzisen DGPS-Korrekturwerte werden zu zwei geostationären Satelliten (Inmarsat) gesendet und auf die GPS-L1-Frequenz (1575,42MHz) zur Erde zurückgestrahlt. Die WAAS-Signale werden von den dafür vorbereiteten GPS-Empfängern empfangen und verarbeitet.

WAAS wurde für die amerikanische Luftfahrtbehörde FAA (Federal Aviation Association) für hohe Genauigkeit bei Landeanflügen entwickelt. Das WAAS-Signal ist für zivile Nutzung zugänglich und bietet sowohl auf dem Land wie auch auf See oder in der Luft eine weiterreichende Abdeckung, als sie bisher durch landgestützte DGPS-Systeme ermöglicht wurde. WAAS-Korrektur-signale sind ausschließlich in Nordamerika gültig.

14 Koordinatensysteme

Möchten **Sie** . . .

*   wissen, was ein Geoid ist?

*   verstehen, warum die Erde meistens als Ellipsoid dargestellt wird?

*   verstehen, warum weltweit über 200 verschiedene Kartenbezugssysteme existieren?

*   wissen, was WGS-84 bedeutet?

*   verstehen, wie von einem Datum zu einem anderen Datum umgerechnet werden kann?

*   wissen, was kartesische und ellipsoidische Koordinaten sind?

*   verstehen, wie Landeskarten entstehen?

*   wissen, wie Landeskoordinaten aus den WGS-84 Koordinaten berechnet werden?

. . . dann sollten Sie **dieses Kapitel** lesen!

14.1 Einleitung

Ein wesentliches Problem bei der Benutzung des GPS besteht darin, dass weltweit sehr viele unterschiedliche Koordinatensysteme bestehen, und deswegen die von GPS gemessene und berechnete Position nicht mit der vermeintlichen Position übereinstimmt.

Um die Funktionsweise von GPS zu verstehen, ist es notwendig, sich mit den Grundzügen der "Wissenschaft von der Ausmessung und Abbildung der Erdoberfläche", der Geodäsie, zu befassen. Ohne Grundkenntnisse ist es schwer verständlich, weshalb in günstigen tragbaren GPS-Empfängern aus über 100 verschiedenen Kartenbezugssystemen (Datum) und aus ca. 10 verschiedenen

Gitternetzformaten (Grid) die richtige Kombination ausgewählt werden muss. Wird die falsche Wahl getroffen, kann der Positionsfehler auf mehrere hundert Meter ansteigen.

14.2 Geoid

Dass die Erde kugelförmig ist, wissen wir seit Kolumbus. Aber wie rund ist sie tatsächlich? Es war schon immer eine schwierige Wissenschaft, die Form des blauen Planeten exakt zu beschreiben. Zu diesem Zweck wurde im Lauf der Jahrhunderte auf verschiedene Arten versucht, die "wahre" Körpergestalt der Erde so genau wie möglich zu beschreiben. Eine Annäherung an die Form der Erde ist das Geoid.

Die Oberfläche des ruhenden Meeres bildet bei entsprechender Idealisierung einen Teil einer Niveaufläche, "die Oberfläche" der Erde im geometrischen Sinn. In Anlehnung an das griechische Wort für Erde wird diese Fläche als Geoid (*Abb. 147*) bezeichnet.

Das Geoid lässt sich nur mit begrenzter Genauigkeit und nicht ohne willkürliche Annahmen als mathematische Figur definieren, weil aufgrund ungleichmäßiger Erdmasseverteilung die Niveauflächen der Ozeane und Meere nicht auf der Oberfläche einer geometrisch definierbaren Form liegen und somit angenähert werden müssen.

Ein Geoid ist ein von der tatsächlichen Erdgestalt abweichender theoretischer Körper, dessen Oberfläche die Feldlinien der Schwerkraft überall im rechten Winkel schneidet.

Das Geoid dient oft als Bezugsfläche für Höhenmessungen.

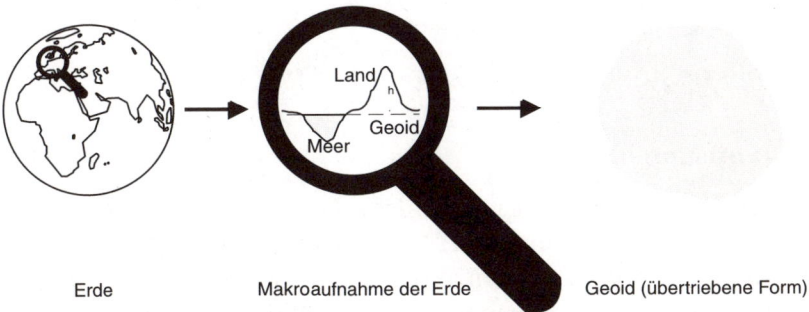

Erde   Makroaufnahme der Erde   Geoid (übertriebene Form)

Abb. 147: Das Geoid als Annäherung der Erdoberfläche

14.3 Ellipsoid und Datum

14.3.1 Rotationsellipsoid

Das Geoid ist jedoch rechnerisch schlecht handhabbar, so dass für die täglich anfallenden Vermessungsarbeiten eine einfacher definierbarere Form erforderlich ist. Eine solche Ersatzfläche ist das Rotationsellipsoid. Lässt man die Fläche einer Ellipse um ihre Symmetrieachse Südpol-Nordpol rotieren, entsteht das Rotationsellipsoid (*Abb. 148*).

Das Rotationsellipsoid ist bestimmt durch zwei Parameter:

* Große Halbachse a (auf der Äquatorebene)

* Kleine Halbachse b (auf der Achse Südpol-Nordpol)

Das Maß für die Abweichung von der idealen Form der Kugel wird Abplattung f (flattening) genannt.

$$f = \frac{a-b}{a}$$

(16a)

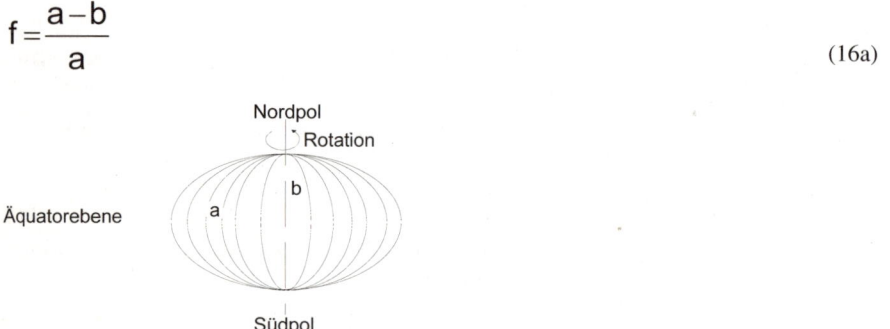

Abb. 148: Entstehung des Rotationsellipsoids

14.3.2 Lokale bestangepasste Referenzellipsoide und Datum

Lokale Referenzellipsoide

Beim Rotationsellipsoid ist zu beachten, dass die natürliche Lotrichtung in einem Punkt nicht senkrecht auf das Ellipsoid trifft, sondern auf das Geoid. Ellipsoidnormale und natürliche Lotrichtung fallen somit nicht zusammen, sie unterscheiden sich durch die sogenannte Lotabweichung (*Abb. 150*) voneinander, d.h. Punkte der Erdoberfläche werden falsch projiziert. Um diese Abweichung so klein wie möglich zu halten, hat jedes Land sein eigenes bestangepassts nicht-geozentrisches Rotationsellipsoid als Bezugsfläche für Vermessungsaufgaben entwickelt (*Abb. 149*). Die Halbachsen a und b und der Mittelpunkt sind so gewählt, dass Geoid und Ellipsoid möglichst genau mit dem Landesgebiet übereinstimmen.

Datum, Kartenbezugsysteme

Als Datum werden die nationalen oder internationalen Kartenbezugsysteme bezeichnet, welche auf bestimmten Ellipsoiden beruhen. Je nach verwendeter Karte ist bei der Navigation mit GPS-Empfängern darauf zu achten, dass das zugehörige Kartenbezugssystem in den Empfänger eingegeben wird.

Beispiele für Kartenbezugsysteme aus einer Auswahl von über 120 : CH-1903 für die Schweiz , WGS-84 ist der Weltstandard, NAD83 für Nordamerika, usw.

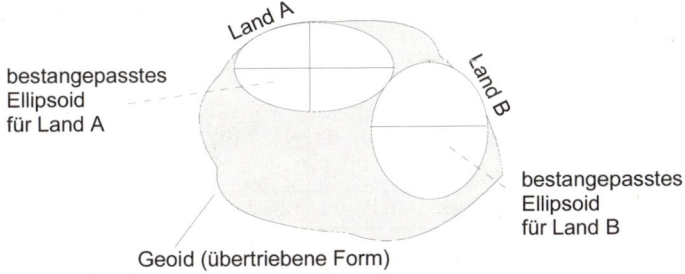

Abb. 149: Bestangepasste lokale Referenzellipsoide

Ein Rotationsellipsoid eignet sich sehr gut, um die Lagekoordinaten, Längengrad und Breitengrad eines Punktes zu beschreiben. Höhenangaben werden entweder auf das Geoid oder auf das Referenzellipsoid bezogen. Die Abweichung zwischen der gemessenenen orthometrischen Höhe H, d.h. bezogen auf das Geoid, und der ellipsoidische Höhe h, d.h. bezogen auf das Referenzellipsoid, wird als Geoidondulation N bezeichnet. (*Abb. 150*)

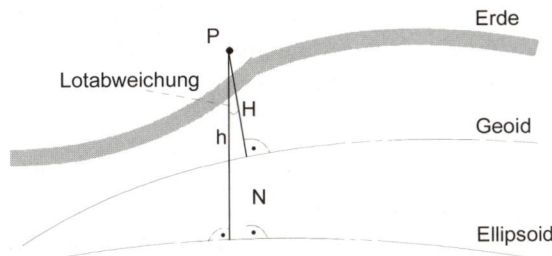

Abb. 150: Unterschied zwischen Geoid und Ellipsoid

14.3.3 Nationale Referenzsysteme

In Europa werden verschiedene Referenzsysteme verwendet. Jedes Referenzsystem für vermessungstechnische Anwendungen hat seinen eigenen Namen. Die zugrunde liegenden, nichtgeozentrischen Ellipsoide sind in folgender Tabelle *(Tabelle 58)* zusammengefasst. Werden gleiche Ellipsoide verwendet,unterscheiden sie sich von Land zu Land bezüglich Lagerungspunkt.

Tabelle 58: Nationale Referenzsysteme

Land	Name	Referenzellipsoid	Lagerungspunkt	Große Halbachse a (m)	Abplattung (1: ...)
Deutschland	Potsdam	Bessel 1841	Rauenberg	6377397.155	299.1528128
Frankreich	NTF	Clarke 1880	Pantheon, Paris	6378249.145	293.465
Italien	SI 1940	Hayford 1928	Monte Mario, Rom	6378388.0	297.0
Niederlande	RD/ NAP	Bessel 1841	Amersfoort	6377397.155	299.1528128
Österreich	MGI	Bessel 1841	Hermannskogel	6377397.155	299.1528128
Schweiz	CH1903	Bessel 1841	Alte Sternwarte Bern	6377397.155	299.1528128
International	Hayford	Hayford	Abhängig vom Land	6378388.000	297.000

14.3.4 Weltweites Referenzellipsoid WGS-84

Die Angaben und Berechnungen eines GPS-Empfängers beziehen sich primär auf das Referenzsystem WGS-84 (World-Geodetic-System 1984). Das WGS-84 Koordinatensystem ist geozentrisch gelagert und nimmt an der Drehung des Erdkörpers teil. Im Englischen wird ein solches System als ECEF (Earth Centered Earth Fixed) bezeichnet. Das WGS-84 Koordinatensystem ist ein dreidimensionales, rechtsdrehendes, kartesisches Koordinatensystem mit dem Koordinatenursprungspunkt im Massezentrum (= geozentrisch) eines der gesamten Erdmasse angenäherten Ellipsoids.

Die positive X-Achse des Ellipsoids *(Abb. 151)* liegt auf der Äquatorebene (diejenige gedachte Fläche, welche vom Äquator eingeschlossen wird) und geht vom Massezentrum aus durch den Schnittpunkt von Äquator und Greenwich-Meridian (0-Meridian). Die Y-Achse liegt ebenfalls in der Äquatorebene und ist

90° östlich versetzt zur X-Achse. Die Z-Achse wiederum steht senkrecht auf der X- und Y-Achse und geht durch den geographischen Nordpol.

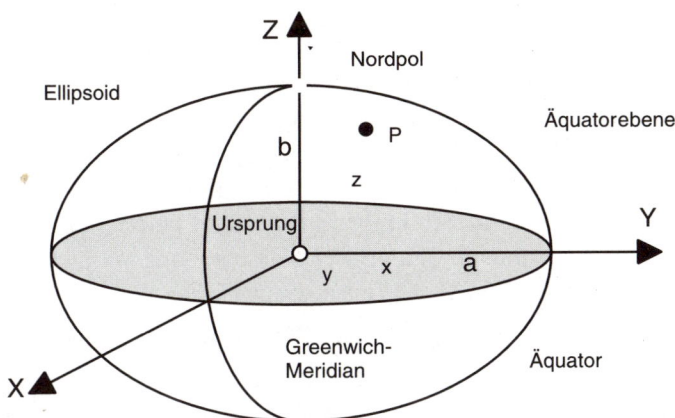

Abb. 151: Bezeichnung der kartesischen Koordinaten

Tabelle 59: WGS-84 Ellipsoid

Parameter des WGS-84 Referenzellipsoids		
Große Halbachse a (m)	kleine Halbachse b (m)	Abplattung (1: ....)
6'378'137,00	6'356'752,31	298.257223563

Anstelle von kartesischen Koordinaten (X, Y, Z) werden in der Regel zur Weiterverarbeitung ellipsoidische Koordinaten (φ, λ, h) verwendet (*Abb. 152*). φ entspricht dabei dem Breitengrad (Latitude), λ dem Längengrad (Longitude) und h der ellipsoidischen Höhe, d.h. die Länge des Lotes des Punktes P bis zum Ellipsoid.

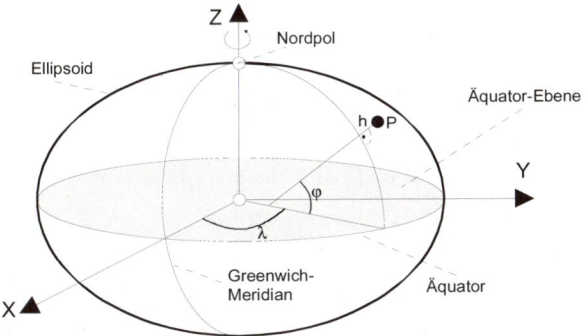

Abb. 152: Bezeichnung der ellipsoidischen Koordinaten

14.3.5 Transformation von lokalen in weltweite Referenzellipsoide

Geodätisches Datum

In der Regel handelt es sich bei den Bezugssystemen um lokale und nicht um geozentrische Ellipsoide. Die Beziehung zwischen einem solchen lokalen (z. B. CH-1903) und einem globalen, geozentrischen System (z.B. WGS-84) heißt geodätisches Datum. Falls die Achsen des lokalen und des globalen Ellipsoids parallel sind, oder für kleinräumige Anwendungen als parallel betrachtet werden können, genügen für den Datumsübergang drei Verschiebungsparameter, die sogenannten Datumshiftkonstanten ΔX, ΔY, ΔZ.

Eventuell müssen noch drei Rotationswinkel φx, φy, φz und ein Maßstabsfaktor m (*Abb. 153*) hinzugefügt werden, so dass die vollständige Transformationsformel 7 Parameter enthält. Das geodätische Datum legt die Lage eines lokalen dreidimensionalen kartesischen Koordinatensystems bezüglich des globalen Systems fest.

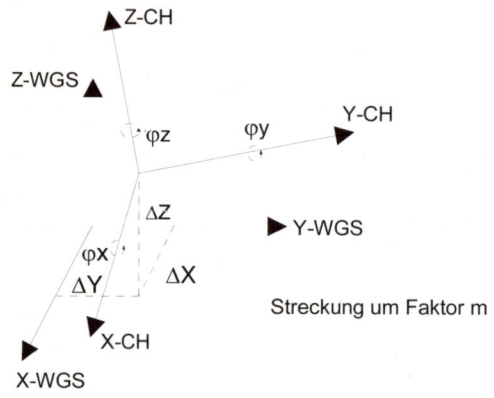

Abb. 153: Geodätisches Datum

Folgende Tabelle *(Tabelle 60)* soll als Beispiel für verschiedene Datums-Parameter dienen. Weitere Werte finden sich unter [73].

Tabelle 60: Datums-Parameter

Land	Name	ΔX (m)	ΔY (m)	ΔZ (m)	φx ($''$)	φx ($''$)	φx ($''$)	m (ppm)
Deutsch-land	Pots-dam	586	87	409	-0.52	-0.15	2.82	9
Frank-reich	NTF	-168	-60	320	0	0	0	1
Italien	SI 1940	-225	-65	9	-	-	-	-
Nieder-lande	RD/NAP	565.04	49.91	465.84	0.4094	-0.3597	1.8685	4.0772
Öster-reich	MGI	-577.326	-577.326	-463.919	5.1366	1.4742	5.2970	-2.4232
Schweiz	CH19 03	660.077	13.551	369.344	0.8065	0.5789	0.9542	5.66

Transformation des Datums

Eine Transformation des Datums bedeutet definitionsgemäß die Transformation eines räumlichen kartesischen Koordinatensystems (z.B. WGS-84) in ein anderes (z.B. CH-1903), mittels räumlicher Verschiebung, Drehung und Streckung. Um die Transformation durchzuführen, muss das geodätische Datum bekannt sein. Die umfangreichen Transformationsformeln können aus der Fachliteratur entnommen werden [74], oder die Transformation kann direkt über das Internet durchgeführt werden [75]. Ist die Transformation erfolgt, können die kartesischen Koordinaten in ellipsoidische Koordinaten umgerechnet werden.

14.3.6 Umrechnung von Koordinatensystemen

Umrechnung von kartesischen zu ellipsoidischen Koordinaten

Kartesische und ellipsoidische Koordinaten können von einer Darstellung in die andere umgerechnet werden. Die Umrechnung ist jedoch vom Quadranten, in welchem man sich befindet, abhängig. Als Beispiel sei hier die Umrechnung für Mitteleuropa angegeben. Dies bedeutet, dass die Werte von x, y und z positiv sind. [76]

$$\varphi = \tan^{-1} \frac{\left[z + \left[\left(\frac{a^2 - b^2}{b^2} \right) \cdot b \cdot \left[\sin \left[\tan^{-1} \left[\frac{z \cdot a}{\left(\sqrt{x^2 + y^2} \right) \cdot b} \right] \right] \right]^3 \right] \right]}{\left[\left(\sqrt{x^2 + y^2} \right) - \left(\frac{a^2 - b^2}{a^2} \right) \cdot a \cdot \left[\cos \left[\tan^{-1} \left[\frac{z \cdot a}{\left(\sqrt{x^2 + y^2} \right) \cdot b} \right] \right] \right]^3 \right]}$$

(17a)

$$\lambda = \tan^{-1} \left(\frac{y}{x} \right)$$

(18a)

$$h = \frac{\sqrt{x^2 + y^2}}{\cos(\varphi)} - \frac{a}{\sqrt{1 - \left(\frac{a^2 - b^2}{a^2} \right) \cdot \left[\sin(\varphi) \right]^2}}$$

(19a)

Umrechnung von ellipsoidischen zu kartesischen Koordinaten

Ellipsoidische Koordinaten können in kartesische Koordinaten umgerechnet werden.

$$x = \left[\frac{a}{\sqrt{1 - \left(\frac{a^2 - b^2}{a^2} \right) \cdot \left[\sin(\varphi) \right]^2}} + h \right] \cdot \cos(\varphi) \cdot \cos(\lambda)$$

(20a)

$$y = \left[\frac{a}{\sqrt{1 - \left(\frac{a^2 - b^2}{a^2} \right) \cdot \left[\sin(\varphi) \right]^2}} + h \right] \cdot \cos(\varphi) \cdot \sin(\lambda)$$

(21a)

$$z = \left[\frac{a}{\sqrt{1 - \left(\frac{a^2 - b^2}{a^2} \right) \cdot \left[\sin(\varphi) \right]^2}} \cdot \left[1 - \left(\frac{a^2 - b^2}{a^2} \right) \right] + h \right] \cdot \sin(\varphi)$$

(22a)

14.4 Ebene Landeskoordinaten, Projektion

Üblicherweise wird in der Landesvermessung die Lage eines Punktes P der Erdoberfläche durch die ellipsoidischen Koordinaten Breite λ und Länge φ (bezogen auf das Referenzellipsoid) und die Höhe (bezogen auf Ellipsoid oder Geoid) beschrieben (*Abb. 152*).

Da geodätische Berechnungen (z.B. Abstand zwischen zwei Gebäuden) auf dem Ellipsoid numerisch unbequem sind, benutzt man in der vermessungstechnischen Praxis Abbildungen des Ellipsoids in einer Rechenebene. Dies führt zu ebenen, rechtwinkligen Landeskoordinaten X und Y. Auf den meisten Landeskarten befinden sich ein Gitternetz (engl. Grid), welches die einfache Lokalisierung eines Punktes im Gelände ermöglicht. Bei den ebenen Landeskoordinaten handelt es sich um Abbildungen (Projektionen) ellipsoidischer Koordinaten der Referenzellipsoide der Landesvermessungen in einer Rechenebene. Die Abbildung des Ellipsoids in einer Ebene ist ohne Verzerrungen nicht möglich. Man kann jedoch die Abbildung so wählen, dass die Verzerrungen gering bleiben. Übliche Projektionsverfahren sind die Zylinder- oder Mercatorprojektion bzw. die Gauss-Krüger-Projektion, die UTM-Projektion und die Lambertsche Schnittkegelprojektion. Werden Positionsangaben im Zusammenhang mit Kartenmaterial verwendet, muss darauf geachtet werden, welches Referenzsystem und welche Form der Projektion für die Erstellung der Karten verwendet wurden.

14.4.1 Projektionssystem für Deutschland und Österreich

Deutschland und Österreich wenden zurzeit hauptsächlich die Gauss-Krüger-Projektion an. Beide Länder planen eine Erweiterung zur UTM-Projektion (Universal Transversal Mercator Projection) oder haben bereits umgestellt.

Gauss-Krüger-Projektion (Transversale-Mercator-Projektion)

Die Gauss-Krüger-Projektion ist eine tangentiale konforme transversale Mercator-Projektion. Ein elliptischer Zylinder wird um das Rotationsellipsoid gelegt, wobei der Zylindermantel das Ellipsoid im Grundmeridian (Greenwich-Meridian in seiner ganzen Länge) und in den Polen berührt. Um die Längen- und Flächenverzerrungen minimal zu halten, werden 3° breite Zonen vom Bessel-Ellipsoid verwendet. Die Zonenbreite ist um den Hauptmeridian gelagert. Die Lage des Zylinders bezüglich des Ellipsoids ist transversal, d.h. um 90° gedreht (*Abb. 154*).

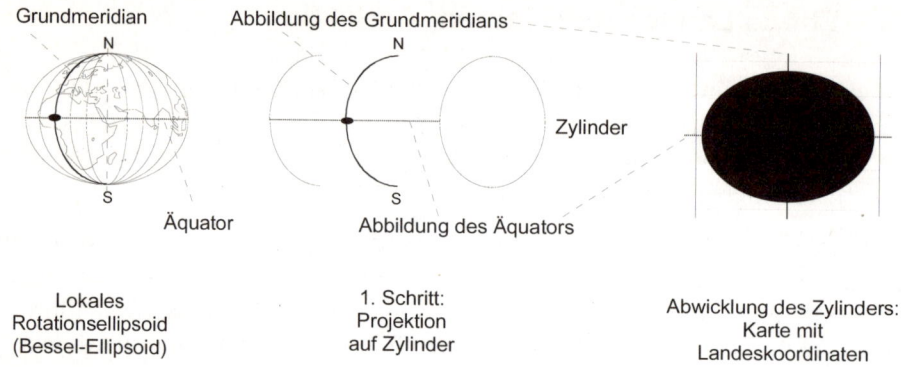

Abb. 154: Gauss-Krüger-Projektion

Damit die Koordinaten nicht negativ werden, insbesondere jene westlich des Hauptmeridians, wird zum Rechtswert (Easting) ein Wert (z.B. 500 km) addiert.

UTM-Projektion

Die UTM-Projektion (Universal Transverse Mercator Projection) ist nahezu analog zur Gauss-Krüger-Projektion. Der einzige Unterschied ist, dass der Grundmeridian nicht längentreu, sondern mit dem konstanten Maßstab 0,9996 abgebildet und dass die Zonen 6° breit sind.

14.4.2 Schweizer Projektionssystem (Konforme Doppelprojektion)

Das Bessel-Ellipsoid wird in zwei Schritten konform, also winkeltreu, in der Ebene abgebildet. Zuerst erfolgt eine konforme Abbildung des Ellipsoids auf eine Kugel, danach wird die Kugel konform in der Ebene über eine schiefachsige Zylinderabbildung abgebildet. Dieses Verfahren wird Doppelprojektion genannt (*Abb. 155*). Ein Hauptpunkt auf dem Ellipsoid (alte Sternwarte von Bern) wird bei der Abbildung des Ursprungs (mit Offset: $Y_{Ost} = 600'000$ m und $X_{Nord} = 200'000$ m) des Koordinatensystems in der Ebene gelagert.

Auf der Landeskarte der Schweiz (z.B. Maßstab 1:25000) befinden sich zwei verschiedene Koordinatenangaben:

- die auf die Ebene projizierten Landeskoordinaten (X und Y in Kilometern) mit zugehörigem Gitternetz und

- die geographischen Koordinaten (Länge und Breite in Grad und Sekunde) bezogen auf das Bessel-Ellipsoid

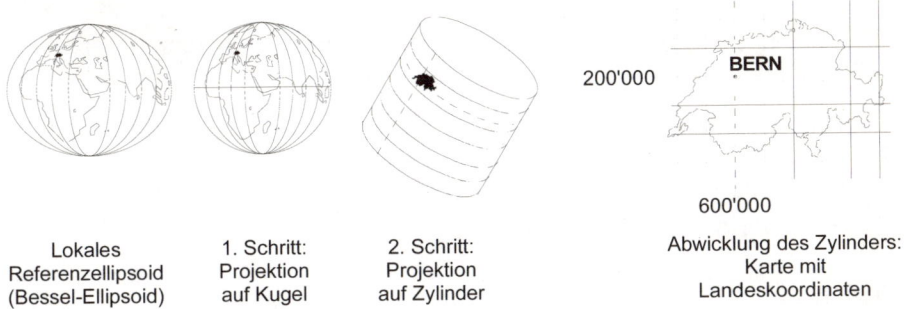

| Lokales Referenzellipsoid (Bessel-Ellipsoid) | 1. Schritt: Projektion auf Kugel | 2. Schritt: Projektion auf Zylinder | Abwicklung des Zylinders: Karte mit Landeskoordinaten |

Abb. 155: Prinzip der Doppelprojektion

Bis zur Ausgabe der Positionskoordinaten müssen die Laufzeiten von 4 Satelliten bekannt sein. Erst dann wird über umfangreiche Be- und Umrechnungen die Position in den schweizerischen Landeskoordinaten ausgegeben (*Abb. 156*).

Abb. 156: Vom Satelliten bis zur Position

14.4.3 Weltweite Koordinaten-Umrechnung

Im Internet finden sich mehrere Möglichkeiten, Koordinaten von einem System in ein anderes System umzurechnen. [77].

Beispiel: Umrechnung WGS-84-Koordinaten in CH-1903 Koordinaten

(Aus Bezugssystemen in der Praxis, Urs Marti, Dieter Egger, Bundesamt für Landestopographie)

Hinweis: die Genauigkeit liegt im **1-Meter**-Bereich!

Breite und Länge umwandeln

Die Breite und die Länge der WGS-84-Angaben sind in Sexagesimalsekunden [´´] umzuwandeln.

Beispiel:

1. Die Breite (WGS-84) von 46° 2′ 38,87″ ergibt umgerechnet 165758.87″. Diese Größe wird als B bezeichnet: B = 165758.87″.

2. Die Länge (WGS-84) von 8° 43′ 49,79″ ergibt umgerechnet 31429.79″. Diese Größe wird als L bezeichnet: L = 31429.79″.

Hilfsgrößen berechnen

$$\Phi = \frac{B - 169028.66''}{10000} \quad \Lambda = \frac{L - 26782.5''}{10000}$$

Beispiel:

$\Phi = -0.326979$

$L = 0.464729$

Berechnung der Abszisse (W---E): y

Hinweis: bei Geodäten sind Abszisse y und Ordinate x vertauscht gegenüber den Gebräuchen in Mathematik!

$$y[m] = 600072.37 + (211455.93 * \Lambda) - (10938.51 * \Lambda * \Phi) - (0.36 * \Lambda * \Phi^2) - (44.54 * \Lambda^3)$$

Beispiel: y = 700000.0m

Berechnung der Ordinate (S---N): x

$$x[m] = 200147.07 + (308807.95 * \Phi) + (3745.25 * \Lambda^2) + (76.63 * \Phi^2) - (194.56 * \Lambda^2 * \Phi) + (119.79 * \Phi^3)$$

Beispiel: x = 100000.0m

Berechnung der Höhe H

$$H[m] = (Höhe_{WGS-84} - 49.55) + (2.73 * \Lambda) + (6.94 * \Phi)$$

Beispiel:

Höhe$_{WGS-84}$ = 650.60m ergibt nach der Umrechnung: H = 600m

15 SMS-und GPS-Anwendungen

Möchten **Sie** . . .

* wissen, wie SMS-Anwendungen modelliert werden können?

* verstehen, wie eine Position mit GSM berechnet wird?

* wissen, wie Kosten bei SMS-Anwendungen gespart werden können?

* wissen, welches die wichtigsten Telemetrieanwendungen sind?

* wissen, welche Anwendungen sich zur Abfrage einer Datenbank eignen?

* wissen, wie Location Based Services realisiert werden?

* wissen, welche Größen mit GPS ermittelt werden können?

* wissen, welche Applikationen mit GPS möglich sind?

* wissen, wie die Zeit am genausten ermittelt wird ?

. . . dann sollten Sie **dieses Kapitel** lesen!

15.1 SMS-Anwendungen

Mit einer Kurznachricht kann eine Maschine ferngesteuert, ein Alarm ausgelöst, eine Datenbank abgefragt, Wetterdaten übertragen und der Standort eines Kindes eruiert werden. Die Anwendungen des Kurznachrichtendienstes scheinen grenzenlos zu sein. Immer neue Produkte kommen auf den Markt und sorgen ihrer Originalität wegen manchmal für Schlagzeilen. Ziel dieses Abschnittes ist es, einige SMS-Anwendungen zu präsentieren und vielleicht einen Ansporn zu geben, eigene innovative Applikationen zu entwickeln.

Allgemein kann das Versenden einer Kurznachricht durch ein einfaches Ereignis/Aktions-Modell beschrieben werden.

Beispiel: ein Ereignis, eine Übertemperatur in einem Gebäude, löst eine Aktion aus. An den Eigentümer des Gebäudes wird eine Kurznachricht mit dem Inhalt "Raumtemperatur beträgt 28°C" versendet (*Abb. 157*).

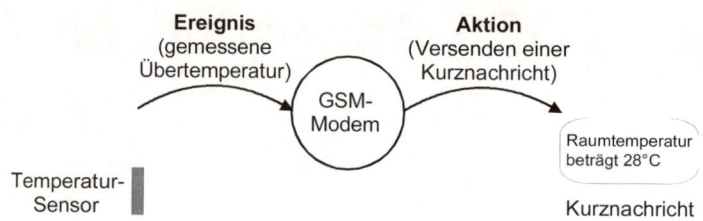

Abb. 157: Prinzip des Ereignis/Aktions-Modells

Mit dem Ereignis/Aktions-Modell können SMS-Anwendungen anschaulich beschrieben werden.

Ein Ereignis (Event) ist ein Geschehen, das auf das betrachtete System Auswirkungen hat. Eine Aktion ist die Ausführung einer Operation. Bei einem GSM-Modem besteht die Aktion im Senden einer Nachricht an einen Empfänger.

Beispiele für Ereignisse:

- Das Erreichen oder Ablaufen einer Zeitbedingung (time-out)

- Der Empfang einer Nachricht von außen (SMS, E-MAIL, Festnetz)

- Eine manuelle Eingabe

- Die Veränderung einer (überwachten) Bedingung (change event), z. B. ein Maschinendefekt, eine Übertemperatur, entladene Batterien, das Schalten eines Überwachungskontaktes, das Erreichen eines Grenzwertes, das Verlassen eines Bezirkes, eine erhöhte Geschwindigkeit, etc.

Beispiele für Aktionen:

- Das Versenden einer Kurznachricht oder eines E-Mails

- Die Abfrage einer Datenbank

- Das Auslösen eines Alarms in einer Zentrale (optisch, akustisch)

- Die Einschaltung einer Fahrzeugwegfahrsperre

Eine Aktion kann wiederum eine neue Aktion auslösen, d.h. Ereignis/Aktions-Paare können verkettet werden.

Im oben vorgestellten Beispiel wird der Eigentümer des Gebäude bestimmt reagieren und die Heizung abstellen (*Abb. 158*).

Der Empfang der Kurznachricht 2 wird wiederum eine neue Aktion auslösen: die Ausschaltung der Heizung.

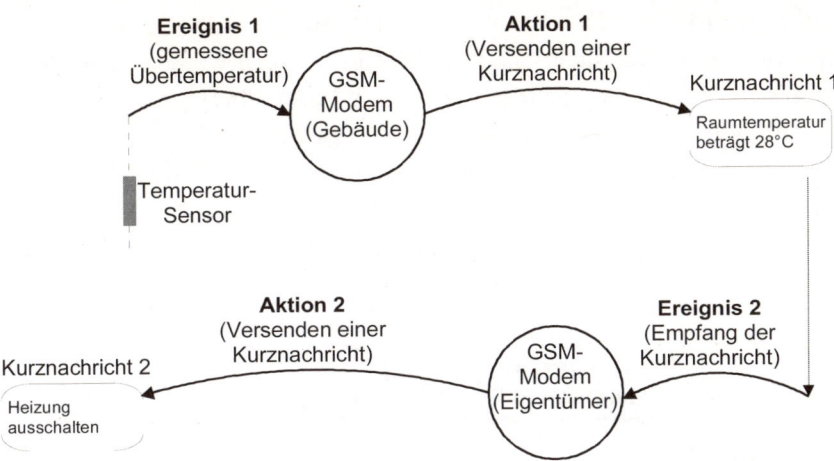

Abb. 158: Verkettung von Ereignissen und Aktionen

Beispiele von verketteten Aktionen:

Tabelle 61: Verkette Ereignisse und Aktionen

Beispiel	Ereignis/Aktion 1		Ereignis/Aktion 2	
	Ereignis 1	Aktion 1	Ereignis 2	Aktion 2
Fahrzeug-überwa-chung	Positionsmes-sung meldet Bewegung des Fahrzeuges	Kurznachricht wird an Polizei übermittelt	Eintreffen der Kurznach-richt	Per Kurznach-richt das Fahr-zeug sperren
Bioteleme-trie	Blutdruck über-steigt eine festge-setzte Limite	Kurznachricht wird an Arzt übermittelt	Eintreffen der Kurznach-richt	Der Notfalldienst wird per SMS alarmiert
Abfrage einer Daten-bank	Eingabe eines Kennwortes (z.B. Lotto)	Versenden einer Kurznachricht an den Dienstanbieter	Eintreffen der Aufforderung	Lottozahlen per Kurznachricht versenden

15.1.1 Unterteilung der Anwendungen

Der Einsatz von Kurznachrichten kann im professionellen Umfeld in folgende zwei Teilgebiete unterteilt werden (siehe auch *Abb. 159*):

- **Anwendungen aus der Telemetrie.** Telemetrie wird wiederum in folgende drei Gruppen unterteilt: Messwertübermittlung, Fernsteuerung und Fern-überwachung. Die Anwendungen können nicht immer klar einer Gruppe zugeordnet werden, da die Aktionen oft verkettet sind (siehe *Abb.158*).

- **Interaktion mit einer Datenbank, meistens zur Benutzung eines Informationsdienstes.** Die Nachrichten und Informationen werden dem Mobilfunkteilnehmer per Kurznachricht übertragen. Die Übertragung der Informationen kann auf zwei verschiedene Arten ausgelöst werden: durch eine unmittelbare Aufforderung des Mobilteilnehmers (z. B. die Abfrage der neuesten Lottozahlen) oder automatisch aufgrund von einem Ereignis (z. B. aufgrund des Aufenthaltsortes des Mobilfunkteilnehmers, sogenannte Location Based Services).

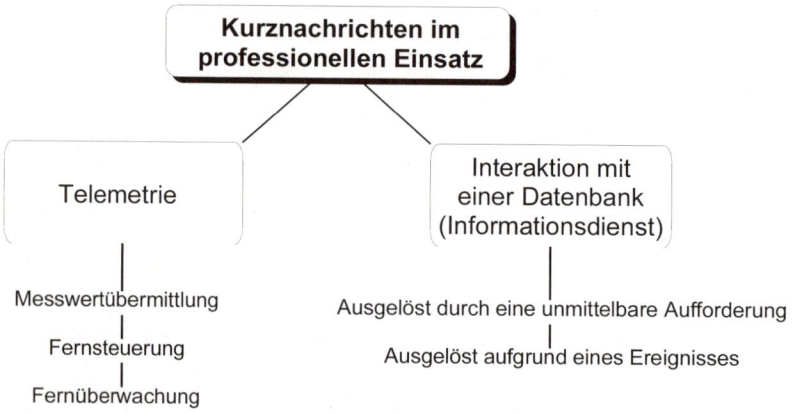

Abb. 159: Kurznachrichten im professionellen Einsatz

Der Einsatz von Kurznachrichten bei Telemetrieanwendungen und Informationsdiensten bietet folgenden Vorteil:

- Ortsunabhängiger Einsatz

- Gesicherte Übertragung mit Quittierung des Empfangs

- Zwischenspeicherung der Nachricht

Als Nachteil sei zu erwähnen

- Relativ hohe Kosten einer Nachricht. Durch sogenannte Large Account für Großkunden können die Kosten pro Kurznachricht aber massiv reduziert werden.

- Limitierung der Information auf 160 Zeichen bzw. 1120 Bit pro Kurznachricht

15.1.2 Anwendungen aus der Telemetrie

Übersicht

Die nachfolgenden Beispiele geben eine unvollständige Übersicht über mögliche Telemetrieanwendungen.

Alarmierungs- und Überwachungssysteme

Die Kombination GPS-Empfänger, Sensoren und GSM-Modem wird oft zur Überwachung von bewegten und stationären Objekten eingesetzt. Der Nutzer benötigt dazu Sensoren, welche relevante Messwerte überwachen und ein GSM-Modem, das bei Bedarf ein SMS an eine festgelegte Adresse sendet; auf eine GPS-Einheit kann bei stationären Anwendungen verzichtet werden. Im Falle des Eintritts eines vordefinierten Ereignisses, z. B. das Verlassen eines Aufenthaltsradius, wird alarmiert. Geldtransporter, Limousinen, Lastwagen mit wertvoller oder gefährlicher Ladung etc. werden mit GPS-Empfängern ausgerüstet. Der Alarm wird automatisch per SMS ausgelöst werden, wenn z. B. das Fahrzeug die vorgeschriebene Route verlässt (Geofencing).

Ein Alarm kann allgemein nach dem Eintreten folgender Ereignisse ausgelöst werden (Abb. 160):

- Betätigung einer Nottaste

- Überschreitung einer vorgegebenen Geschwindigkeit

- Nichtempfang einer Positionsmeldung

- Erreichen eines Messwertes (Temperatur, Wasserstand, Druck, etc.)

- Verlassen einer vorbestimmten Route

- Überschreitung eines Aufenthaltsradius

- Technischer Defekt am überwachten Fahrzeug

- Erkennung eines Unfalls mit Hilfe von Crashsensoren

Nach Eintreffen des Notrufes oder der Alarmierung können folgende Aktionen ausgelöst werden:

- Fernauslösung der elektronischen Wegfahrtsperre

- Protokollierung des Ereignisses

- Einleitung der Hilfeleistungen

- Auslösen von Schutzvorkehrungen

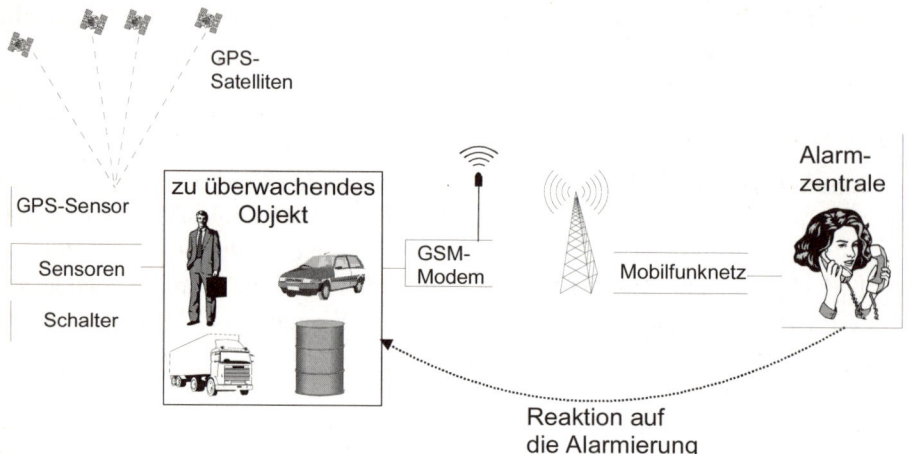

Abb. 160: Prinzip eines Überwachungs- und Alarmierungssystem

Einzelne Anwendungen werden kurz vorgestellt.

- **E911:** die USA-Fernmeldebehörde FCC (Federal Communications Commission) verlangt, dass bei einem Anruf auf die Notnummer 911 automatisch die Position des Anrufenden mit einer Genauigkeit von ca. 125 m lokalisierbar ist. Dieses Gesetz, bekannt unter dem Namen E911 (Enhanced 911), hat zur Folge, dass mobile Telefone mit neuen Lokalisationslösungen ergänzt werden müssen.

- **Diebstahlsicherung:** bei einer Diebstahlsicherung werden die überwachten Objekte mit GPS-Empfängern und GSM-Modems ausgestattet. Sobald die Zentrale das vorprogrammierte SMS-Signal erhält (zum Beispiel, wenn das Fahrzeug einen bestimmten Radius verlässt), wird per Fernsteuerung die elektronische Wegfahrsperre ausgelöst.

- **Assistance:** das Signal eines Crashsensors löst eine Alarmierung aus, und im Notfall wird die durch den GPS-Empfänger gemessene Position per SMS an eine Notrufzentrale gesendet. Die Zentrale kann nun Rettungsmaßnahmen einleiten. Dadurch lassen sich Unfallfolgen mindern, und die andern Verkehrsteilnehmer können frühzeitig gewarnt werden.

- **Biotelemetrie:** Herzfrequenz, Blutdruck und Temperatur eines Patienten werden kontinuierlich gemessen. Beim Überschreiten einer festgelegten Limite wird das Spital, ein Arzt oder eine Notfallstation alarmiert.

- **Tanküberwachung:** Sensoren messen den Füllstand eines Tanks, z. B. ein Wasser- oder Kerosintank. Unterschreitet oder übersteigt der gemessene Pegel eine vordefinierte Marke, wird der Besitzer per Kurznachricht alarmiert.

- **Einbruchsicherung:** Mit einem Bewegungsmelder kann eine Alarmierung erfolgen, wenn eine Bewegung registriert wird.

- **Notruf:** auf dem Markt befinden sich kleine Notrufsysteme mit eingebautem GPS-Empfänger und GSM-Modem. Diese "transportablen Notrufsäulen" besitzen eine Notruftaste. Löst der Anwender einen Notruf zu einer vorprogrammierten Nummer, z. B. zu einer Rettungszentrale aus, wird seine Position und ein Alarmtext per Kurznachricht übertragen und in gewissen Fällen automatisch eine Gesprächsverbindung aufgebaut. Als Beispiel wird ein Produkt (*Abb. 161*) der Firma GAP AG präsentiert [78]. Das Gerät dient in erster Linie dazu, Personen zu lokalisieren und mit ihnen zu kommunizieren, um deren Mobilität und persönliche Sicherheit zu erhöhen.

Abb. 161: Notrufgerät (Foto: GAP AG)

Fernmessung, Fernsteuerung und Fernregelung

Mit Hilfe von Kurznachrichten lassen sich Abläufe überwachen und Messwerte erfassen bzw. übertragen. Konventionelle Steuerungen sind möglich, sofern die Regelzeit keine kritische Größe ist. Genauso wie bestimmte Ereignisse auf der Anlagenseite das Absenden einer Kurznachricht verursachen, kann die Telemetrieanwendung auch so programmiert werden, dass eine ankommende SMS eine Aktion auslöst.

Möglich sind z. B. Wasserstandsregelungen bei Stauseen, Temperaturregelungen in Ferienhäusern, etc. Weitere mögliche Anwendungsgebiete sind:

- **Automatensteuerungen:** Geräte, Maschinen und Anlagen können aus der Ferne ein- und ausgeschaltet werden. Sollten Fehlfunktionen festgestellt werden, wird dies der Zentrale übermittelt und nötigenfalls eine Fernwartung durchgeführt.

- **Überprüfung von Verkaufsautomaten:** Lebensmittelautomaten oder andere selbstständige Verkaufseinheiten kommunizieren mit Hilfe von Kurznachrichten mit dem Firmenrechner und teilen diesem den aktuellen Bestand, den technischen Zustand oder andere Ereignisse wie z. B. einen Einbruchversuch mit.

- **Bezahlung per Handy:** Der Konsument, der einen Einkauf tätigen will, übermittelt per Kurznachricht den am Verkaufsautomaten angebrachten Identifikationscode an den Betreiber des Automaten. Der Betrag wird dem Mobilteilnehmer über seine Mobilfunkrechnung belastet.

- **Zugangszulassung:** Das Eintreten in einen geschützten Raum kann per Kurznachricht erlaubt werden. An der geschlossenen Türe werden eine Identifikationsnummer und eine ständig im Abstand von 10 Sekunden wechselnde Aktivierungsnummer angezeigt. Per Kurznachricht werden beide Nummern an die Überwachungszentrale übermittelt. Das Mitübermitteln der Aktivierungsnummer stellt sicher, dass sich die eintretende Person unmittelbar bei der Türe befindet.

- **Fernprogrammierung:** soll der Preis einer Verkaufseinheit, z. B. eines Getränkeautomaten, geändert werden, genügt das Absenden einer Kurznachricht von der Verkaufszentrale aus.

- **Fernwartung:** Maschinendaten können aus der Ferne abgelesen (Ferndiagnose) und nötigenfalls defekte Einheiten ausgeschaltet oder überbrückt werden. Das erhöht die Verfügbarkeit solcher Installationen und kann größere Schäden verhindern.

- **Umweltschutz:** Fahrzeuglenker werden in einem bestimmten Gebiet über Ozonwerte informiert.

- **Point of Sale:** Ein mit GSM-Modem ausgestatteter Geldautomat kann unabhängig von Festnetzanschlüssen aufgestellt werden. So können Kreditkartenleser auch in Fahrzeugen betrieben werden.

- **Zählerstandübermittlung:** der aktuelle Stand von Strom- und Wasserzählern kann von einer Zentrale abgefragt werden.

- **Diebverfolgung:** Eine spezielle Anwendung einer "Fernsteuerung" sei noch vorgestellt: Mit zahllosen Kurznachrichten versucht die Amsterdamer Polizei gestohlene Handys zu blockieren. Alle zwei Minuten verschickt ein Computer mit Hilfe eines speziellen Programms SMS an die gestohlenen Telefone. Der Text der Kurznachrichten lautet: "Dieses Handy ist gestohlen. Kaufen und Verkaufen ist verboten. Die Polizei". Die Flut der Kurznachrichten sei so störend, dass viele Diebe die gestohlenen Mobilstationen zurückgeben.

Flottenmanagement

Mit einem Flottenmanagementsystem bestehend aus GPS-Ortung und Datenübertragung via GSM hat eine Zentrale rund um die Uhr den Überblick, wo sich jeder einzelne LKW des Fuhrparks befindet. Bei kurzfristigen Anfragen wird schnell reagiert: die Zentrale weiß, welcher Fahrer sich in nächster Nähe des Kunden befindet.

Die Route wird optimal geplant, Fahrzeuge werden besser ausgelastet, kurzfristige Routenänderungen werden berücksichtigt und teure Leerfahrten vermieden. Die Kommunikation zwischen Zentrale und Fahrer läuft bei weltweit operierenden Unternehmen über das GSM-Netz. Bei manchen Anwendungen genügt der Versand von vorformulierten Kurznachrichten vom Fahrzeug an die Zentrale, oder die Möglichkeit der bidirektionalen Sprach- und Datenkommunikation wird benutzt (*Abb. 162*).

Neben der reinen Ortung ist die Überwachung von Fahrzeugfunktionen möglich. Sensoren kontrollieren Kilometerstand, Kühlwassertemperatur oder Tankfüllung und können überprüfen, ob der Fahrer seine Ruhezeiten einhält, wann Ladung aus- oder eingeladen wurde und wann die nächste Inspektion fällig wird. Sobald vordefinierte Schwellwerte überschritten werden, schickt das System eine Kurznachricht an die Zentrale.

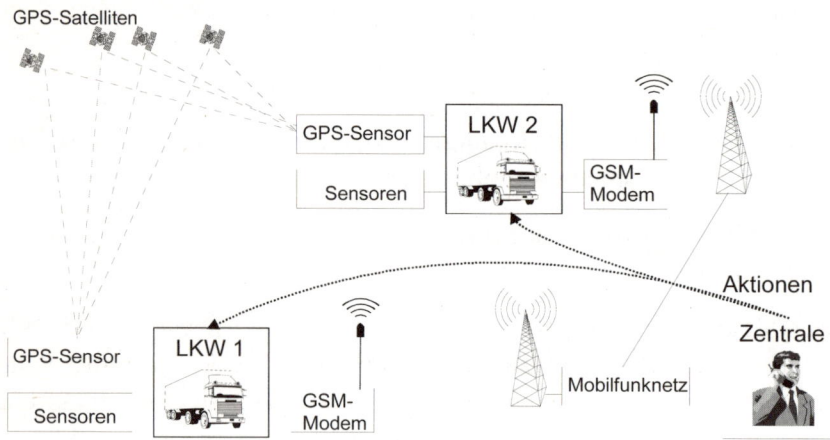

Abb. 162: Flottenmanagement am Beispiel von zwei LKW's

Navigations- und Ortungssysteme

Um ein Objekt zu orten muss zuerst seine Position bestimmt werden (Localization). Ist die Position bekannt, wird sie mit einer Kurznachricht zu einer Überwachungszentrale übertragen. Oft wird der eingeschlagene Weg des Fahrzeugs bzw. des Lebewesens verfolgt (Tracking) und auf einer Karte dargestellt (*Abb. 163*).

Abb. 163: Tracking eines Fahrzeuges

Die Ortung kann im Umfeld eines GSM-Netzes mit verschiedenen Methoden erfolgen:

- **Ortung mit GPS und A-GPS:** Das GPS-Gerät muss Sichtverbindung zu mindestens vier Satelliten haben und die Genauigkeit kann ca. 10m betragen. Mit A-GPS (Assisted-GPS) wird die Erfassungszeit beschleunigt. Im Netz verteilte GPS-Referenzstationen senden dem GPS-Empfänger Hilfsdaten (z. B. Almanachdaten) über GSM und beschleunigen so eine Positionserfassung (*Abb. 164*). Dieses Verfahren ist unter dem Namen Wireless-Assisted GPS bekannt.

- **Ortung über die Zellenidentifikation:** Der letzte bekannte Standort eines GSM-Teilnehmers ist im Home Location Register, HLR, eingetragen. Bekannt ist somit die Mobilfunkfunkzelle, welche mit dem Teilnehmer in Funkkontakt steht. Dank der Zellenidentifikation (Cell-ID) kann die Position des Mobilfunkteilnehmers auf ca. 100 m (dichtes Netz) oder bis zu einige 10 km genau (ländliches Netz mit großem Zellenabstand) bestimmt werden (*Abb. 165*).

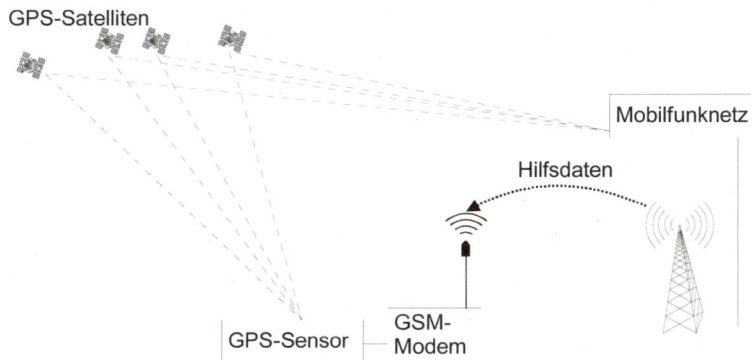

Abb. 164: Wireless-Assisted GPS

- **Ortung mit Timing Advance TA**: Das GSM-Modulationsverfahren arbeitet mit äußerst genauen, synchronlaufenden Zeitschlitzen zu je 577 µs (TDMA, Time Division Multiple Access). Je nachdem, wie weit die Mobilstation von der BTS (Base Transceiver Station, siehe 2.2.3) entfernt ist, wird sie von der BTS angewiesen, ihre Datenpakete etwas früher abzusenden, damit sie zur erforderlichen Zeit bei der BTS ankommen. Diese Vorlaufzeit heißt Timing Advance. Befindet sich der Mobilfunkteilnehmer im Einzugsbereich mehrerer Mobilfunksender, kann über die verschiedenen Vorlaufzeiten (t1 und t2) zu den BTS's die Position auf ca. 100 bis 200 m bestimmt werden (*Abb.166*).

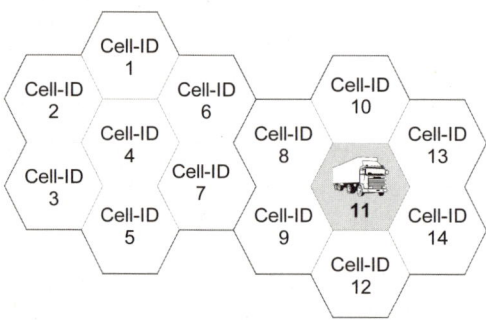

Abb. 165: Lokalisierung über die Funkzelle

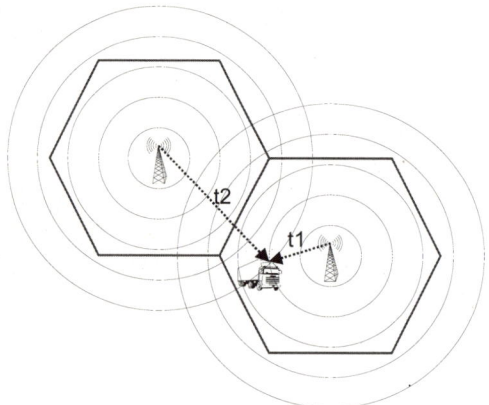

Abb. 166: Lokalisierung über die Laufzeit

• **Ortung mit Time Difference of Arrival (TDOA):** Bei diesem Verfahren wird durch Triangulierung (Dreiecksberechnung) eines Mobilfunkgerätes durch drei GSM-Sender die Position eruiert [79]. Die Distanz von der Mobilstation zur Basisstation wird über die Laufzeiten t1, t2 und t3 bestimmt. Aus den Differenzen der Laufzeiten werden ähnlich wie bei der Positionsbestimmung mit GPS die drei Distanzen (Pseudoranges) R1, R2 und R3 errechnet (*Abb. 167*).

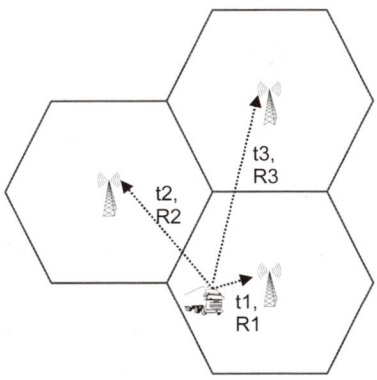

Abb. 167: Prinzip der Positionsbestimmung TDOA

- **Ortung mit Enhanced Observed Time Difference (E-OTD):** Diese Methode, eine Erweiterung des TDOA-Verfahrens, benötigt zusätzliche Kontrollstationen. Diese Empfangstationen mit bekannten Positionskoordinaten (LMU, Location Measurement Units) genannt, empfangen die Signale der umliegenden Basisstationen [80]. Über diesen Umweg kann die Differenz der Basistation-Zeitbasen (Clock Offset), bestimmt werden. Die Mobilstation, die sich im Umkreis von mehreren Basisstationen befindet, errechnet aus der unterschiedlichen Laufzeit der Signale ihre Position. Da die Koordinaten der Basisstation bekannt sind, kann über Dreiecksberechnungen (Triangulationen) die Position in der Mobilstation berechnet werden. Die Differenz der Zeitbasen wird der Mobilstation über die Funkstrecke übermittelt (*Abb. 168*).

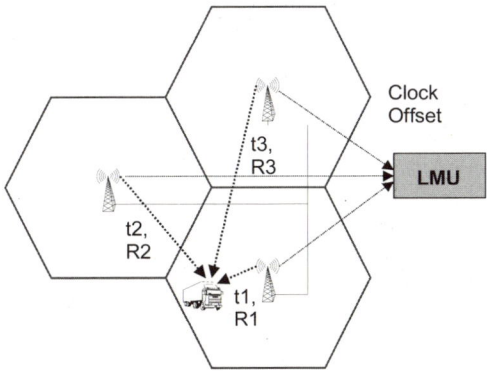

Abb. 168: Die Erweiterung von TDOA: E-OTD

Verkehrsleit- und Verkehrlenksysteme

Verkehrsleitsysteme beeinflussen den Verkehr auf den einzelnen Fahrstreifen in Abhängigkeit des Verkehrszustands. Der Verkehrszustand wird über Sensoren erfasst und per Kurznachricht an die Verkehrzentrale übermittelt. Nach Analyse des Verkehrs steuert die Verkehrszentrale den Verkehr durch Signale, Geschwindigkeitsbeschränkungen, Umleitungen, Warnungen, etc.

Verkehrslenksysteme unterstützen die Verkehrsteilnehmer bei der geeigneten Routenwahl. Z. B. können Umfahrungsempfehlungen per Kurznachricht gesendet werden.

Die Verkehrsbeeinflussung kann auf der Basis von GSM erfolgen.

Neben den GSM-Verkehrsmeldungen werden Umleitungsempfehlungen von Rundfunkanstalten über den Traffic Message Channel (TMC) übermittelt.

15.1.3 Interaktion mit einer Datenbank

Übersicht

Anwendungen bei denen per Kurznachricht eine Datenbank abgefragt wird, sind weit verbreitet. Die implementierten Dienste hängen vom Betreiber ab. Nach einer Abfrage erfolgt eine Antwort per Kurznachricht.

Ortsabhängige Dienste (LBS)

Ortsabhängige Dienste (Location-based Services, LBS) stellen ortsbezogen Informationen bereit. Den Anwendern stehen damit Serviceinformationen zur Verfügung, die sich genau auf die Region oder Stadt beziehen, in der sie sich mit ihrer Mobilstation befinden. Eine manuelle Eingabe des aktuellen Aufenthaltsortes ist dabei nicht erforderlich, denn der Standort des Geräts wird automatisch festgestellt. Die Genauigkeit der Standortangabe ist abhängig von der eingesetzten Technik.

Eine typische Anwendung sind die standortbezogenen Informationsdienste, wie z. B. "Wo ist das nächste Hotel", "Wie sieht die Verkehrslage im Umkreis von 20 km aus?" oder "Wo ist der nächste freie Parkplatz?".

Abfrage von Datenbanken

Mit den SMS Services bieten Dienstbetreiber Mobilteilnehmern verschiedene Dienste mit einem Informationsangebot an: Der Mobilteilnehmer kann mit einer Kurzmeldung für ihn nützliche Informationen aus verschiedenen Themenbereichen bestellen, die wiederum als Kurzmeldung auf dem Display seiner Mobilstation erscheinen. Die Informationen umfassen beispielsweise: News, Wetterprognosen, Sportresultate, Lottozahlen, Börsenkurse, Zugfahrpläne, Verkehrsinformationen oder Telefonnummern.

Der Abruf der Informationen kann vom Anwender konfiguriert werden (*Abb.169*):

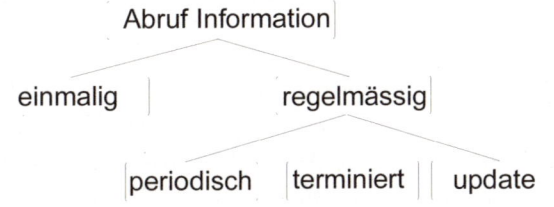

Abb. 169: Konfiguration der Abfrage

Beispiel einer Abfrage (Zugfahrplan, ein SWISSCOM-Dienst).

Der Mobilteilnehmer sendet um 21.00h eine Kurznachricht an die Nummer 222. Er möchte wissen, welche Züge in ca. 12h von Zürich nach Berlin verkehren. Der Inhalt der Kurznachricht lautet "Zürich Berlin 12"

Nach ca. 10 Sekunden erhält er die Antwort per SMS (a steht für Ankunft, d steht für Abfahrt):

1 Zürich HB d8:02 a14:15 Hannover Hbf d14:23 a16:16 Berlin Zoolog Garten

2 Zürich HB d9:02 a9:52 Basel SBB d10:13 a12:22 Mannheim Hbf d12:33 a17:19 Berlin Zo..

Weitere mögliche Anwendungen des Kurznachrichtendienstes im Zusammenhang mit Datenbanken sind:

- **Teilnahme an Wettbewerben und Spielen:** Dem Mobilteilnehmer wird per Kurznachricht eine Frage übermittelt. Er muss sie innerhalb kurzer Zeit beantworten.

- **Bezahlung (Mobile Payment):** mittels einer Kurznachricht an das Geldinstitut wird von einem Konto ein Geldbetrag abgebucht und dem Händler gutgeschrieben.

- **Reservationen und Buchungen:** Ein Mobilteilnehmer kann ein Hotelzimmer, einen Wagen, etc. reservieren oder fest buchen.

- **Musiktitelabfrage**: Durch Absenden einer Kurznachricht an eine festgelegte Zielnummer des Rundfunksenders wird dem Absender der Kurznachricht der Titel des soeben abgespielten Musikstücks mitgeteilt.

- **Leserdienstanfragen**: Der interessierte Leser sendet anstelle einer Antwortkarte eine Kurznachricht mit Angabe der Inseratnummer an eine Telefonnummer des Verlages. Ist der Leser beim Verlag registriert, erhält er in kurzer Zeit die gewünschte Dokumentation. Ist er nicht registriert, erhält er per Kurznachricht eine Aufforderung, dem Verlag seine Adresse mitzuteilen.

- **Übersetzungshilfe:** Unbekannte fremdsprachige Begriffe werden übersetzt. Beispiel: ein Mobilfunkteilnehmer verbringt seine Ferien in der Türkei. An einem Haus sieht er ein großes Schild mit der Aufschrift lokanta. Nun möchte er natürlich wissen was dies bedeutet. Er sendet eine Kurznachricht an eine Dienstnummer mit dem Inhalt "*lokanta, Tuerkisch zu Deutsch*" und erhält per Kurznachricht folgende Mitteilung zurück: "*Restaurant*"

- **Fremdwörter-Lexikon:** Unverständliche Fremdwörter werden in bekannte Begriffe umgesetzt. Beispiel: ein Mobilfunkteilnehmer liest in einem Fachbuch das Wort "*Akronym*" und möchte wissen was dies bedeutet. Er sendet eine Kurznachricht an eine Dienstnummer mit dem Inhalt "*Akronym*" und erhält per SMS folgende Nachricht zurück: "*Ein Akronym ist ein aus den Anfangsbuchstaben mehrerer Wörter gebildetes Wort, z. B. UNO*"

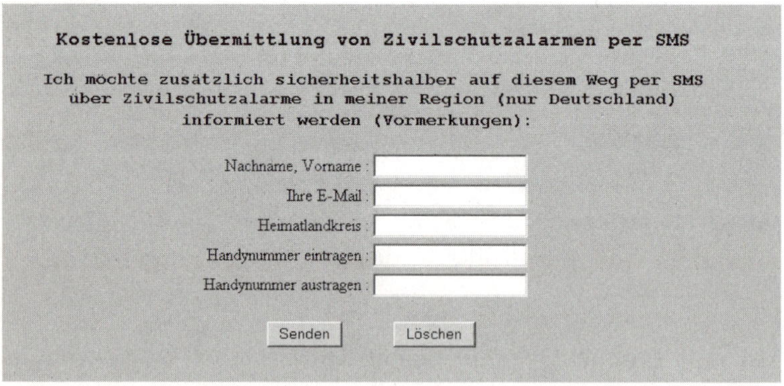

Abb. 170: Alarmierung per Kurznachricht

- **Alarmierungen:** Mit Kurznachrichten können Feuerwehr-, Polizeiangehörige und Privatpersonen alarmiert werden. Ein SMS-Alarmierungsdienst [81] soll anhand der *Abb. 170* veranschaulicht werden. Es ist geplant, dass die deutschen Zivilschutzbehörden selber ein öffentliches SMS-Benachrichtigungssystem betreiben.

15.1.4 Direktanschluss an eine Kurzmitteilungszentrale

Neben der individuellen Kommunikation von GSM-Modem zu GSM-Modem wird der Dienst SMS zunehmend auch für den Massenversand von Kurznachrichten eingesetzt. Durch einen Massenversand kann schnell ein großer Personenkreis erreicht werden. Mit einem internetbasierten Direktanschluss an eine Kurzmitteilungszentrale bieten Netzbetreiber [82] die Möglichkeit, hohe Kurzmitteilungsmengen in Mobilfunknetze zu senden (*Abb. 171*). Die Datenübertragung der Kurznachrichten zur Kurzmitteilungszentrale erfolgt über das Internet. Durch den Einsatz des SSL (Secure Socket Layer)-Protokolls und von Benutzername bzw. Passwort bleiben die Daten beim Transport durch das Internet verschlüsselt. Ein Online-Zugriff auf Ihre Übertragungsstatistik bietet eine detaillierte Übersicht über die versendeten Nachrichten. Die Kurznachrichten können der Kurzmitteilungszentrale über SMTP, HTTP oder UCP übergegeben werden. Über das Standard E-Mail Protokoll SMTP können Einzel- oder Massenversendungen von Kurznachrichten durchgeführt werden.

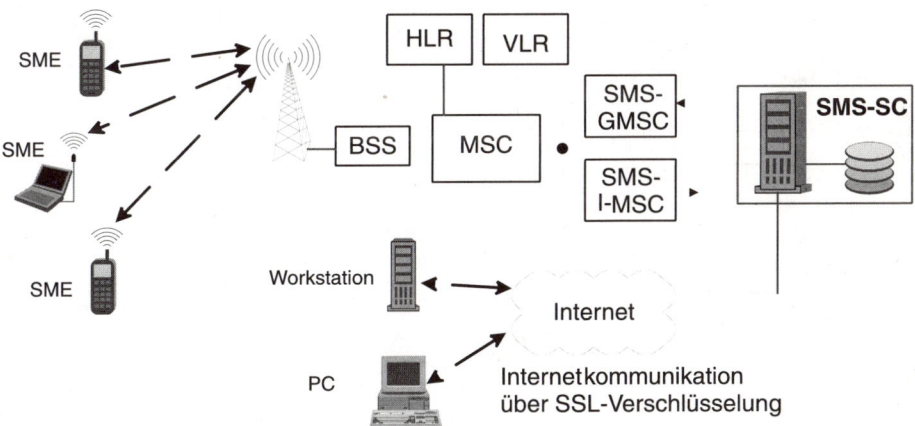

Abb. 171: Direktanschluss an eine Kurzmitteilungszentrale

15.2 GPS-Anwendungen

15.2.1 Einleitung

Klassische Anwendungsfelder für GPS sind Vermessung, Schifffahrt und Luftfahrt. Ein explosionsartiges Wachstum erlebt zurzeit der Markt für elektronische Auto-Navigationssysteme. Begründet wird der immense Zuwachs vor allem mit der Nachfrage aus der Automobilindustrie, die mit diesen Systemen eine bessere Nutzung der Straßenverkehrsnetze erwartet. Applikationen wie Automatische Fahrzeugortung (Automatic Vehicle Location, AVL) und Flottenmanagement sind ebenfalls im Zunehmen begriffen. In der Kommunikationstechnik findet GPS immer größeren Einsatz. Z.B. wird das präzise Zeitsignal von GPS verwendet, um Telekommunikationsnetze weltweit zu synchronisieren. Ab dem Jahre 2001 verlangt die USA-FernmeldeBehörde FCC (Federal Communications Commission), dass bei einem Anruf auf die Notnummer 911 automatisch die Position des Anrufenden mit einer Genauigkeit von ca. 125m lokalisierbar ist. Dieses Gesetz, bekannt unter dem Namen E911 (Enhanced 911), hat zur Folge, dass mobile Telefone mit neuen Technologien ergänzt werden müssen.

Auch im Freizeitbereich setzt sich der Einsatz von GPS immer mehr durch. Sei es beim Wandern, auf der Jagd, auf einer Tour mit dem Mountain Bike oder bei der Surfüberquerung des Bodensees, überall leistet ein GPS-Empfänger gute Dienste.

Grundsätzlich lässt sich GPS überall da einsetzen, wo ein ungehinderter Empfang der Satelliten möglich ist.

15.2.2 Beschreibung der verschiedene Anwendungen

Die GPS-gestützte Navigation und Positionierung findet in vielen Bereichen der Wirtschaft, Wissenschaft, Technik, Tourismus, Forschung und Vermessung Anwendung. Überall dort, wo raumbezogene Geodaten eine wesentliche Rolle spielen, können (D)GPS-Verfahren genutzt werden. An dieser Stelle seien beispielhaft einige wichtige Bereiche genannt.

Wissenschaft und Forschung

Spätestens seit die Archäologie mit Luft- und Satellitenbildauswertungen arbeitet, hat auch GPS einen Platz in dieser Wissenschaft erobert. Mit der Kombination von GIS (Geographisches Informations-System), Satelliten- und Luftbildern, GPS sowie 3D-Modellierungen lässt sich ein Teil der folgenden Fragen beantworten.

• Welche Rückschlüsse lassen Funde auf die räumliche Verteilung von Kulturen zu?

• Gibt es Zusammenhänge zwischen den Gunsträumen für bestimmte Ackerpflanzen und der Ausbreitung einer bestimmten Kultur?

• Welche Attributverschneidungen und -korrelationen erlauben Rückschlüsse auf die wahrscheinlichste räumliche Verbreitungsgrenze einer Kultur?

• Wie sah die Landschaft vor 2000 Jahren hier aus?

Geometer setzen das (D)GPS ein, um sichere und schnellere Vermessungen (Satellitengeodäsie) bis auf Millimetergenauigkeit durchzuführen. Für Geometer bedeutet die Einführung der satellitengestützten Vermessung (*Abb. 172* [83]) einen Schritt, welcher mit dem Quantensprung vom Rechenschieber zum Computer vergleichbar ist.

Abb. 172: Geometer beim Vermessen (Foto: Leica Geosystems)

Die Anwendung ist grenzenlos: Grundstücke, Straßen, Bahnstrecken, Flüsse, sogar zur Kartographierung von Seetiefen, Grundbuchvermessungen, Deformationsmessungen, Rutschungsüberwachungen usw.

In der Landesvermessung hat sich GPS zur nahezu ausschließlichen Methode für die Punktbestimmung in Grundlagennetzen entwickelt. Überall auf der Welt entstehen kontinentale und nationale GPS-Netze, die in Verbindung mit dem globalen ITRF (International Terrestrial Reference Frame, internationales hochpräzises Koordinatensystem) homogene und hochgenaue Punktfelder für Verdichtungs- und Anschlussmessungen bereitstellen. Auf regionaler Basis wächst die Zahl der Ausschreibungen für die Erstellung von GPS-Netzen als Grundlage für Geoinformationssysteme und Kataster.

In der Photogrammetrie hat GPS bereits heute einen festen Platz eingenommen. Neben der Koordinatenbestimmung für Bodenpasspunkte wird GPS regelmäßig zur Bildflugnavigation und zur Bestimmung der Kamerakoordinaten in der Aerotriangulation genutzt. Auf diese Weise kann auf etwa 90% der Bodenpasspunkte verzichtet werden. Zukünftige Fernerkundungssatelliten werden ebenfalls GPS-Empfänger tragen, so dass die Auswertung der Daten zur Kartenherstellung und Kartenfortführung in kartographisch wenig erschlossenen Ländern erleichtert wird.

In der Hydrographie kann GPS zur präzisen Höhenbestimmung der Vermessungsboote genutzt werden, um die Zuordnung der Lotungsmessungen auf eine klar definierte Höhenbezugsfläche zu erleichtern. Operationelle Methoden sind hier in naher Zukunft zu erwarten.

Mögliche weitere Anwendungen für GPS sind:

- Seismologie (Geophysik)

- Glaziologie (Geophysik)

- Geologie (Kartierung)

- Lagerstättenkunde (Mineralogie, Geologie)

- Physik (Strömungsmessungen, Zeitnormalenmessung)

- Wissenschaftliche Expeditionen

- Ingenieurwissenschaften (z.B. Schiffbau, Bauwesen allg.)

- Kartographie

- Geographie

- Geoinformatik

- Forst- und Agrarwissenschaften

- Landschaftsökologie

- Geodäsie

- Luft- und Raumfahrtwissenschaften

Wirtschaft und Industrie

Es zeichnet sich ab, dass der Straßenverkehr für GPS auch in Zukunft der größte Markt sein wird. Vom geschätzten 34... 41-Mia.-US-$-Markt im Jahr 2006 werden allein 41% dem Konto Navigationsgeräte (In-Vehicle Navigation) und 9% dem Konto Telekommunikationstechnik zugerechnet [84].

Bei Navigationsgeräten ist im Fahrzeug ein Computer mit Bildschirm eingebaut. Je nachdem, wo sich der Lenker befindet, wird die entsprechende Karte mit seiner Position eingeblendet (*Abb. 173* [85]). Der Lenker kann den optimalen Weg zu seinem Ziel bestimmen lassen. Bei Staus findet der eingebaute Rechner Umfahrungen. Er berechnet die Fahrzeit und den benötigten Treibstoffverbrauch.

Abb. 173: Navigationsgerät (Foto: Bosch)

Fahrzeugnavigationsgeräte lotsen den Fahrer mit optischen Richtungsangaben auf einem Bildschirm und mit gesprochenen Fahrempfehlungen zum Ziel. Die Routensuche erfolgt unter Berücksichtigung der günstigsten Wegstrecke, die notwendigen Karten sind auf CD-ROM gespeichert und die Erfassung der Position basiert auf GPS.

Der Einsatz von GPS bei der konventionellen Navigation (Luft- und Seefahrt) ist bereits eine Selbstverständlichkeit. Viele Züge wurden mit GPS-Empfängern ausgerüstet. Die Position des Zuges wird an die Stationen vorausgesendet, so dass das Personal in der Lage ist, den Passagieren die Ankunftszeit der Züge genau mitzuteilen.

GPS kann für Fahrzeugortung und Diebstahlsicherung eingesetzt werden: Geldtransporter, Limousinen, Lastwagen mit wertvoller oder gefährlicher Ladung etc. werden mit GPS ausgerüstet, der Alarm kann automatisch ausgelöst werden, wenn das Fahrzeug die vorgeschriebene Route verlässt. Der Alarm kann allerdings auch durch den Fahrer per Knopfdruck ausgelöst werden. Diebstahlsicherungen werden mit GPS-Empfängern ausgestattet. Sobald die Überwachungszentrale das Signal erhält (zum Beispiel, wenn ein Abonnent dies in der Zentrale meldet), kann sie die elektronische Wegfahrsperre auslösen.

Eine weitere Funktion, die das GPS ausführen kann, ist der Notruf. Der GPS-Empfänger wird an den Crashsensor angeschlossen und im Notfall wird ein Signal in eine Notrufzentrale gesendet, welche genau weiß, in welcher Richtung das Fahrzeug gefahren ist, und wo es sich momentan befindet.
Dadurch lassen sich Unfallfolgen mindern, und andere Verkehrsteilnehmer können frühzeitiger gewarnt werden.

Mögliche weitere Anwendungen für GPS sind:

• Lagerstättenexploration

• Altlastensanierung

• Erschließungsarbeiten über Tage

• Positionierung von Bohrplattformen

• Trassenführung (Geodäsie allg.)

• Großflächige Lagerhaltung

• Automatisierter Containertransport

• Transportunternehmen, Logistik allg. (Luft-, Wasser- und Straßenfahrzeuge)

• Eisenbahn

• Geographischer Fahrtenschreiber

• Flottenmanagement

• Navigationssysteme

Land- und Forstwirtschaft

Auch für den Forstbereich ergeben sich viele denkbare GPS-Applikationen. So hat das USDA (United States Department of Agriculture) Forest Service GPS Steering Committee 1992 über 130 mögliche forstliche GPS-Anwendungen identifiziert.

Nachfolgend werden einige forstliche Anwendungsbeispiele kurz aufgeführt:

- Optimierung des Rundholztransportes: Durch die technische Ausrüstung einer Transportflotte mit Bordcomputer, GPS und drahtloser Datentransfermöglichkeit ist es möglich, die Holztransporter effizient über eine Zentrale zu dirigieren.

- Einsatz im Bestandesmanagement: Durch das Navigationssystem kann manuelles Auszeichnen vor der Holzernte überflüssig werden. Dabei stellt das GPS für den Förster oder Arbeiter vor Ort das Werkzeug zur Umsetzung der jeweiligen Behandlungsvorgaben dar.

- Einsatz im Bereich des Bodenschutzes: Mittels GPS können Befahrungshäufigkeiten pro Rückegasse (unbefestigter Weg im Bestand zum Abtransport des geernteten Holzes) festgestellt werden. Weiterhin ist ein zweifelsfreies Aufsuchen von Rückegassen möglich.

- Bewirtschaftung von Kleinprivatwald: In kleinparzellierten Waldgebieten können mittels GPS kostengünstige hochmechanisierte Holzernteverfahren zum Einsatz kommen und dadurch zusätzliche Holzmengen mobilisiert werden.

In Form von Flächenverwaltungen, Ertrags- und Applikationskartierungen leistet GPS seinen Beitrag zum sog. Precision Farming. In einem Precision Farming-System werden die Erträge der Erntemaschinen per GPS aufgezeichnet und die Werte auf Karten gespeichert. Die Analysewerte der Bodenproben (der Standort der Entnahme wurde mit GPS bestimmt) werden den digitalen Karten zugefügt. Die Analyse dieser gespeicherten Informationen dient dann der Ermittlung der Düngemengen, die auf jedem Punkt eines Ackers auszubringen sind. Die Applikationskarten werden in eine für die Bordrechner verarbeitbare Form gebracht und an diese mit Hilfe von Speicherkarten übergeben. Über einen längeren Zeitraum können so Optimierungen erarbeitet werden, die ein hohes Einsparungspotential und einen Ansatz zum Naturschutz bieten.

Abb. 174: Precision Farming (Foto: Bayer)

Mögliche weitere Anwendungen für GPS sind:

• Flächennutzung und -planung

• Brachenkontrolle

• Plantagenplanung und -bewirtschaftung

• Erntegeräteeinsatz

• Saat- und Düngemittelausbringung

• Holzeinschlagsoptimierung

• Schädlingsbekämpfung

• Schadenkartierungen

Kommunikationstechnik

In verteilten Rechnerumgebungen ist die Synchronisation der Rechneruhren auf eine einheitliche Zeit unerlässlich. Mit GPS können hochgenaue interne Referenzuhren gebaut werden.

Mit Network Time Server werden zeitgestaffelte Nachrichtenübertragungssysteme synchronisiert (*Abb. 175* [86]).

Abb. 175: Network Time Server (Foto: TrueTime Inc.)

Tourismus/Sport

Bei Wettkämpfen von Segelflugzeugen und Hängegleitern werden GPS-Empfänger oft zum unbestechlichen Protokollieren eingesetzt.

Mit GPS können in See- oder Bergnot geratene Personen geortet werden (SAR: Search and Rescue).

Mögliche weitere Anwendungen für GPS sind:

- Routenplanung und Selektion von Punkten besonderer Bedeutung (Naturdenkmal, kulturhistorisches Denkmal)

- Orientierung allg. (Lehrpfade)

- Outdoor- und Trekkingbranche (*Abb. 176* [87])

- Sportaktivitäten

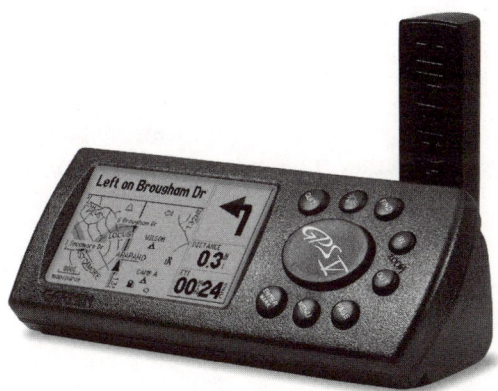

Abb. 176: GPS-Handgerät mit Kartendarstellung (Foto: Garmin)

Militär

Überall wo sich Soldaten, Fahrzeuge, Flugzeuge und ferngesteuerte Raketen im unbekannten Gelände bewegen, wird GPS eingesetzt. Auch für Markierungszwecke, z.B. bei Minenfeldern und vergrabenen Depots, eignet sich GPS, da sich eine Position ohne großen Aufwand bestimmen und wiederfinden lässt. In der Regel wird für militärische Anwendungen das genauere und codierte GPS-Signal verwendet (*Abb. 177* [88]). Dieses PPS-Signal kann nur von autorisierten Stellen verwendet werden.

Abb. 177: GPS-Ortung im Militär (Foto: U.S. Departement of Defense)

Zeitmessung

Mit GPS besteht die Möglichkeit, die Zeit weltweit exakt zu messen. Auf der gesamten Erdoberfläche kann "die Zeit" (UTC, Universal Time Coordinated) mit einer Genauigkeit von 1... 60ns bestimmt werden (*Abb. 178* [89]). GPS-Zeitmessung ist um ein Vielfaches genauer als sogenannte Funkuhren, bei denen die Laufzeit vom Sender zum Empfänger nicht kompensiert werden kann. Ist zum Beispiel der Empfänger 300 km vom Funkuhrsender entfernt, beträgt die Laufzeit bereits 1ms.

Abb. 178: GPS-Zeitreferenz (Foto TrueTime)

Die heute gebräuchlichste Methode für Präzisionszeitvergleiche von Uhren an verschiedenen Orten sind "common-view"-Vergleiche mit Hilfe von Satelliten des Global Positioning Systems (GPS). Institute, die ihre Uhren miteinander vergleichen wollen, messen gleichzeitig an verschiedenen Orten die selben GPS-Satellitensignale und ermitteln die Zeitunterschiede zwischen den lokalen Uhren und der GPS-Systemzeit. Durch Differenzbildung der Messergebnisse an zwei verschiedenen Orten ergeben sich dann die Standunterschiede der Uhren in den beteiligten Instituten. Da es sich dabei um ein differentielles Verfahren handelt, entfällt der Stand der GPS-Borduhren. Auf diese Weise erfolgt heute der Zeitvergleich zwischen der PTB und Zeitinstituten auf der ganzen Welt. Auch dem Internationalen Büro für Maße und Gewichte BIPM (Bureau International des Poids et Mesures) in Paris werden die mit Hilfe von GPS bestimmten Uhrenstände der PTB-Atomuhren (PTB: Physikalisch-Technische Bundesanstalt in Braunschweig und Berlin) zur Berechnung der Internationalen Atomzeitskalen TAI und UTC übermittelt.

16 Ressourcen im World Wide Web

Möchten **Sie** . . .

- wissen, wo Sie noch mehr über GSM/SMS und GPS erfahren können?

- wissen, wo das GPS-System dokumentiert ist?

- selbst ein GSM/SMS und GPS-Experte werden?

. . . dann sollten Sie **alle Internet-Links** durchspielen *!*

16.1 GSM/SMS-Ressourcen

16.1.1 GSM-Grundlagen

GSM World http://www.gsmworld.com
Mobilfunk und Intelligente Netze: Universität Hannover, GSM, Jobmann, Meincke, Erbas http://www.ant.uni-hannover.de/Lehre/Kn/MIN.html
Mobilkommunikation am Beispiel des Global System for Mobile Communication (GSM), Martin Werner, Fachhochschule Fulda http://www.fh-fulda.de/~werner/
Öffentliche Netze - Mobilkommunikation, Fachhochschule Mannheim http://telematik.fh-mannheim.de/GDT-Skripte.html
Overview of the Global System for Mobile Communications by John Scourias http://ccnga.uwaterloo.ca/~jscouria/GSM/gsmreport.html
Rechnernetze: GSM Prof. Dr. W. Kowalk Universität Oldenburg http://einstein.kowalk.informatik.uni-oldenburg.de/rechnernetze/gsm.htm

16.1.2 SMS-Grundlagen

An Overview of SMS, GSM Association http://www.gsmworld.com/technology/sms.html
SMS Developers Zone http://www.mobiledevelopers.com/smsdevelopers.asp
Wireless Short Message Service (SMS), IEC Online Education http://www.iec.org/online/tutorials/wire_sms/index.html

16.1.3 Kommunikations- und Normeninstitute

ETSI: European Telecommunications Standards Institute http://www.etsi.org/
FCC: Federal Communications Commission http://www.fcc.gov/
IEC: International Engineering Consortium http://www.iec.org/
IEEE: Institute of Electrical and Electronics Engineers http://www.ieee.org/
ISO: International Organization for Standardization http://www.iso.org/
ITU: International Telecommunication Union http://www.itu.int/home/index.html

16.2 GPS-Ressourcen

16.2.1 Übersichtsberichte und weiterführende Links

About GPS: Satellite Navigation & Positioning (SNAP), University of New South Wales http://www.gmat.unsw.edu.au/snap/gps/about_gps.htm
Global Positioning System (GPS) Resources von Sam Wormley, Iowa State University http://www.cnde.iastate.edu/staff/swormley/gps/gps.html
Global Positioning System Data & Information: United States Naval Observatory http://192.5.41.239/gps_datafiles.html

Global Positioning System Overview von Peter H. Dana, University of Colorado http://www.colorado.edu/geography/gcraft/notes/gps/gps_f.html
GPS SPS Signal Specification, 2nd Edition (June 2, 1995), USCG Navigation Center http://www.navcen.uscg.gov/pubs/gps/sigspec/default.htm
Joe Mehaffey and Jack Yeazel's GPS Information http://joe.mehaffey.com/
NMEA-0183 and GPS Information von Peter Bennett, http://vancouver-webpages.com/peter/
The Global Positioning Systems (GPS) Resource Library http://www.gpsy.com/gpsinfo/

16.2.2 Differential-GPS

DGPS corrections over the Internet http://www.wsrcc.com/wolfgang/gps/dgps-ip.html
Differential GPS (DGPS) von Sam Wormley, Iowa State University http://www.cnde.iastate.edu/staff/swormley/gps/dgps.html
Wide Area Differential GPS (WADGPS), Stanford University http://waas.stanford.edu/

16.2.3 GPS-Institute

GPS Primer :Aerospace Corporation http://www.aero.org/publications/GPSPRIMER/index.html
Institut für Angewandte Geodäsie: GPS-Informations- und Beobachtungssystem http://gibs.leipzig.ifag.de/cgi-bin/Info_hom.cgi?de
Royal Institute of Navigation, London http://www.rin.org.uk/
The Institute of Navigation http://www.ion.org/
U.S. Naval Observatory http://tycho.usno.navy.mil/gps.html
University NAVSTAR Consortium (UNAVCO) http://www.unavco.ucar.edu/
US Coast Guard Navigation Center http://www.navcen.uscg.gov/

16.2.4 GPS-Newsgroup und GPS-Fachzeitschrift

Fachzeitschrift : GPS World (erscheint monatlich) http://www.gpsworld.com
Newsgroup: sci.geo.satellite-nav http://groups.google.com/groups?oi=djq&as_ugroup=sci.geo.satellite-nav

17 Abkürzungsverzeichnis

μ	micro 10^{-6}

0... 9

2D	Zwei Dimensional
3D	Drei Dimensional
8N1	8 Data bits, None Parity, 1 Stop bit

A

A3	Authentication algorithm A3
A38	Algorithm combination of A3 and A8
A5/1	Encryption algorithm A5/1
A8	Ciphering key generating algorithm A8
AB	Access Burst
ACCH	Associated Control Channel
ACK	Acknowledgement
ACM	Accumulated Call Meter
ADC	Analogue to Digital Converter
AGC	Amplitude Gain Control
AGCH	Access Grant Channel
A-GPS	Assisted-GPS
ALF	Accurate positioning by Low Frequency
AMDS	Amplituden Moduliertes Daten System
ANSI	American National Standards Institute
ARFCN	Absolute Radio Frequency Channel Number
ASCII	American Standard Code for Information Interchange
AT	Attention
AuC	Authentication Centre
AVL	Automatic Vehicle Location

B

BCCH	Broadcast Control Channel
BCD	Binary Coded Decimal
BCH	Broadcast Channel
BCS	Block Check Sequence
BER	Bit Error Rate
BFI	Bad Frame Indication
BIPM	Bureau International des Poids et Mesures
BN	Bit Number
BPS	Bit Per Second
BPSK	Bi-Phase Shift Keying
BS	Basic Service
BSC	Base Station Controller
BSS	Base Station System
BTS	Base Transceiver Station

C

c	Lichtgeschwindigkeit (299792458 m/s)
C/A-Code	Coarse Acquisition Code
CA	Cell Allocation
CB	Cell Broadcast oder Control Bit
CBC	Cell Broadcast Centre
CBCH	Cell Broadcast Channel
CBMI	Cell Broadcast Message Identifier
CC	Country Code
CCCH	Common Control Channel
CCH	Control Channel
CCITT	Comité Consultatif International Télégraphique et Téléphonique
CCM	Current Call Meter
CD	Carrier Detect
CDMA	Code Division Multiple Access
CD-ROM	Compact Disc ROM
CHV	Card Holder Verification
CI	Cell Identity
CLS	Clear Screen

CLK   Clock
COM   Communication Port
CONNACK   Connect Acknowledgement
CPU   Central Processing Unit
CR   Carriage Return
CRC   Cyclic Redundancy Check
CS   Check Sum
CTS   Clear to send

D

DA   Destination-Address
DAC   Digital to Analogue Converter
DARC   Data Radio Channel
DB   Dummy Burst
dB   Decibel
dBm   Dezibel bezogen auf 1 milli Watt
dBW   Dezibel bezogen auf 1 Watt
DCCH   Dedicated Control Channel
DCD   Data Carrier Detect
DCE   Data Circuit terminating Equipment
DCF   Data Communication Function
DCN   Data Communication Network
DCS   Data Coding-Scheme
DCS1800   Digital Cellular System 1800MHz, neu GSM 1800
DF   Dedicated File
DGPS   Differential-GPS
DoD   Department of Defense
DOP   Dilution Of Precision
DSR   Data Set Ready
DSSS   Direct Sequence-Spread-Spectrum
DTAG   Deutsche Telekom AG
DTE   Data Terminal Equipment
DTR   Data Terminal Ready
DTX   Discontinuous transmission

E

E	East
E911	Enhanced 911
ECEF	Earth Centered Earth Fixed
EEPROM	Electrically Erasable Programmable Read Only Memory
EF	Elementary File
EGNOS	European Geostationary Navigation Overlay System
E-GSM	Extended-GSM
EIR	Equipment Identity Register
ELP	Extended Language Preference
EMC	Electro-Magnetic Compatibility
E-OTD	Enhanced Observed Time Difference
EPS	Echtzeit Positionierungsservice
ERMES	European Radio Message System
ERP	Equivalent Radiated Power
ESA	European Space Agency
ESD	Electrostatic Discharge
ETSI	European Telecommunications Standards Institute
EU	Europäische Union
EXOR	Exclusive OR

F

F	Frequency
FA	Full Allocation
FAA	Federal Aviation Association
FACCH	Fast Associated Control Channel
FACCH/F	Fast Associated Control Channel/Full rate
FACCH/H	Fast Associated Control Channel/Half rate
FB	Frequency correction Burst
FCC	Federal Communications Commission
FCCH	Frequency Correction Channel
FCS	Frame Check Sequence
FDMA	Frequency Division Multiplex Access
FH	Frequency Hopping

FM   Frequency Modulation
FN   Frame Number
FO   First Octet
FR   Full Rate

G

GDOP   Geometric Dilution Of Precision
Ges   Geschätzt
GHPS   Geodätischer Hochpräziser Positionierungsservice
GIS   Geographisches Informationssystem
GMLC   Gateway Mobile Location Centre
GMSC   Gateway Mobile-services Switching Centre
GMSK   Gaussian Minimum Shift Keying
GMT   Greenwich Mean Time
GND   Ground
GNSS   Global Navigation Satellite System
GP   Guard Period
GPPS   Geodätischer Präziser Positionierungsservice
GPRS   General Packet Radio Service
GPS   Global Positioning System
GSM   Global System for Mobile communications
GSM 1800   GSM 1800 MHz
GSM 1900   GSM 1900 MHz
GSM 900   GSM 900 MHz
GSM MS   GSM Mobile Station
GSM PLMN   GSM Public Land Mobile Network

H

h   Hour
HDOP   Horizontal Dilution Of Precision
HEPS   Hochpräziser Echtzeit Positionierungsservice
HF   High Frequency
HLR   Home Location Register

HOW	Handover Word
HPLMN	Home PLMN
HR	Half Rate
HSCSD	High Speed Circuit Switched Data
HTTP	Hypertext Transfer Protocol.

I

I	Integer
I/O	Input/Output
ICCID	Integrated Circuit Card Identification
ID	Identification oder Identity oder Identifier
IEC	International Electrotechnical Commission
IEEE	Institute of Electrical and Electronics Engineers
IMEI	International Mobile station Equipment Identity
IMSI	International Mobile Subscriber Identity
IOD	Issue of Data
IrDA	Infrared Data Association
ISC	International Switching Centre
ISDN	Integrated Services Digital Network
ISO	International Organization for Standardization
ISUP	ISDN User Part
ITRF	International Terrestrial Reference Frame
ITU	International Telecommunication Union
IWMSC	Interworking MSC

J

K

Kc	Ciphering key
KF	Korrelationsfaktor
Ki	Individual subscriber authentication Key
km	Kilometer
KW	Kurzwelle

L

L1	Frequenz im L-Band von 1575,42MHz
LA	Location Area
LAC	Location Area Code
LAI	Location Area Identity
LAN	Local Area Network
LAPB	Link Access Protocol Balanced
LBS	Location Based Services
LF	Line Feed
LLA	Latitude, Longitude, Altitude
LMU	Location Measurement Unit
LNA	Low Noise Amplifier
LPLMN	Local PLMN
LR	Location Register
LSB	Least Significant Bit
LW	Langwelle

M

M	Mandatory
MA	Mobile Allocation
MCC	Mobile Country Code
ME	Mobile Equipment
MEZ	Mitteleuropäische Zeit
MF	Multiframe
MF	Master File
MHz	Mega Hertz, 10^6 Hz
MLC	Mobile Location Centre
MMS	More Messages to Send oder Multimedia Messaging Service
MNC	Mobile Network Code
MO	Mobile Originated
MOC	Mobile Originated Call
MR	Message Reference
MS	Mobile Station
ms	Millisekunde

MSAS	MTSAT Satellite-Based Augmentation System
MSB	Most Significant Bit
MSC	Mobile-services Switching Centre, Mobile Switching Centre
MSISDN	Mobile Station International ISDN Number
MSR	Messen, Steuern und Regeln
MSRN	Mobile Station Roaming Number
MT	Mobile Terminated
MT (0,1,2)	Mobile Termination
MTC	Mobile Terminated Call
MTI	Message-Type Indicator
MTSAT	Multifunctional Transport Satellite
MW	Mittelwelle

N

N	North
NAD83	North-American Datum 1983
NAVSTAR	Navigation System with Time and Ranging
NB	Normal Burst
nB	Anzahl aller nichtübereinstimmender Bits
NC	Not Connected
NCH	Notification Channel
NE	Network Element
NMC	Network Management Centre
NMEA	National Marine Electronics Association
NMSI	National Mobile Station Identification number
NPI	Number Plan Indentifier
NSS	Network Subsystem
NT	Network Termination

O

O	Optional
O&M	Operations and Maintenance
OA	Originator Address
OCS	Operational Control System

OMC	Operations and Maintenance Centre
OS	Operating System
OSB	Oberes Seitenband
OSI-Model	Open System Interconnection-Model

P

PC	Personal Computer
PC-Board	Printed Circuit-Board
PCH	Paging Channel
PCM	Pulse Code Modulation
PCMCIA	Personal Computer Memory Card International Association
PCS	Personal Communication System
PCS 1900	1900 MHz, neu GSM 1900
PDOP	Position Dilution Of Precision
PDU	Protocol Data Unit
P-GSM	Primary-GSM
PID	Protocol Identifier
PIN	Personal Identification Number
PLMN	Public Lands Mobile Network
POR	Power On Reset
PP	Point-to-Point
PPS	Pulse Per Second oder Precise Positioning Service
PRN	Pseudo Random Noise
PSR	Pseudorange
PSTN	Public Switched Telephone Network
PTB	Physikalisch-Technische Bundesanstalt
PUK	Personal Unblocking Key
PW	Pass Word

Q

QoS	Quality of Service

R

R	Range oder Receiver
RAB	Random Access Burst
RACH	Random Access Channel
RAM	Random Access Memory
RAND	Random number
RASANT	Radio Aided Satellite Navigation Technique
RD	Reject Duplicates
RDS	Radio Data System
REC	Record
REQ	Request
RF	Radio Frequency
RFC	Radio Frequency Channel
RFCH	Radio Frequency Channel
RFU	Reserved for Future Use
RFN	Reduced TDMA Frame Number
R-GSM	Railway-GSM
RI	Ring Indicator
RLP	Radio Link Protocol
RMS	Root Mean Square
ROM	Read Only Memory
RP	Reply Path
RPN	Repère Pierre du Niton
RR	Radio Resource
RS-232	Recommended Standard 232
RSSI	Received Signal Strength Indicator
RST	Reset
RTC	Real Time Clock
RTCM	Radio Technical Commission for Maritime services
RTK	Real Time Kinematic
RTS	Request to send
RxD	Receive Data
RXLEV	Received signal level
RXQUAL	Received Signal Quality

S

s	Sekunde
S	South
SA	Selective Availability
SACCH	Slow Associated Control Channel
SACCH/C4	Slow Associated Control Channel/SDCCH/4
SACCH/C8	Slow Associated Control Channel/SDCCH/8
SACCH/T	Slow Associated Control Channel/Traffic channel
SACCH/TF	Slow Associated Control Channel/Traffic channel Full rate
SACCH/TH	Slow Associated Control Channel/Traffic channel Half rate
SAPOS	Satellitenpositionierungsdienst der deutschen Landesvermessung
SAR	Search and Rescue
SB	Synchronization Burst
SC	Service Centre oder Special Committee
SCA	Service Centre Address
SCH	Synchronization Channel
SCTS	Service Centre Timestamp
SDCCH	Stand-alone Dedicated Control Channel
SF	Stealing Flag oder Scale Factor
SI	Système International
SIM	Subscriber Identity Module
SK	Shift Keying
SM	Short Message
SM-AL	Short Message-Application Layer
SM-CP	Short-Message-Control Protocol
SME	Short Message Entity
SM-LL	Short Message-Lower Layer
SM-RL	Short Message-Relay Protocol
SM-RP	Short Message-Relay Protocol
SMS	Short Message Service
SMS/PP	Short Message Service/Point-to-Point
SMS/PP-MO	Short Message Service/Point-to-Point-Mobile Originated
SMS/PP-MT	Short Message Service/Point-to-Point-Mobile Terminated
SMSCB	Short Message Service Cell Broadcast
SMS-GMSC	SMS-Gateway Mobile-services Switching Centre

SMS-I-MSC SMS-Interworking-Mobile-services Switching Centre
SMS-SC   Short Message Service - Service Centre
SM-TL   Short Message-Transfer Layer
SMTP   Simple Mail Transfer Protocol.
SPS   Standard Positioning System
SRES   Signed Response
SRI   Status Report Indication
SRR   Status Report Request
SS   Supplementary Service
SS7   Signalling System No. 7
SSL   Secure Socket Layer
SSSP   Spread-Spectrum Signal Processor
STO   Store
SVN   Software Version Number oder Satellite Vehicle Number
SW   Software

T

T   Transmitter
TA   Terminal Adaptor oder Timing Advance
TAI   Temps Atomique International
TB   Tail Bit
TCH   Traffic Channel
TCH/F   TCH Full rate
TCH/F2,4   TCH Full rate data 2,4kbit/s
TCH/F4,8   TCH Full rate data 4,8kbit/s
TCH/F9,6   TCH Full rate data 9,6kbit/s
TCH/FS   TCH Full rate Speech
TCH/H   TCH Half rate
TCH/H2,4   TCH Half rate data 2,4kbit/s
TCH/H4,8   TCH Half rate data 4,8kbit/s
TCH/HS   TCH Half rate Speech TCH
TDMA   Time Division Multiple Access
TDOA   Time Difference of Arrival
TE   Terminal Equipment
TLM   Telemetry

TMC	Traffic Messsage Channel
TMSI	Temporary Mobile Subscriber Identity
TN	Timeslot Number
TOA	Time of Arrival
TOSCA	Type Of Service Centre Address
TOW	Time Of Week
TP	Tail Bit oder Transfer-layer Protocol
TPDU	Transfer-layer Protocol Data Unit
TRX	Transceiver
TS	Time Slot oder Tele-Service
TTL	Transistor Transistor Logic
TTY	Tele Type
TxD	Transmit Data

U

UART	Universal Asynchronous Receiver/Transmitter
üB	Anzahl aller übereinstimmender Bits
UCI	Universal Computer Interface
UCP	Universal Computer Protocol
UD	User Data
UDHI	User-Data-Header-Indicator
UDL	User-Data-Length
UDRE	User Differential Range Error
UKW	Ultrakurzwelle
UL-TOA	Uplink-Time of Arrival
U_m	Radio Interface
UMTS	Universal Mobile Telecommunications System
US	United States (of America)
UTC	Universal Time Coordinated
UTM	Universal Transverse Mercator

V

VDOP	Vertical Dilution Of Precision

VLR	Visitor Location Register
VMSC	Visited MSC
VP	Validity Period
VPF	Validity Period Format
VPLMN	Visited PLMN
VT	Virtual Terminal

W

W	West
WAAS	Wide Area Augmentation System
WAP	Wireless Application Protocol
WGS 84	Word Geodetic System 1984
WMS	Wide area Master Station
WN	Week Number
WRS	Wide area Ground Reference Station
WWW	World Wide Web

X

XOR	Exclusive OR

Y

Z

ZC	Zone Code
ZF	Zwischenfrequenz

Quellenverzeichnis

[1] http://www.etsi.org/ Digital cellular telecommunications system (Phase 2+) Network architecture) (GSM 03.02 version 7.1.0 Release 1998)

[2] http://www.etsi.org/ Digital cellular telecommunications system (Phase 2+) GSM Public Land Mobile Network (PLMN) access reference configuration (GSM 04.02 version 7.0.0 Release 1998)

[3] http://www.etsi.org/ Digital cellular telecommunications system (Phase 2+); Radio transmission and reception (GSM 05.05 version 8.5.1 Release 1999)

[4] J. Eberspächer/H.-J. Vögel/C. Bettstetter: GSM Global System for Mobile Communication, Teubner Verlag

[5] http://www.etsi.org/ Digital cellular telecommunications system (Phase 2+) (GSM);Subscriber Identity Modules (SIM);Functional characteristics (GSM 02.17 version 8.0.0 Release 1999)

[6] http://www.etsi.org/ Digital cellular telecommunications system (Phase 2+) (GSM);Security aspects (GSM 02.09 version 7.0.1 Release 1998)

[7] http://www.etsi.org/ Digital cellular telecommunications system (Phase 2+) (GSM);Security related network functions (GSM 03.20 version 8.0.0 Release 1999)

[8] http://www.etsi.org/ Digital cellular telecommunications system (Phase 2+) (GSM);Specification of the Subscriber Identity Module - Mobile Equipment (SIM - ME) interface (GSM 11.11 version 8.3.0 Release 1999)

[9] http://www.infineon.com

[10] ISO/IEC: Normenreihe über Identifikationskarten (Chipkarten) mit integrierten Schaltungen und Kontakten. Teil 1: Physikalische Eigenschaften, Teil 2: Abmessungen, Teil 3: Elektronische Eigenschaften und Übertragungsprotokolle

[11] Handbuch der Chipkarten, W. Rankl/W.Effing, Hanser Verlag München

[12] http://www.acterna.com/ Acterna: GSM Pocket Guide

[13] http://www.ant.uni-hannover.de/Lehre/Kn/MIN/PDF/MIN_05_3.pdf
Universität Hannover Institut für Allgemeine Nachrichtentechnik: GSM-
Luftschnittstelle / air interface -Multiplex- und Rahmenstruktur Physical
Layer

[14] http://einstein.kowalk.informatik.uni-oldenburg.de/rechnernetze/funk-
subsystem.htm Prof. Dr. W. Kowalk, Universität Oldenburg, Rechner-
netze: Funk-Subsystem

[15] http://www.etsi.org/ Digital cellular telecommunications system (Phase
2+);Security aspects (GSM 02.09 version 8.0.1 Release 1999)

[16] http://www.etsi.org/ Digital cellular telecommunications system (Phase
2+) (GSM);Subscriber Identity Modules (SIM);Functional characteristics (GSM 02.17 version 8.0.0 Release 1999)

[17] http://www.etsi.org/ Global System for Mobile communication (GSM)
(Phase 2+);Security related network functions (GSM 03.20 version 8.1.0
Release 1999)

[18] http://www.etsi.org/ Digital cellular telecommunications system (Phase
2+) Teleservices supported by a GSM Public Land Mobile Network
(PLMN) (GSM 02.03 version 7.0.0 Release 1998)

[19] http://www.etsi.org/ Digital cellular telecommunications system (Phase
2+) Technical realization of the Short Messages Services (SMS) (GSM
03.40 version 7.4.0 Release 1998)

[20] http://www.etsi.org/ Digital cellular telecommunications system (Phase
2+) Use of Data Terminal Equipment - Data Circuit terminating; Equipment (DTE - DCE) interface for Short Message Service (SMS) and Cell
Broadcast Service (CBS) (GSM 07.05 version 7.0.1 Release 1998)

[21] ITU-T RecommendationV.25 ter, Serial Asynchrous Automatic Dialling
and Control

[22] http://gatling.ikk.sztaki.hu/~kissg/gsm/at+c.html Comparison chart of
AT+C commands of GSM devices

[23] Andreas R. Lang & Michele Donnicola, Das SMS Kochbuch, Semester-
arbeit 1999, Hochschule für Technik und Wirtschaft Chur

[24] http://www.etsi.org/ Digital cellular telecommunications system (Phase
2+) Technical realization of the Short Message Service (SMS) (GSM
03.40 version 7.4.0 Release 1998)

[25] http://www.etsi.org/ Digital cellular telecommunications system (Phase
2+) Technical realization of the Short Messages Services (SMS) (GSM
03.40 version 7.4.0 Release 1998)

[26]   http://www.etsi.org/ Digital cellular telecommunications system (Phase 2+) Alphabets and language-specific information (GSM 03.38 version 7.2.0 Release 1998)

[27]   digicom s.p.a. http://www.digicom.it/

[28]   Sony Ericsson www.sonyericssonmobile.com/m2m

[29]   Falcom GMBH http://www.falcom.de/

[30]   FELA Management AG http://www.fela.ch/

[31]   Nokia http://www.nokia.com/

[32]   Siemens http://www.siemens-mobile.de/

[33]   Siemens http://www.siemens-mobile.de/

[34]   Wavecom S.A. http://www.wavecom.fr/

[35]   http://www.itu.int/home/index.html V.25ter Serial asynchronous automatic dialing and control

[36]   http://www.etsi.org Digital cellular telecommunications system (Phase 2+) (GSM);AT command set for GSM Mobile Equipment (ME) (GSM 07.07 version 7.5.0 Release 1998)

[37]   http://www.etsi.org Digital cellular telecommunications system (Phase 2+) (GSM);Use of Data Terminal Equipment - Data Circuit terminating Equipment (DTE - DCE) interface for Short Message Service (SMS) and Cell Broadcast Service (CBS) (GSM 07.05 version 7.0.1 Release 1998)

[38]   Datenkommunikation, Prof. Plate http://www.netzmafia.de/skripten/modem/dfue3.html

[39]   Hilgraeve Inc., http://www.hilgraeve.com

[40]   EmTec Innovative Software, Waagstr. 4, D-90762 Fuerth, http://www.emtec.com

[41]   Global Positioning System, Standard Positioning System Service, Signal Specification, 2nd Edition, 1995, Seite 18, http://www.navcen.uscg.gov/pubs/gps/sigspec/gpssps1.pdf

[42]   Parkinson B., Spilker J.: Global Positioning System, Volume 1, AIAA-Inc. Seite 89

[43]   NAVCEN: GPS SPS Signal Specifications, 2nd Edition, 1995, http://www.navcen.uscg.gov/pubs/gps/sigspec/

[44]   Parkinson B., Spilker J.: Global Positioning System, Volume 1, AIAA-Inc.

[45]   Lemme H.: Schnelles Spread-Spectrum-Modem auf einem Chip, Elektronik 1996, H. 15 S. 38 bis S. 45

[46]   Satellitenortung und Navigation, Werner Mansfield, Seite 157, Vieweg Verlag

[47]   http://www.u-blox.com/

[48]   GPS Standard Positioning Service Signal Specification, 2nd Edition, June 2, 1995

[49]   NMEA 0183, Standard For Interfacing Marine Electronics Devices, Version 2.30

[50]   http://www.navcen.uscg.gov/pubs/dgps/rctm104/Default.htm

[51]   Global Positioning System: Theory and Applications, Volume II, Bradford W. Parkinson, Seite 31

[52]   Global Positioning System: Theory and Applications, Volume II, Bradford W. Parkinson, Seite 33

[53]   swipos, Positionierungsdienste auf der Basis von DGPS, Seite 6, Bundesamt für Landestopographie

[54]   http://www.potsdam.ifag.de/potsdam/dgps/dgps_2.html

[55]   http://www.sanav.com/

[56]   http://www.sarantel.com/

[57]   http://www.maxim-ic.com

[58]   http://www.navcen.uscg.gov/gps/geninfo/
       2001SPSPerformanceStandardFINAL.pdf

[59]   Manfred Bauer: Vermessung und Ortung mit Satelliten, Wichman-Verlag, Heidelberg, 1997, ISBN 3-87907-309-0

[60]   http://www.cnde.iastate.edu/staff/swormley/gps/gps_accuracy.html

[61]   http://www.nstb.tc.faa.gov/

[62]   http://www.sapos.de

[63]   http://www.adv-online.de/produkte/sapos.htm

[64]   http://gibs.leipzig.ifag.de/cgi-bin/Info_hom.cgi?de

[65]   http://www.potsdam.ifag.de/alf/

[66]   http://www.gps-netz.at/

[67]   http://www.allnav.ch/t_welcom.htm

[68]   http://www.rds.org.uk

[69]   http://www.swisstopo.ch

[70]   http://www.esa.int/navigation

[71]   http://www.omnistar.com/

[72]   http://www.landstar-dgps.com

[73]   http://www.geocities.com/mapref/mapref.html

[74]   B. Hofmann-Wellenhof: GPS in der Praxis, Springer-Verlag, Wien 1994, ISBN 3-211-82609-2

[75]   Bundesamt für Landestopographie: http://www.swisstopo.ch

[76]   Elliott D. Kaplan: Understanding GPS, Artech House, Boston 1996, ISBN 0-89006-793-7

[77]   http://www.tandt.be/wis

[78]   http://www.gapag.de

[79]   GPS World, März 2001, Seite 26, Hein, Eissfeller, Winkel und Oehler: Determining Location using Wireless Networks

[80]   GPS World, März 2001, Seite 28, Hein, Eissfeller, Winkel und Oehler: Determining Location using Wireless Networks

[81]   http://www.regiomesse.de/zivilschutz-sms.html Kostenlose Übermittlung von Zivilschutzalarmen per SMS

[82]   DeTeMobil Deutsche Telekom MobilNet GmbH, Direktanschluss SMSC via Internet http://www.t-d1-developercenter.de/content/competence/whitepaper_dasmsc_internet.pdf

[83]   http://www.leica-geosystems.com/

[84]   http://www.alliedworld.com

[85]   http://www.bosch-presse.de/

[86]   http://truetime.com/

[87]   http://www.garmin.com/

[88]   http://www.defenselink.mil/

[89]   http://truetime.com/

Sachverzeichnis